"十四五"职业教育国家规划教材

电工与电子电路

郑金萍　孙中升　张建彬　主　编

刘延涛　兰国辉　郑婷婷　副主编

电子工业出版社

Publishing House of Electronics Industry

北京·BEIJING

内 容 简 介

本书依据"由浅入深，层层递进，兴趣优先"的原则，编写了八个项目，主要内容包括：电阻、电容、电感、二极管、三极管等常见元器件，电的基本现象，电路模型和电路的基本定律，电路的分析方法，以及十几个经典产业电路案例分析等。各项目在基本概念、原理和分析方法的阐述上力求通俗易懂，并加强了实际应用内容。本书配套有课件、教案、讲解视频、任务评估手册（实验报告）、习题及答案等教学资源。

本书可作为职业院校非电类各专业电工电子技术课程的教材，也可以作为电子工程师、维修工、电子设备装接工等岗位的培训教材。

图书在版编目（CIP）数据

电工与电子电路 / 郑金萍，孙中升，张建彬主编. —北京：电子工业出版社，2021.5

ISBN 978-7-121-41108-3

Ⅰ. ①电… Ⅱ. ①郑… ②孙… ③张… Ⅲ. ①电工技术—中等专业学校—教材②电子电路—中等专业学校—教材 Ⅳ. ①TM②TN710

中国版本图书馆 CIP 数据核字（2021）第 076482 号

责任编辑：蒲　玥
印　　刷：北京七彩京通数码快印有限公司
装　　订：北京七彩京通数码快印有限公司
出版发行：电子工业出版社
　　　　　北京市海淀区万寿路 173 信箱　　　邮编：100036
开　　本：787×1092　　1/16　　印张：15.75　　字数：403.2 千字
版　　次：2021 年 5 月第 1 版
印　　次：2024 年 12 月第 8 次印刷
定　　价：39.00 元

前　言

在中国共产党第二十次全国代表大会的报告中指出，坚持把发展经济的着力点放在实体经济上，推进新型工业化，加快建设制造强国、质量强国、航天强国、交通强国、网络强国、数字中国。职业院校工科类技术技能人才培养是推进新型工业化的关键支撑。

电工电子技术是工科专业的专业基础课程。本书以任务为核心，按照项目形式编写，力求通过生动的语言、丰富的图表，讲述实用的电子知识。所用到的项目案例都来自产业中常用的电路。学生通过对本书的学习，可以掌握常见的电路理论，具备初步的电路设计能力。

（1）本书配套了完整的课程教学资源，包括课件、教案、讲解视频、任务评估手册（实验报告）、习题及答案等。其中讲解视频可以通过手机扫码观看。

（2）改变以往教材中理论内容与实践内容脱节的做法，将理论与实践相结合，体现"做中学，学中做"。所有任务都设置了实训环节，在实训用电路板中可设置一些故障，让学生在实训过程中，通过操作仪器、调试电路、分析现象、排除故障，可以直接在实训室展开教学，有些知识讲起来抽象，听起来费解，但一做便知。

（3）中华优秀传统文化源远流长、博大精深，是中华文明的智慧结晶，其中蕴含的天下为公、民为邦本、为政以德、革故鼎新、任人唯贤、天人合一、自强不息、厚德载物、讲信修睦、亲仁善邻等，是中国人民在长期生产生活中积累的宇宙观、天下观、社会观、道德观的重要体现，同科学社会主义价值观主张具有高度契合性。本书在编写过程中强调教学内容的应用性与实践性。在讲授专业内容的同时，注意职业道德和职业素养的渗透，帮助学生坚持文化自信，树立正确的就业观与价值观。

本书的每个任务都从明确的"学习目标"开始。在随后的"任务描述"中，虚构了龚老师和小典两个人物，他们通过生动有趣的对话，引入本任务要讲解的内容。编者希望通过这些情景描述，让学生对知识没有产生距离感。两人互为捧逗的对话，也可以为课堂增加一些趣味性。愿龚老师与小典成为学生们学习电工电子技术的良师益友。

"实训环境"介绍了任务中需要用到的工具、电路板等，任务设计则简单描述了需要做哪些任务。

"知识准备"介绍了要完成任务必要的理论知识，其中很多知识点的讲解视频都可以通过扫码查看。这些理论知识也经过精心准备，没有大段的计算与空洞的理论，而是从设计和应用的角度，力求通过"最精简"的讲解，完成任务。

"任务实训"相当于实验指导。其中有具体的实验步骤，也有某些过程的参考结果，较复杂的实验都有视频操作演示，让不具备实验条件的学生也能看到结果，分析结果。另外，实验老师可以在电路板上设置故障，让学生应用所学知识，根据现象去排除故障，而不是仅仅做验证性的实验。该部分内容可以通过手机扫码查阅。

本书标记*号的内容为选学内容，各学校可根据自身需求安排教学。"任务实训"中标记*号的为扩展任务，供学有余力的学生选做，完成扩展任务则另有加分。

本书中部分电路在讲解时应用了仿真设计软件，对电路进行了设计并导出电路设计图，为了学生在学习时能对照仿真软件和设计电路图，导出的仿真电路图都保留了仿真软件中对于各种电路符号和器件的默认形式，如二极管、三极管等的符号和标识字符。

本书由山东省潍坊商业学校与北京智联友道科技有限公司联合编写。

山东省潍坊商业学校的郑金萍、孙中升、张建彬担任主编，刘延涛、兰国辉、郑婷婷担任副主编，马晓红、姜昌宁、姜晓晨、北京智联友道科技有限公司的王亚涛、金东哲参与了配套电路板的开发、实验过程的录制以及部分章节的编写。

由于编者水平有限，书中难免存在错漏之处，敬请读者批评指正。

为了方便教师教学，本书所配套的教学资源可登录华信教育资源网（www.hxedu.com.cn）免费注册后再进行下载，有问题时请在网站留言板留言或与电子工业出版社联系（E-mail：hxedu@phei.com.cn）。

目　录

项目一　电子元器件认知

任务一　数字万用表的使用

学习目标

1. 熟练使用万用表测量电压、电流、电阻，测试二极管等。
2. 了解万用表的使用规范，保证使用安全。
3. 能阅读万用表的使用说明书。

任务描述

龚老师：同学们，欢迎你们来到我的课堂。在这里，我们将开启一段奇妙的冒险。你们会通过自己灵巧的双手，与聪明的头脑，挑战一个又一个难题，最终收获知识，获得强大的能力。在冒险开始之前，你们有没有什么想知道？

小典：老师，我走错教室了吗？

龚老师：没有，你来到的就是电工电子的教室，你将会开启一段奇妙的冒险。今天是冒险的第一天，我们将获取一件强大的武器。

小典：倚天剑还是屠龙刀？

龚老师：万！用！表！

实训环境

● 数字万用表。
● 测试负载板。
● 直流稳压可调电源。

任务设计

任务1：熟悉万用表的键钮分布及功能。
任务2：使用万用表测量电压与电阻。
*任务3：更换万用表的电池与保险丝。

 知识准备

1. 万用表基础知识

万用表是一种多功能、多量程的便携式测量仪表，是电子元器件的检测、电路检修中应用最多的仪表之一。一般万用表都具备测量电流、电压、电阻，测试二极管等功能，有些万用表还可以测量电容的容量、三极管的极性与放大倍数、环境温度、频率等，在学习电子知识的过程中，万用表是不可或缺的工具。

根据结构原理和使用特点的不同，万用表主要可以分为指针万用表和数字万用表两大类。指针万用表用指针转动的角度来显示测量结果，它最大的特点是能够反映出检测的电流、电压等参数的变化过程；数字万用表直接把测量的结果以数字的形式显示在自带的屏幕上，最大的特点是读数方便，显示直观，测量精准。由于使用数字万用表更加方便，所以本书中只讲解数字万用表的使用。

数字万用表的品牌繁多，但是归根溯源，原理和操作方法都相差不多。本节以优利德 UT61 系列的 UT61E 万用表进行讲解。UT61E 万用表的特点：拥有超大屏幕数字显示和高解析度的模拟指针显示（能够如同指针万用表一样反映出参数的变化过程），能够自动选择合适的量程，无须手动调节，全量程过载保护。如图 1-1-1 所示是 UT61E 万用表的实物图，其功能说明参考表 1-1-1。

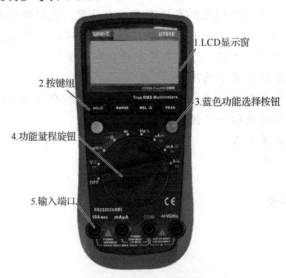

图 1-1-1　UT61E 万用表的实物图

表 1-1-1　数字万用表功能说明表

功 能 按 键	功 能 说 明
HOLD	按 HOLD 键，仪表保持测量结果，再次按 HOLD 键，仪表退出保持测量模式，随机显示当前测量结果
RANGE	按 RANGE 键自动退出自动量程（AUTO）进入手动量程模式（MANU），再按一次 RANGE 键便更换一挡量程。长按 RANGE 键约两秒退出手动量程重返自动量程模式

续表

功能按键	功能说明
REL△	按 REL△ 键能自动记录当前测量值 a 并复零，进入相对 a 测量模式。在以后的每次测量结果中会自动减去 a 值后再显示。再按 REL△ 键便退出相对测量模式
PEAK	在电压电流测量模式下，按 PEAK 键，进入当前量程手动模式并开始保持测量峰值最大值 P_{max} 和最小值 P_{min}，按 PEAK 键，可循环显示 P_{max} 和 P_{min}，长按 PEAK 键约两秒可退出峰值数据保持模式
黄色按键	频率占空比切换键。可以在电压电流挡进行电压电流/占空比/频率测量的切换。在频率占空比挡进行频率/占空比的测量切换
蓝色按键	多重功能选择按键。可以在电压电流挡位选择 AC/DC 切换，在欧姆/二极管/电路通断挡位进行欧姆/二极管/电路通断挡位选择
旋钮	从左往右依次是：电源挡、交直流电压挡（带频率占空比）、交直流毫伏电压挡、欧姆/二极管/电路通断挡位、电容挡、频率占空比挡（Hz %）、交直流微安挡、交直流毫安挡、交直流电流挡
输入端口	10AMAX、mAμA、COM、-|(-VΩHz 这四个插孔是红黑表笔的插孔，黑表笔插入 COM 孔，红表笔根据测量项目插入相应的插孔中，当测量电流较大时，红表笔插入 10AMAX 孔中进行电流的测量
附加测试器	附加测试器用于测量贴片电阻、电容更为方便（当然用表笔也能测量），附加测试器标"+"的一端插入 -|(-VΩHz 插孔，标"−"的一端插入 mA μA 插孔。UT61E 万用表无法测量三极管的 h_{FE}，想了解该功能可以参见 UT61A 万用表

　　自动量程是万用表的发展趋势，但是价格会贵一些。使用不具备自动量程的数字万用表时，需要手动调整量程。测量前要估算被测量物理量的大小，若无法确定被测量的范围，应从较大的量程开始测量。如果要测量的物理量超过量程，会有一定的指示，比如屏幕显示"OL"或者最大示数。表 1-1-2 是 UT61E 万用表单位提示符。

表 1-1-2　UT61E 万用表单位提示符

单　　位	符号（区分大小写）	说　　明
电阻	Ω，kΩ，MΩ	欧姆，千欧姆，兆欧姆
电压	mV，V	毫伏，伏
电流	μA，mA，A	微安，毫安，安培
电容	nF，μF，mF	纳法，微法，毫法
温度	℃，℉	摄氏度，华氏度
频率	Hz，kHz，MHz	赫兹，千赫兹，兆赫兹
三极管放大倍数	β	倍

　　随着技术的发展，万用表的保护措施越来越完善，也越来越耐用。常见的异常状况有电量过低和保险丝烧断。屏幕上显示电池符号 ，则表示电池欠压，应当更换电池，否则会影响测量的精度。当测量电流无反应时，可能是万用表保险丝烧断，检查万用表保险丝，并根据万用表手册更换相应规格的保险丝。

2. 直流电压测量

　　万用表内部有一只灵敏的磁电式直流电流表（微安表）做表头。当微小电流通过表头，就会有电流指示。旋钮调整为测量电压的挡位时，万用表内部在表头上串联一个较大的电阻，两者形成测量的支路，与被测器件并联。表头读取测量支路的电流值，结合电阻值计算出测量支路的电压值，也就算出了被测器件两端的电压值。改变电阻值的大小，就可以改变电压的测量范围。测量交流电压时，在电路中增加整流电路，先把交流电压变为直流电压再测量。

测量直流电压的过程如图 1-1-2 所示，①红表笔插入最右侧的"-|(-VΩHz"插孔，黑表笔插入"COM"插孔；②将旋钮置于交直流电压挡/毫伏电压挡（根据测量的电压大小确定，若不确定先从大量程"V"测起）；③观察 LCD 显示窗，按下蓝色按键，让 LCD上显示"DC"（如果测量交流电压就选择"AC"），将红表笔接被测器件正极，黑表笔接被测器件负极，等示数稳定后，从 LCD 显示窗上读取电压值。

3. 直流电流测量

万用表的表头就是电流表，其本职工作就是测电流。如果被测电流超过表头量程，则需要在表头上并联一个很小的电阻进行分流，让流过表头的电流按比例缩小，就可以扩展电流量程。改变分流电阻的阻值，就能改变电流测量范围。

测量直流电压的过程如图 1-1-3 所示，①红表笔插入"mA μA/10AMAX"插孔，黑表笔插入"COM"插孔；②将旋钮置于交直流电流挡/毫伏电流挡/交直流微安挡（根据测量的电流大小确定，若不确定先从大量程"A"测起）；③观察 LCD 显示窗，按下蓝色按键，让 LCD 上显示"DC"（如果测量交流电流就选择"AC"），将表笔串联到待测电路中，红表笔接正极，黑表笔接负极。等示数稳定后，从 LCD 显示窗上直接读取电流值。

测量电流时，应先将回路中电流关闭再接入表笔；测量完成后，也应先断开电源，再断开表笔；电流表由于内阻极小，切记不可将万用表直接接在电源两端，这相当于将电源短路！

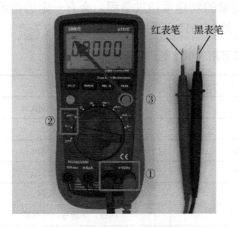

图 1-1-2 直流电压测量设置

图 1-1-3 直流电流测量设置

4. 电阻/二极管/电路通断测量

测量电阻的原理仍然是测电流，万用表内部有电池，将电池通过表笔与被测电阻串联，被测电阻中会有电流。根据电流的大小，就可以计算出电阻值。因此，被测电阻上只能有万用表的供电，不能有除了万用表以外的电源，测量电阻前，必须将被测电路内所有电源关断。如果被测电阻焊接在电路板上，可能与其他电阻形成并联，或者有些电容与二极管干扰测量，必要时可以拆下被测电阻。

测量二极管原理类似：万用表自身供电，加在二极管上，若是 PN 结正向导通，那么万用表可当作电压表，显示出 PN 结的导通压降，一般是零点几伏。

测量电阻的过程如图 1-1-4 所示，①将红色表笔插入最右侧的“-|(-VΩHz”插孔，黑色表笔插入“COM”插孔；②将旋钮置于“电阻/二极管/电路通断”挡位；③观察 LCD 显示窗，按下蓝色按键，LCD 上会显示不同的内容。

（1）LCD 显示“MΩ”，用于测量电阻，用表笔接在待测电阻两端，等示数稳定后，从 LCD 显示窗上直接读取电阻值。

（2）LCD 显示二极管符号 →|—，可测量二极管极性，测量过程如图 1-1-5 所示。红表笔接到被测二极管正极，黑色表笔接到二极管负极，从 LCD 显示窗上可读取二极管的近似正向 PN 结电压值。如果 LCD 上显示 0V 或者很小的电压值，则二极管损坏，相当于短路；如果显示“OL”，则可能是表笔正负极接反，若变换方向，屏幕仍显示“OL”，则二极管损坏，相当于断路。

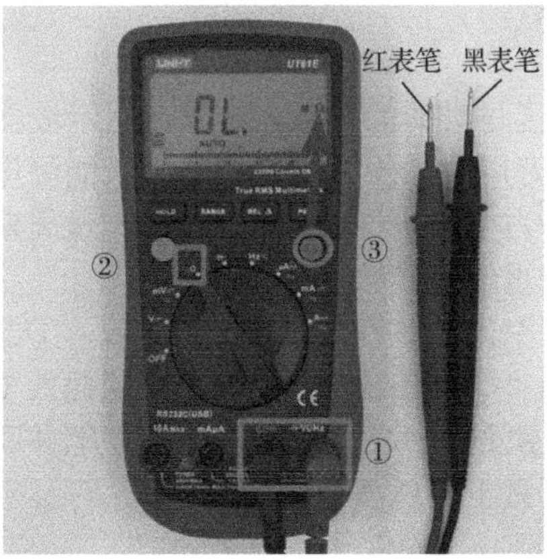

图 1-1-4　电阻测量设置

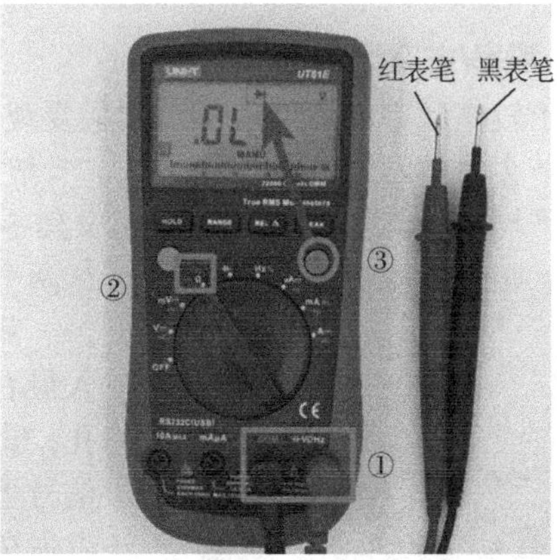

图 1-1-5　二极管测量设置

（3）LCD 显示声波的符号 •))，用于判断是否短路。测量过程如图 1-1-6 所示。从原理上来讲，跟测量电阻值一样，只是增加判断：若两表笔间的电阻小于 10Ω，认为电路导通良好，蜂鸣器发声；若大于 35Ω，认为电路断路，蜂鸣器不发声。LCD 显示窗上显示负载的阻值，但由于听蜂鸣器是否发出声音比观察 LCD 还要方便，习惯上也称测量通断的挡位为“蜂鸣挡”。

这个功能很有用。电路板安全上电之前，要测量一下电路板的电源正负极之间是否短路，想判断某一根导线、PCB 的走线是否连通，都要用到蜂鸣挡。

5. 电容测量

万用表测量电容与测量电阻的原理类似，会串联一节电池，使电流通过被测电容，根据充电的时间判断电容值。因此，测量电容之前，必须将电容内存放的电荷释放掉。使用直插电阻短接电容两个引脚就可以放电。如果电容的容值较大，充电时间较长，则需要的测量时间也比较长。

测量电容的过程如图 1-1-7 所示，①红表笔插入最右侧的“-|(-VΩHz”插孔，黑表笔插入“COM”插孔；②将旋钮置于“-|(-”挡位，此时仪表会显示一个固定的电容值，这是仪表内部固定的电容值，对于小量程的电容测量一定要减去这个内部值；③按下 REL△键将其复零，将表笔接到电容两端，此时 LCD 显示窗的值才是准确的值。

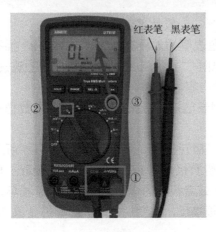

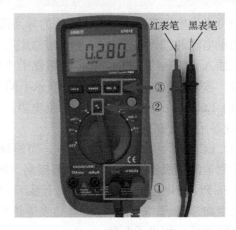

图 1-1-6　电路通断测量设置　　　　　图 1-1-7　电容测量设置

6. 频率/占空比测量

对于较高频率的周期电压，如果要观察电压与时间的关系，推荐使用示波器，本书后续章节会讲解示波器的使用方法。一般来说万用表由于采样率较低，只能测量一段时间内的平均电压。然而 UT61E 万用表具备频率/占空比测量的功能，可以测量周期电压中这两个比较重要的参数。

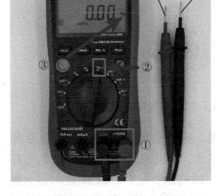

测量占空比的过程如图 1-1-8 所示，①红表笔插入最右侧的"-|(-VΩHz"插孔，黑表笔插入 COM 插孔；②将旋钮置于"Hz %"挡位，将表笔并联到待测信号上；③按下黄色按键切换 Hz/%，可显示频率或者占空比。

7. 关闭万用表

数字万用表大多都有自动关闭的功能，如果几分钟内没有使用，就会自动关闭。但有一些比较便宜或者比较精密的万用表不具备自动关闭的功能，如果不手动关闭它，万用表就会保持开机，直到电池电量耗尽。因此要养成良好的习惯，使用完毕以后，将万用

图 1-1-8　占空比测量设置

表旋钮拨到"OFF"挡，关闭万用表电源。观察 LCD 上无显示，以确保万用表关闭。

　任务实训　　　　　　教学视频

任务二　电阻

学习目标

1. 了解电阻的概念、种类、外形、参数。
2. 掌握电阻的识别及检测方法。
3. 了解电阻的功能。

任务描述

龚老师：电阻是电子技术的基础元件，通常四四方方的，像个砖头。电阻对于电子产品，就像砖头对于建筑，普通却又不可或缺。你们都见过电阻吧。

小典：见过啊，可是电阻是圆柱的啊？难道我看到的是假电阻？

龚老师：那我补充一下，刚才说的是贴片电阻。直插电阻像个柱子。电阻对于电子产品，就像柱子对于建筑，普通又不可或缺。

小典：反正电阻就是基础呗。

龚老师：对，电阻就是基础。几乎所有的电子产品，都离不开电阻。电子知识的学习，就从电阻开始吧。

实训环境

● 数字万用表。
● 直流稳压可调电源。
● 贴片元件焊接练习板。
● 测试负载板。
● 典型软启动电路板。
● 线性稳压电路板。

任务设计

任务 1：色环电阻的识别与检测。
任务 2：贴片电阻的识别与检测。
任务 3：可调电阻的识别与检测。
任务 4：热敏电阻的识别与检测。
*任务 5：观察电阻的热效应。

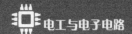

知识准备

1. 电阻的物理概念

说到电阻，我们很容易想到电阻器这个电子元器件，电阻器简称为电阻；但是不要忘记电阻同时也是一个物理概念。除了超导体外，任何物体都有电阻，电阻是物体本身的一种属性。在学习万用表的时候，测量了左右手之间的电阻值，这个电阻指的就是我们身体的一种属性——应该没有同学会以为自己的手里插了个电阻器吧？

金属导体中的电流是自由电子定向移动形成的，自由电子在运动中要跟金属正离子频繁碰撞。这种碰撞阻碍了自由电子的定向移动，这种阻碍作用为电阻。不仅金属导体有电阻，其他物体也有电阻。物体电阻的大小由它本身的物理条件，即长度、横截面积、材料的性质和温度决定的。电阻不会因为导体上没有电流流过而消失。在保持温度不变的条件下，电阻的大小与其长度 L 成正比，横截面积 S 成反比，即

$$R = \rho \frac{L}{S}$$

R、L、S 的单位分别是 Ω（欧）、m（米）和 m^2（平方米）。ρ 为材料的电阻率，单位是 $\Omega \cdot m$（欧米）。

不同的材料有不同的电阻率。通常电阻率小于 $10^{-6} \Omega \cdot m$ 的材料称为导体，大于 $10^7 \Omega \cdot m$ 的材料称为绝缘体。电阻率介于这之间的称为半导体。在一定温度下，电阻率只与材料本身有关，电阻率的大小也反映了各种材料导电性能的好坏，电阻率越大，电阻就越大，导电性能就越差。

电阻跟温度也息息相关。温度越高，电阻就越大。事实证明，反向推论也是成立的，温度越低，电阻越小。有些材料在温度极低的时候，可以表现出零电阻效应，它们被称为超导体。

2. 电阻的种类

（1）普通电阻

电阻器，简称电阻。下文如果提到电阻器，那么肯定就是代表电阻这个元器件。如果提到电阻，代表的是电阻器，还是电阻属性，需要读者自行分析，这并不难理解。

① 插件电阻。

插件电阻大部分运用色环标注的方式注明阻值，也有直接将阻值以数字的方式标注在电阻表面上。一般插件电阻根据制造工艺可分为：碳膜电阻、金属膜电阻、金属氧化膜电阻、合成碳膜电阻、玻璃釉电阻、水泥电阻。另外还有排阻，相当于多个电阻集合而成的一个元器件。如图 1-2-1 所示是测试负载板上的大功率插件电阻。

图 1-2-1　大功率插件电阻

② 贴片电阻。

贴片电阻没有长长的金属引脚，是一种长方体样式的电阻，如图 1-2-2 所示。对应的两边有锡，具有导电属性，以紧贴电路板面的方式用焊锡固定在电路板上。由于贴片电阻体积小，易于装配，因此电路设计中，应当尽可能使用贴片电阻。

贴片电阻根据尺寸大小，有不同的封装形式。不同封装的电阻的功率不同。从表 1-2-1 中可以看出，尺寸越大，封装越大，功率也就越大。这一点很好理解：电阻通电时会发热，如果热量不能及时散发出去，电阻就会烧坏；而较大的封装对应较大的尺寸，也就对应着较大的散热面积，当然功率也就大一些。在功率够用的情况下，建议使用 0805 与 0603 规格的电阻，体积合适，便于焊接与调试，也便于生产。根据表 1-2-1 与图 1-2-3 所示的尺寸信息可知，严格要求电路板体积时，可以使用 0402 甚至 0201 封装，但是电阻体积太小，手工焊接较困难，不方便调试。在需要较大功率电阻的电子产品中，建议使用插件电阻。

表 1-2-1 常见封装的尺寸及功率

封 装	尺 寸	功 率
0402	1.0mm×0.5mm	1/16W
0603	1.6mm×0.8mm	1/10W
0805	2.0mm×1.2mm	1/8W
1206	3.2mm×1.6mm	1/4W

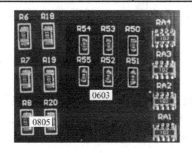

图 1-2-2 贴片电阻

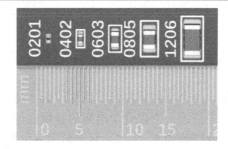

图 1-2-3 不同封装的贴片电阻与标尺对比

（2）可调电阻

可调电阻，顾名思义，其阻值可以调整。物理课上使用过的滑动变阻器，就是一种可调电阻。可调电阻也称为电位器，根据封装形式的不同，可调电阻可分为贴片与插件等形式，如图 1-2-4 所示为插件可调电阻。

（3）敏感型电阻

敏感型电阻可以通过外界环境的变化（如温度、光照、电压等）改变自身的阻值大小，常用于传感器电路中，常见的敏感型电阻有热敏、光敏、压敏电阻等。敏感型电阻丰富了电阻的种类，也简化了传感器的设计。例如热敏电阻就是将温度这个非电学的物理量转化成了电阻这个电学物理量，再由电路来处理的元器件。

热敏电阻可分为正温度系数热敏电阻（PTC）和负温度系数热敏电阻（NTC），前者温度越高，电阻越大，后者则相反。它的电阻值随温度变化的关系，可以查阅数据手册。

电阻的型号一般会印在电阻表面上，如图 1-2-5 所示为 NTC 热敏电阻。

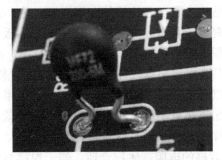

图 1-2-4　插件可调电阻　　　　　　　　图 1-2-5　NTC 热敏电阻

需要注意一点，除了热敏电阻，其实普通电阻，其电阻值与温度都是有关系的。因为电阻值也是电阻器本身的属性，这个属性恰好跟温度又密切相关。

3. 电阻的识别

（1）普通色环电阻的识别

表 1-2-2 所示为色环电阻的颜色对应的数值与误差。

表 1-2-2　色环电阻颜色与数值和误差对应表

颜色	黑	棕	红	橙	黄	绿	蓝	紫	灰	白	金	银
数值	0	1	2	3	4	5	6	7	8	9	-1	-2
误差	—	1%	2%	—	0.5%	0.25%	0.1%	—	—	20%	5%	10%

① 四色环电阻的识别。

四色环电阻通常都用"金"或"银"来表示误差值，而且误差色环一定是靠在最外面的。

例如，一个电阻从左到右依次印着"金 红 紫 黄"这四种色环，由于金色是误差，应该放在最后面，所以这个电阻的参数应该读成："黄 紫 红 金"，根据表 1-2-2 中对应的数值，就应该为 4、7、2，只看前面三位数，第四位为误差，在前三位数当中，只有前两位数是有效数值，第三位数看成是 N 个 0，如 472，就是 47 后面 2 个 0，读成 4700Ω=4.7kΩ。

当电阻值小于 10Ω 时，第三位中的金和银是用来表示小数点位置的。如"红 红 金金"，第三位出现金就表示要将小数点向左移动 1 位，也就是 2.2Ω，第四位的金仍是误差。再如"绿 蓝 银 金"，第三位是银就表示要将小数点向左移动 2 位，就是 0.56Ω。

② 五色环电阻的识别。

五色环电阻的前三环表示的是有效数值，第四环表示 10 的 N 次方，第五环是误差环，误差环分别有：棕 红 橙 绿 蓝 紫 金 银，八种颜色分别对应的误差为：1%、2%、3%、0.5%、0.25%、0.1%、5%、10%，误差环一般距离其余四环较远。若最边上两环包括"金"或"银"的，肯定是最后两环，因为有效数值里面是没有"金"或"银"的，应从其相对的一端读起。例如，有一个五色环电阻，色环颜色分别为"棕黑黑金棕"，前三环的颜色为"棕黑黑"，有效数值为 100，第四环为金，表示 10 的-1 次方，所以该电阻的阻值为 100×0.1=10Ω，最后一环为棕色，误差为 1%。

如图 1-2-6 所示为四色环电阻与五色环电阻。

（2）贴片电阻的识别

常见的贴片电阻，有的上面标着三位数字，这种电阻误差一般是±5%，前面的两位表示电阻的前两位数字，第三位数字表示后面有多少个零，单位是Ω。如220，表示22Ω，误差±5%。误差±1%的精密电阻，则用四位数字表示，这样的电阻前三位数字是表示阻值的前三位数字，第四位表示后面有多少个零。如1200，表示120Ω，误差±1%。

除了上面两种贴片电阻外，还有一种贴片电阻，在数字之间有字母R。这种电阻，一般是小于10Ω的电阻，R代表小数点。如6R2，表示阻值是6.2Ω；0R56，表示阻值是0.56Ω。电阻上有3个字符的误差±5%，有4个字符的误差±1%。如图1-2-7所示为10mΩ的小电阻，表示误差精度±1%。

图1-2-6 四色环电阻与五色环电阻　　　图1-2-7 10mΩ的小电阻，误差精度±1%

4．电阻阻值的检测

（1）电阻的测量

测量时先通过色环或者数字识别出电阻标注的电阻值。打开万用表，选择欧姆挡，将红、黑表笔插入相应的插孔中，红、黑表笔分别搭载电阻引脚两端，读出屏幕上显示的电阻值，与标注的电阻值相对比。如果测量的阻值无限大，或者始终为0，则表示电阻已烧坏。测量电路板上的电阻，最好将其取下进行测量。

敏感型电阻的测量方法与普通电阻相同。

（2）可调电阻的测量

可根据手册识别可调电阻的两个固定脚和可调脚。如果没有手册，测量两两引脚之间的电阻，滑动滑片或转动旋钮，电阻值不变的是两个固定脚，这个阻值也就是可调电阻的标称值（可调最大值）。

在使用过程中，将其中一个固定脚接电路一端，第三个引脚接电路另一端，滑动划片或转动旋钮即可改变此可调电阻在电路中的阻值。如图1-2-8所示可调电阻的内部示意图。

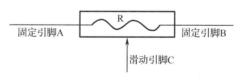

图1-2-8 可调电阻的内部示意图

固定引脚A、B之间相当于定值电阻，实际电路中，将其中一个固定引脚（比如A）和滑动引脚C串联在电路中，相当于连接AC的阻值，当滑动引脚滑动时，根据电阻的定义，AC/BC间的长度改变，则电阻改变。

5．电阻的功能

（1）限流

电阻最基本的功能就是阻碍电流的运动。根据欧姆定律，电压一定，电阻越大，电

流越小，因此电阻常用作限流器件。

如图 1-2-9 所示，当串联的电阻为 5Ω 时，灯泡的亮度较亮，当串联的电阻为 10Ω 时，灯泡的亮度较低。

（2）降压

电阻的降压功能是通过本身的阻值产生一定的压降，将降低后的电压供给负载，满足负载的供电需求（负载的本身性质决定）。

如图 1-2-10 所示，电源为 5V，电机的额定电压为 3V，阻值为 10Ω。如果直接将该电机接到电源两端，电机得到的电压将会超过额定电压，电机将会因过流而损坏。所以需要在电路中串联一个电阻，电阻产生压降，使电机得到的电压不超过其额定电压。当电阻 $R=20/3\Omega$ 时，电机得到电压为 3V，电机正常工作。

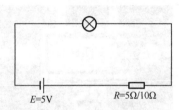

图 1-2-9　电阻的限流功能电路图

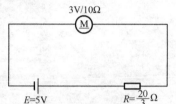

图 1-2-10　电阻的降压功能电路图

（3）分流

当一个电阻和一个 LED 灯在电路中处于并联时，电阻两端电压和 LED 灯两端电压相同，而流过电阻的电流与流过 LED 灯的电流之和等于干路电流。此时，该电阻起到分流的作用，如图 1-2-11 所示。

（4）分压

在小信号放大电路中，三极管要处于线性放大状态，静态时的基极电流、集电极电流及偏执电压需要满足要求，如基极电压为 1.2V。为此要设置一个电阻分压电路，将电源电压 5V 分压成 1.2V 满足电路需求。（三极管放大电路后续会学习，这里只需要了解怎么设置基极电压即可。）

如图 1-2-12 所示为电阻的分压电路图，可用于三极管放大电路中，电路中 R_1、R_2 为分压电阻，C_1、C_2 为电容，Q 为三极管。设置 R_1、R_2 的阻值，将电压 5V 分压成 1.2V 为基极供电。R_1、R_2 的阻值约为 19kΩ、6kΩ。

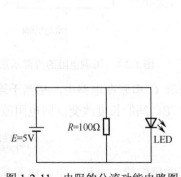

图 1-2-11　电阻的分流功能电路图

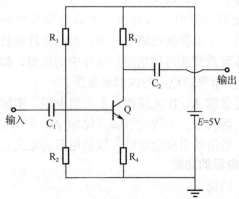

图 1-2-12　电阻的分压电路图

任务实训

 教学视频

任务三 电容

 学习目标

1. 了解电容器的概念、种类、外形、参数。
2. 掌握电容器的识别及检测方法。
3. 了解电容器的功能。

 任务描述

龚老师：电容器简称为电容，它其实在我们生活中无处不在。但是你们可能没有留意它们。根据电容器的定义——任何两个彼此绝缘而又互相靠近的导体，都可以看成一个电容器。例如，天空和大地就是两个导体，考虑到天空与大地非常大，所以它们的距离不算远，而打雷就是电容器击穿。

小典：那这个电容器可真有点吓人。

龚老师：不用担心，电容器同电阻器一样，是电路的基本元件之一。你们应该都有自己的存钱罐吧？你们的存钱罐，存着自己的零花钱，电容器也跟存钱罐似的，存着电荷，所以电容器是个储能元件。

小典：存钱罐里存的钱总是不够花。电容器储存的电荷够用吗？

龚老师：电容器的容量有大有小，组成材料也各不相同。对电容器的种类及其功能的了解对于电路的设计是极其必要的，因此在本节课中我们需要对电容器的种类、识别检测、功能都有一个全面的了解。

 实训环境

● 数字万用表。
● 贴片元件焊接练习板。
● 直流稳压可调电源。
● RC 滤波电路板。

任务设计

任务 1：普通电容器的测量
任务 2：电解电容器的测量
任务 3：电容器的串并联实验
*任务 4：从电容器的定义证明电容器的串联容值大小

知识准备

1. 电容器的概念

最简单的电容器是平行板电容器。两块相互平行、靠得很近，而又彼此绝缘的金属板就是电容器的两个极。

电容器是一种储存电能的元件。当电容器的一个极板接电源正极，一个极板接电源负极，两个极板就带上了等量的异种电荷，两极板之间就有了电场。这一过程为电容器的充电过程。用一根导线将电容器的两端接通，两极电荷中和，电容器就不带电了，两板极之间不再有电场，这一过程为电容器的放电过程。

注意：当电容器从电源两端移开，电容器仍然带电，不能触摸电容器两极，要先放电再触摸，所以在用万用表测量电容时，先将电容器放电。

电容器所带的电荷（正电荷或者负电荷的绝对值）与两极的电压的比值称为电容：

$$C = \frac{q}{U}$$

式中，C 为电容，单位为 F（法）；q 为所带电荷，单位为 C（库）；U 为两端电压，单位为 V（伏）。

电容之间的换算单位为：$1F=10^3mF=10^6\mu F=10^9nF=10^{12}pF$。常用单位为 μF。

注意：电容为电容器的大小，与电荷量和电压无关，是电容器本身的特性。它与电容器的电介质、两极板距离、两极板正对面积有关。

$$C = \frac{\varepsilon S}{d}$$

式中，ε 为电介质的介电常数，单位为 F/m；S 为两极板正对面积，单位为 m^2；d 为两极板距离，单位为 m。

电介质的介电常数 ε 由电介质的性质决定，真空中的介电常数为 ε_0，一般以 ε 与 ε_0 的比值 ε_r 来表示该电介质的相对介电常数。即 $\varepsilon = \varepsilon_0 \varepsilon_r$。$\varepsilon_0 \approx 8.86 \times 10^{-12}F/m$。表 1-3-1 所示为几种常用介质的相对介电常数。

表 1-3-1　几种常用介质的相对介电常数

介 质 名 称	相对介电常数	介 质 名 称	相对介电常数
空气	1	石英	4.2
酒精	35	纯水	80
云母	7	硬橡胶	3.5

2. 电容器的分类

（1）普通电容器

常见的普通电容器有色环电容器、瓷介电容器、云母电容器等。一般普通电容器引脚无正负极之分，为无极性电容器；电容量已经被固定，为固定电容器。

色环电容器外形如图1-3-1所示，外壳上标有多条颜色不同的色环用以表示电容量，与色环电阻类似。

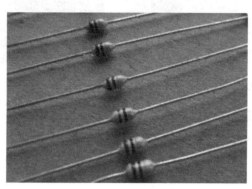

图1-3-1　色环电容器

瓷介电容器：是以陶瓷材料为介质的电容器，也称陶瓷电容器。外层涂上各种颜色的保护漆，并在陶瓷片上附上银制成两电极，这种电容器由于损耗小、稳定性好、耐高温高压，因此应用极其广泛。如图1-3-2所示为陶瓷贴片电容器。

图1-3-2　陶瓷贴片电容器（丝印为C开头）

（2）电解电容器

电解电容器与普通电容器不同，引脚有明确的正负极之分，因此称为有极性的电容器，在使用时注意不要接反。电解电容器按电极材料分为两类：铝电解电容器、钽电解电容器。应用也极其广泛，常用于低频低压电路中。

铝电解电容器：是一种液体电解质电容器，根据介电材料状态不同分为普通（液态铝质）电解电容器和固态铝电解电容器。

普通铝电解电容器的介电材料为电解液，如图1-3-3所示；固态铝电解电容的介电材料为导电性高分子，如图1-3-4所示。

钽电解电容器：正极材料为金属钽制成，分为固体钽电解电容器和液体钽电解电容器。固体钽电解电容器根据外形又分为分立式（直插）和贴片式。它的温度特性、频率特性都比铝电解电容器的好，但价格较高，常用于高精密的电子电路中。如图 1-3-5 所示为电路中常见的贴片钽电解电容器。

图 1-3-3　普通铝电解电容器

图 1-3-4　固态铝电解电容器

3. 电容器容值的识别

电容器的容值识别是检测电容器之前的重要环节，这里从常见的电容器入手讲解电容的识别。

（1）色环电容器的识别

色环电容器同色环电阻一样，不同颜色的色环代表不同的数值，其颜色代表的数值与电阻的相同。实际中色环电容器不常用，这里不再多讲。

（2）贴片瓷介电容器的识别

贴片瓷介电容器表面没有任何信息标识，故只能通过包装和万用表来识别测量。

如果实在确定不了其容值，那么在电路中选择放弃，一个电容器的价格不高，为了保证电路的安全，选择能确定容值的电容器。

如图 1-3-6 所示为贴片瓷介电容器，其外观和电阻类似，但在其表面没有任何标识，所以只能从包装上读取，从其包装上的信息可知，此电容器的容值为 10μF，误差为±10%，额定电压为 16V，尺寸为 0805 规格。该电容器的误差值较大，所以测量容值时，近似标称值即可。

图 1-3-5　钽电解电容器

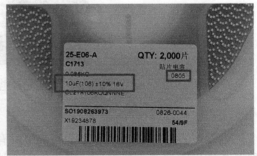

图 1-3-6　贴片瓷介电容器的识别

（3）电解电容器的识别

① 普通铝电解电容器的外壳上以直标法标注电容器的额定电压和容值。如图 1-3-7 所示，电解电容器分为正负两极，外壳上分为两种颜色，颜色面积较少的一端为负极；另外引脚有长短之分，短的为负极。

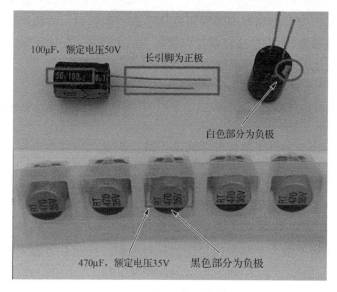

图 1-3-7 电解电容器的识别

② 钽电解电容器的颜色一般为黄色，如图 1-3-8 所示，其容值如贴片电阻一样用科学计数法标注在表面上。其一极的表面标有一横线，此极为正极。

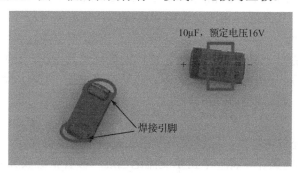

图 1-3-8 钽电解电容器的识别

提示：电解电容器有额定电压，在电路中不能超过其额定电压且不能接反，接反后虽然会正常工作几分钟，但是几分钟后，铝电解电容器会爆炸，钽电解电容器会燃起一团橘黄色的火焰。

4. 电容器的检测

用微课学

电容器可以直接使用万用表测量容值，与标称值对比来判断电容器是否损坏。

（1）普通电容器的测量

直接使用万用表电容挡，将两表笔接到电容器的两极进行测量，可参考万用表的使用章节。

（2）电解电容器的测量

电解电容器由于工作中可能存储大量电荷，因此测量前要先对电容器进行放电操作，以免发生危险。

电解电容器的放电操作主要针对大容量的电解电容器，由于大容量电容器在工作中

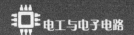

可能会有很多电荷，容易损坏万用表。可选用小阻值的电阻，将电阻的引脚与电解电容器的引脚相连即可放电。大容量电容器指容值在 300μF 以上，当电容器的工作电压在 200V 以上时，即使容值比较小的也需要放电。

5. 电容器的串并联

用微课学

电容器的连接有串并联之分，电容器串并联容值的计算可以通过电容器的概念来计算。

（1）串联

电容器串联相当于增大了两极板之间的距离，因此总电容小于每一个电容。总电容的倒数等于各个电容的倒数之和。

$$\frac{1}{C} = \frac{1}{C_1} + \frac{1}{C_2} + \cdots + \frac{1}{C_n}$$

（2）并联

电容器并联相当于增大了两极板之间的正对面积，因此总电容大于每一个电容。总电容等于各个电容之和。

$$C = C_1 + C_2 + \cdots + C_n$$

6. 电容器的功能

用微课学

（1）隔直流通交流

由于电容器是由两块平行且相互绝缘的导体构成的，中间夹一层绝缘介质构成，所以电容器阻止直流信号通过，允许交流信号通过，且交流信号频率越高，电容器的阻抗越低。

例如，输入分别为 15V 的直流电压、15V 的低频交流电压、15V 的高频交流电压，经过一个电容器之后，输出电压分别为 0V、12V 交流电压、15V 交流电压。这就是电容器的隔直流通交流，通高频阻低频的特性。

（2）滤波

由于电容器的充放电特性，能够使不平稳的直流电压变得稳定。

在图 1-3-9 所示电路中，将一个正弦交流电压经二极管整流成脉动直流电压后，该直流电压很不稳定，所以在电路中增加 C_1、C_2 使波动的直流电压变得稳定、平滑。

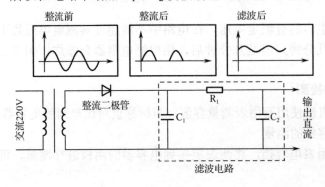

图 1-3-9　电容器的滤波作用电路

（3）耦合

在放大电路中，无极性电容器常作为交流信号输入和输出传输的耦合器件，前级耦合输入，后级耦合分离得到交流信号。在图 1-3-9 中，C_1、C_2 分别为输入和输出耦合电容器。

7. 电容器的直流漏电电流和电阻

电容器加上直流电压时，由于电容器两极间的介质不是完全的绝缘体，因此电容器就会有漏电电流产生，若漏电电流过大，电容器就会发热烧坏。

电容器两极之间的介质不是绝对的绝缘体，电阻不是无限大，而是一个有限的数值，一般在几百千欧，这个电阻称为漏电电阻，大小是额定工作电压下的直流电压与漏电电流的比值，漏电电阻越小，漏电越严重，引起的能量损耗越严重，因此电容器的漏电电阻越大越好。

 任务实训

 教学视频

任务四 电感

 学习目标

1. 了解电感的概念、种类、外形、参数。
2. 掌握电感的识别及检测方法。
3. 了解电感的功能。

 任务描述

龚老师：电子元器件中最重要的三个元器件，我们已经介绍了两个，它们是电阻和电容，最后一个是电感。感动的感，感情的感。两个电感如果相互靠近，有一个不淡定了，电流激荡了，那就不得了了。

小典：两电感咋了？

龚老师：一个电感中，自身电流变化会产生磁场的变化，磁场的变化又在另外一个电感上产生电场的变化，感生出电流。而这两个电感，只是相互靠近，却没有直接连接。

小典：那两个电感怎么产生联系呢？

龚老师：电感是一种储能元件，可以把电能转换成磁能储存起来，其在不同的环境中应用也不同，应用十分广泛，本节课我们将学会电感的种类、参数、功能等，帮助我们更好地理解设计电路。

 实训环境

● 电感。

- 无线供电应用电路板。
- 直流稳压可调电源。
- 功率电机驱动电路板。
- 直流电机。
- 步进电机。

 任务设计

任务 1：使用包含电感的电路板。

任务 2：对电感的工作原理进行感性认知。

*任务 3：了解磁珠与电感的区别。

 知识准备

1. 电感的概念

用**微课**学

电感是一种储能元件，可以把电能转换为磁能储存起来，和电容充放电类似，电感能够进行电能转换为磁能，再将磁能转换为电能。

电感能够阻碍电流的变化，所以对于直流电，电感相当于一段阻值很低的导线，对于交流电来说起到了阻碍电流变化的功能。从频率与阻抗的角度来讲，电感与电容的作用相反，通直流阻交流。

电感对交流电的阻碍作用称为感抗，感抗和电感成正比，和频率也成正比。感抗（x_L）的计算与电感（L）和频率（f）的计算公式为：

$$x_L = 2\pi f L$$

感抗的单位是欧姆。知道交流电的频率 f（Hz），线圈的电感 L（H），就可将感抗计算出来。

图 1-4-1　色环电感

电感常用单位换算：

$$1\text{H} = 10^3\,\text{mH} = 10^6\,\mu\text{H}$$

2. 电感的种类

电感的种类繁多，常见的有色环电感、贴片电感、电感线圈。

（1）色环电感

色环电感与电阻、电容的外观类似，都是外壳上用色环来表明电感的数值。如图 1-4-1 所示，色环电感是将线圈缠绕在软磁性铁氧体的基体上，然后用环氧树脂或者塑料封装而成。

（2）贴片电感

如图 1-4-2 所示为贴片电感，小功率贴片电感的外形和贴片电阻、电容的类似，大功率贴片电感体积比小功率电感体积稍大，电感值直接标注在电感表面。贴片电感一般用于体积小，集成度高的数码电子产品中。

（3）电感线圈

电感线圈也是一直比较常见的电感，如图 1-4-3 所示，其能够直接观测出线圈的圈数和紧密程度。常见的电感线圈主要有空心电感线圈、磁棒电感线圈、磁环电感线圈、扼流圈。

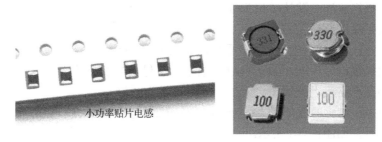

图 1-4-2　贴片电感

图 1-4-3　电感线圈

电感线圈一般通过改变线圈的疏密程度和匝数改变电感值。

3. 电感的识别

（1）色环电感的识别

色环电感的识别与电阻、电容的识别类似，一般用四色环来表示数值，前两位为有效值，第三位为倍乘数，第四位为误差。

（2）贴片电感的识别

小功率贴片电感如同电容一样，在外观上找不到任何关于电感值的信息，贴片电阻的表面还标注有电阻值，所以在电路板上只能根据丝印 C（电容）、L（电感）等来区分。电感值只能通过购买时的包装或万用表的测量来确定。图 1-4-4 所示为小功率贴片电感及包装上的信息。

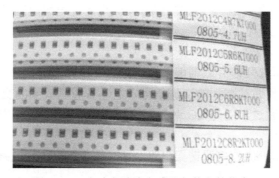

图 1-4-4　小功率贴片电感及包装上的信息

大功率电感则直接将主要参数信息标注在外壳上，此种方法称为直标法。直标法并不是将所有信息都标注出来。直标法通常有三种形式：普通直接标注法、数字标注法、数字中间加字母标注法。默认单位为 μH。

普通直接标注法：L+（电感量）+误差。

数字标注法：有效值+有效值+倍乘数，如图 1-4-5 所示。

数字中间加字母标注法：数字+字母+数字，字母相当于小数点。

（3）电感在电路板上的标识

在电路板上，电感的丝印以"L"开头。例如 L2，其中 L 代表电感，2 代表这个电感在电路中的序号，如图 1-4-6 所示。

图 1-4-5　数字标注法　　　　图 1-4-6　焊接在电路板上的贴片电感

4. 电感的检测

电感的本质就是导线环绕成的线圈，所以测量电感的好坏首先可以测量通断，判断是否正常连通，可以使用万用表蜂鸣挡判断是否连通。其次如果电感短路，那么也是可以连通的，但是其电感量明显发生了变化。这时可以使用万用表的附加测试器进行测量，如果没有办法确定这个电感是否正常，那么就更换一个新的电感吧！

5. 电感的功能

（1）滤波功能

因为电感对脉动电流产生反电动势，阻碍电流变化，所以电感对交流电流有阻抗，频率越高阻抗越大，而对直流阻抗很小。电感接在整流电路中，可以将交流电路阻隔在电感上，允许直流通过，起到滤波的作用。

通常电感与电容一起构成 LC 滤波电路，交流电流经电感阻隔后滞留的部分通过电容接地的方式滤除，最后输出直流。

（2）谐振功能

电感和电容并联构成 LC 并联谐振电路。阻止一定频率的信号干扰。

此电路利用电容易通过高频的交流信号，电感易通过低频的交流信号的特性，使得高频低频信号都可以通过，而与 LC 谐振频率相同的中频信号难以通过，起到了阻波的作用。

电感和电容串联构成 LC 串联谐振电路。此电路功能与并联电路相反，只允许通过特定频率的信号。

电路利用电容对低频交流信号的阻抗大，电感对高频交流信号的阻抗也大，因此只能通过与 LC 谐振频率相同的信号。

 任务实训

 教学视频

任务五　二极管

 学习目标

1. 了解二极管的概念、种类、外形、参数。
2. 掌握二极管的识别及检测方法。
3. 了解二极管的功能。

 任务描述

龚老师：我看到了一句挺有意思的话：人生如棋；我愿为卒；行动虽慢；谁曾见我后退半步，有没有同学知道这句话的意思是什么？

小典：象棋里的小卒子，只能往前走，不能往后退，意思就是一往无前，永不后退。

龚老师：很好，希望小典同学在学习的道路上也能一往无前，永不后退。

小典：嗯，谢谢您的鼓励。

龚老师：如果有个器件，只允许电流正向通过，不允许电流反着过来通过，这个器件会有什么用呢？我们今天就来认识一下这个只许前进，不许后退的器件——二极管。

 实训环境

● 直流可调电源。
● 波形发生器。
● 示波器。
● 负载电阻板。
● 二极管。

任务设计

观察不同电路板上的 LED 实物，判断贴片、直插 LED 的正负极，测量 LED 的压降

任务 1：测量线性稳压电路板电源指示灯的极性。

任务 2：观察线性稳压电路板左上角的"稳压输出"区域，其中 D11 是稳压管，找出其极性。

任务 3：测量贴片元件焊接练习电路板上 0805 与 0603 封装的极性，当 LED 通电后，测量其整箱导通压降。

任务 4：在无线供电应用电路的接收端上，有 4 个二极管组成的桥式整流电路，试分析桥式整流电路把交流电转为直流电后，如何确定直流电的正极。

*任务 5：分析整流功能实验中，整流后最大值比输入电压低 0.7V 左右，且占空比并不足 50%。

知识准备

1. 二极管的概念

讲到二极管，需要先了解半导体。纯净的半导体称为本征半导体，其原子结构稳定，最外层电子不易挣脱原子核的束缚，所以导电能力介于导体和绝缘体之间。通过扩散工艺，在本征半导体中掺入少量的杂质元素，便可以得到杂质半导体。按掺入杂质元素的不同，可形成 N 型半导体和 P 型半导体。控制掺入的杂质元素的浓度，可控制杂质半导体的导电性能。采用不同的掺杂工艺，将 P 型和 N 型半导体制作在同一块硅片上，它们的交界面就形成了 PN 结。PN 结具有单向导电性。当 PN 结外加合适的正向电压的时候，PN 结导通，但是导通的时候会有零点几伏的压降。PN 结外加反向电压，会处于截止状态。此时能够通过 PN 结的电子太少，一般忽略不计。

将 PN 结用外壳封装起来，并加上电极引线就构成了半导体二极管，简称二极管。由 P 区引出来的电极为阳极（也称正极），由 N 区引出来的电极为阴极（也称负极）。

2. 二极管的种类

二极管的种类较多，常见的有整流二极管、稳压二极管、发光二极管，除此之外还有光敏、检波、变容、开关二极管等。

（1）整流二极管

整流二极管是对电压有整流作用的二极管，即可将交流电整流成直流电，常应用于整流电路中，整流二极管也是常见的普通二极管，如图 1-5-1 所示。

（2）稳压二极管

稳压二极管是利用反向击穿特性制造的二极管，外加较低反向电压时呈截止状态，当电压加到一定值时，反向电流急剧增加，呈反向击穿状态，此时稳压二极管两端值为一固定值，此值为稳压二极管的稳压值。需要注意的是，二极管在电路中应用时应串联限流电阻，必须限制反向通过的电流，以防止电流过大，烧坏二极管，如图 1-5-2 所示。

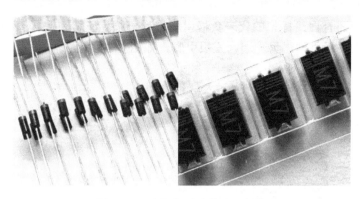

图 1-5-1　直插与贴片整流二极管

图 1-5-2　直插和贴片稳压二极管

（3）发光二极管

发光二极管，简称 LED，是最常见的二极管。如图 1-5-3 所示为直插和贴片发光二极管，其类型包括可见光、不可见光、激光等。常见的是可见光发光二极管，其发光颜色决定于所用材料，目前常见的有红、绿、黄、橙等色。发光二极管具有单向导电性，当外加的正向电压使得正向电流足够大时才发光。

图 1-5-3　直插和贴片发光二极管

3. 二极管的识别

（1）二极管的极性识别

基本上所有的二极管都会标记负极。根据封装与大小不同，标记方式也略有区别。

贴片二极管的正面有白线标记的代表负极引脚，另一端为正极引脚；直插二极管的有色环标记的一端为负极引脚，另一端为正极引脚，如图 1-5-4 所示。

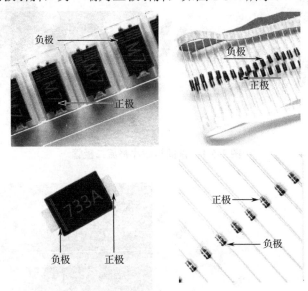

图 1-5-4　常见二极管会标记负极

贴片发光二极管的背面有三角形指向负极的引脚，正面一般也会标记负极，但不同厂家的标记不同。如图 1-5-5 所示，直插发光二极管的较长的引脚为正极。如果引脚已经被剪掉，可以使用万用表来测量极性。也有通过观察两脚材料面积（俗称大小旗），或者根据灯帽上的缺口判断极性的方法，感兴趣可以自己查阅资料。

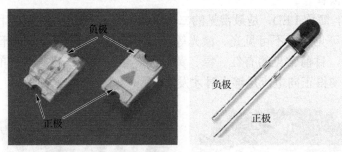

图 1-5-5　发光二极管的极性

使用数字万用表二极管挡，红、黑表笔接二极管两端，如果显示电压为 0.6～0.7V，则红表笔接的是二极管的正极；如果显示为无穷大，那么红表笔接的是负极。0.6～0.7V 即为二极管的导通电压。

如果万用表红黑表笔任意接在二极管两端，显示为 0.2～0.3V，说明这个二极管是锗二极管；0.6～0.7V 说明是硅二极管。发光二极管的压降一般在 1.5～2V，不同颜色与材质的压降略有不同。

（2）二极管的命名方式及识读

二极管的命名方式主要有国产、日产、美产、国际命名法几种，市面上的二极管命名方式也比较杂，这几种命名方式都有。

① 国产二极管的命名规格是将二极管的参数标注在二极管表面，如图 1-5-6 所示，二极管型号命名由五部分组成。表 1-5-1 与表 1-5-2 解释了部分字母的含义。

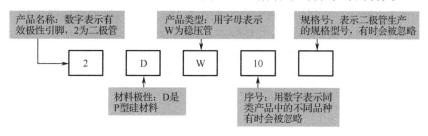

图 1-5-6   2DW10 分解：P 型稳压二极管

表 1-5-1   国产二极管材料极性符号定义

材料极性符号	含义	材料极性符号	含义	材料极性符号	含义
A	N 型锗材料	C	N 型硅材料	E	化合物材料
B	P 型锗材料	D	P 型硅材料		

表 1-5-2   国产二极管类型符号定义

类型符号	含义	类型符号	含义	类型符号	含义	类型符号	含义
P	普通管	Z	整流管	W	稳压管	U	光敏管

② 美产二极管的命名方式一般也由五部分构成，如图 1-5-7 所示。实际中只标注出有效极数、代号、顺序号三部分。

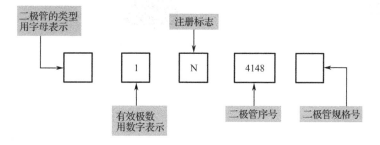

图 1-5-7   1N4148 二极管命名

4. 二极管的功能

用微课学

二极管有整流、稳压的功能。

（1）整流

利用二极管的单向导通性，可以将交流信号整成同相脉动的直流信号。当交流电压处于正半周时，二极管导通，在负半周时，二极管截止，所以这时输出为只有正半周的交流信号，再添加 RC 滤波电路，可变为近乎稳定的直流电。

由 1 只二极管构成的整流电路称为半波整流电路，它的效率低下，可以使用 2 只或者 4 只二极管构成全波整流电路。将 4 只二极管封装在一起构成 1 个独立器件被称为桥式整流电路。

（2）稳压

稳压二极管是一种特殊的二极管，它的功能是将电路中某一点的电压稳定在一个固定值。如图 1-5-8 所示，其利用二极管在反向击穿状态下，两极的电压降保持在恒定状态的特点制成的。值得注意的是稳压二极管在反向击穿状态下不会损坏，但是电流要限制在额定范围内，电流过大，将会烧坏，所以需要串联电阻降低电流。

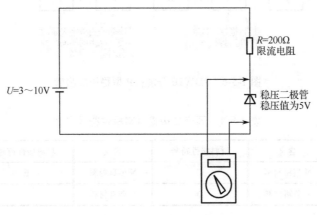

图 1-5-8　稳压管的测量

任务实训

教学视频

项目二　电子基础知识

任务一　欧姆定律

学习目标

1. 了解电阻、电流、电压之间的关系。
2. 掌握电阻的阻值与伏安特性曲线。
3. 灵活使用欧姆定律。

任务描述

龚老师：本节课我们来讲述欧姆定律，听上去应该比较耳熟吧？

小典：好像初中物理就学过，公式应该是$R=U/I$。

龚老师：以前是学过，但公式并不是$R=U/I$，而是$I=U/R$。

小典：这两个公式不是一样吗？

龚老师：从数学的角度来看好像是一样的，无非就是公式的变形。但是物理上的概念可就不一样了。欧姆定律表示，导体中的电流，跟导体两端的电压成正比，跟导体的电阻成反比。所以写作$I=U/R$。而你说的写法是$R=U/I$，容易让人以为，电阻是由电压和电流的比值决定的。然而电阻是导体的固有属性，记不记得电阻的计算公式？

小典：$R=\rho\dfrac{L}{S}$。

龚老师：回答正确。那么欧姆定律能不能表示为$U=IR$。

小典：应该也不能吧？因为电压是形成电流的原因，

龚老师：是的，你说到点子上了，电压由电源提供，它的大小不是电流决定的。我们在应用的时候，这3个公式都可以，在数学上它们可以相互转换。但是欧姆定律的物理含义，要弄清楚。它表明了电流与电压、电阻的关系。我们这节课是理论复习课，好好回顾一下欧姆定律。

实训环境

● 机房直流电源（电池）。
● 电流表、电压表。

● 开关、电阻。
● 滑动变阻器。

任务设计

任务1：电流与电压成正比。
任务2：电流与电阻成反比。
*任务3：更换万用表的电池与保险丝。

知识准备

乔治·西蒙·欧姆（Georg Simon Ohm，1787年3月16日至1854年7月6日），德国物理学家。欧姆发现了电阻中电流与电压的正比关系，即著名的欧姆定律；他还证明了导体的电阻与其长度成正比，与其横截面积和传导系数成反比；以及在稳定电流的情况下，电荷不仅在导体的表面上，而且在导体的整个截面上运动。电阻的国际单位制"欧姆"以他的名字命名。欧姆的名字也被用于其他物理及相关技术内容中，比如"欧姆接触""欧姆杀菌""欧姆表"等。

1. 电流与电压成正比

假设电路中电阻的阻值不变，电阻两端电压升高，流经电阻的电流也成比例增加；电压降低，流经电阻的电流也成比例减小。如图2-1-1所示为欧姆定律电流与电压关系仿真。

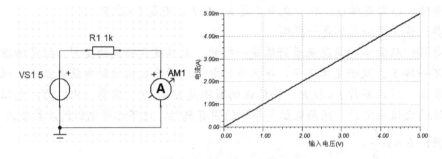

图2-1-1　欧姆定律电流与电压关系仿真

图2-1-1是使用Tina-Ti仿真工具分析的结果。VS1是可变的电压源，电压范围是从0～5V。R1是固定的电阻，阻值为1kΩ。AM1是电流表，与R1串联，测量流过R1的电流。从图2-1-1中可以看出，在R1阻值不变的情况下，电压越大，电流就越大，电压与电流的比值一定。

2. 电流与电阻成反比

在电路中电阻两端电压不变的情况下，电阻的阻值升高，流经电阻的电流降低；电阻的阻值降低，流经电阻的电流增大。如图2-1-2所示为欧姆定律电流与电阻关系仿真。

图2-1-2是使用Tina-Ti仿真工具分析的结果。VS1是固定的电压源，电压为5V。W1是可调电阻，最大阻值为1kΩ。AM1是电流表，与W1串联，测量流过W1的电流。图2-1-2右侧的横坐标是"点仪表设置（%）"，其实代表的是W1接入电路中的电阻部分

的比例，例如 25%代表接入电路中的阻值为 1kΩ×25%=250Ω，所以横坐标仍然代表比值。从图中可以看出，在电压不变的情况下，电阻越大，电流就越小，电流与电阻成反比。

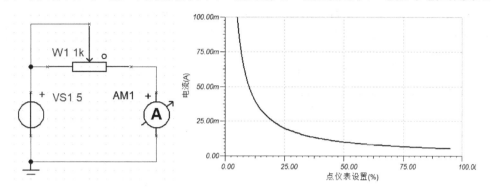

图 2-1-2　欧姆定律电流与电阻关系仿真

　　需要说明的是，这个图其实有设计问题，如果接入电路的电阻比例为 0%，那么电源正负极相当于直接接在一起，会烧坏电源或者电流表。因此设定的最小的电阻比例为 10%。实际应用中，应如图 2-1-3 所示，再串联一个电阻 R1，以防止误操作。

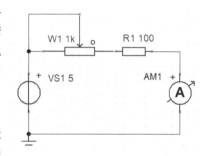

3. 伏安特性曲线

　　伏安特性曲线图常用纵坐标表示电流 I、横坐标表示电压 U，以此画出的 I-U 图称为导体的伏安特性曲线图。伏安特性曲线是针对导体的，也就是耗电元件，图常被用来研究导体电阻的变化规律，是物理学常用的图像法之一。

图 2-1-3　接入电阻 R1，防止烧毁

　　如图 2-1-4 所示，R1 与 R2 两端的电压相同，由于自身电阻不同，所以流过 2 个电阻的电流也不相同。VS1 是可变的电压源，电压范围是从 0～5V。以 VS1 的电压为横轴，以电流表的示数为纵轴，可以得到 R1 与 R2 的伏安特性曲线。

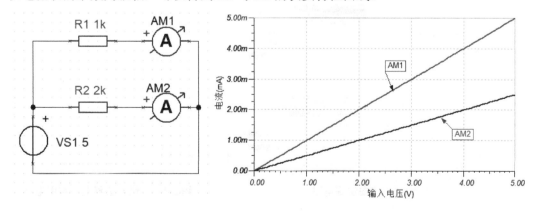

图 2-1-4　分析不同电阻的伏安特性曲线

　　从图中可以看出，电阻 R1 与 R2 的伏安特性曲线都是一条直线。分析这条直线，可

知其斜率的倒数，就是电阻值。R2 的直线更"平缓"，斜率更小，其倒数就更大，所以 R2 的阻值也更大。

并非所有的器件，伏安特性都是一条直线。例如二极管，在导通之前，相当于阻值非常大的电阻；导通以后，相当于阻值很小的电阻，它的伏安特性曲线如图 2-1-5 所示。

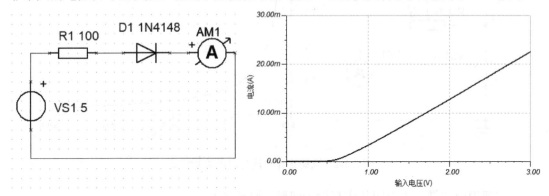

图 2-1-5 二极管的伏安特性曲线

4. 伏安法测电阻

根据欧姆定律进行数学变换，可知电阻的值等于它两端的电压除以流过它的电流，即 $R = U/I$，根据此原理可以测量某个未知电阻的阻值。如图 2-1-6 所示，电阻 R1 阻值未知，但是它两端的电压是 5V，流过它的电流为 2.5mA，那么电阻的阻值就是 5V/2.5mA = 2kΩ。

实际应用时，一般要给待测电阻 R_x 串联一个可变电阻 R_w，如图 2-1-7 所示，一方面是保护电路，避免待测电阻 R_x 阻值太小导致电流太大，烧坏表头；另一方面，方便切换量程。万用表测量电阻的原理就是伏安法：由万用表的电池提供电源，用已知电阻与待测电阻串联，测量电流。被测量的对象也可以是别的电阻型器件，比如热敏电阻。测量热敏电阻的阻值，然后查表，根据阻值得出对应温度。

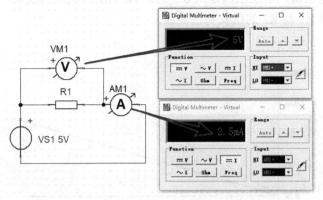

图 2-1-6 伏安法测电阻

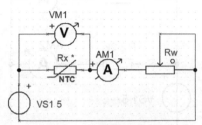

图 2-1-7 伏安法测电阻常用电路

任务实训

 教学视频

任务二　电阻的串联与并联

 学习目标

1. 了解串联与并联电路电阻的特点及计算公式。
2. 了解串联与并联电路分压、分流的特点。

 任务描述

龚老师：小典，假如你的电路中，需要 1 个 500Ω 的电阻，但是你手头上恰好没有 500Ω 的电阻，该怎么办呢？

小典：用 100Ω 跟 400Ω 的电阻串联，就得到 500Ω 的电阻了。

龚老师：嗯，思路是没有问题的。但是这里还要牵扯一个标称电阻的概念。并不是所有的电阻工厂都要制作，因为工厂只生产常用的电阻，所以就要指定一个标准，这些常用的电阻就是标称电阻。500Ω、400Ω 的电阻都不是标称电阻，所以你很难买到。即便你买到了，也贵得要命。

小典：500Ω、400Ω，这样的整数，都不是常用的电阻吗？

龚老师，标称电阻跟整数没有必然的关系，具体哪些值是标称电阻呢？可以查表得到，例如还是要串联凑够 500Ω，你就可以选择 200Ω 和 300Ω。

小典：为啥 200Ω 和 300Ω 的电阻就是标称的，郁闷。

龚老师：当然，200Ω 和 300Ω 串联得到 500Ω，并不是唯一的解决方案。比如说 110Ω+390Ω，极端一点 30Ω+470Ω。用电阻并联，也能算出 500Ω，你知道该怎么做吗？

小典：我知道能并联以后，总电阻比分开的电阻都要小一点。但是怎么计算不记得了，好像挺麻烦。

龚老师：不麻烦，这节课就带你复习一下。

 实训环境

● 电流表直流稳压可调电源。
● 测试负载板。
● 双头鳄鱼夹线。

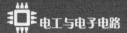

● 万用表。

 任务设计

任务1：电阻串联。

任务2：电阻并联。

*任务3：电阻混联电路。

 **知识准备**

1. 电阻串联

用微课学

电阻串联后，其总阻值会增大还是减小？如图 2-2-1 所示。

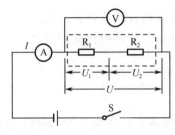

图 2-2-1　串联电阻

假设有一个电阻可以代替串联的电阻，而不影响电路的效果，就称这个电阻是串联电路的总电阻。既然总电阻的效果与串联电阻的效果一样，那么流过总电阻的电流，与流过串联电阻的电流，大小也应是一样的，如图 2-2-2 所示。

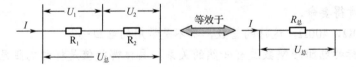

图 2-2-2　串联电阻等效电路

根据欧姆定律：$U_1 = IR_1$、$U_2 = IR_2$、$U = IR$

由 $U = U_1 + U_2$，可得：$IR = IR_1 + IR_2$

即：$R = R_1 + R_2$

可以得出结论：串联电路的总电阻等于各串联电阻之和。

这个结论由电阻的计算公式也可以得出，$R = \rho \dfrac{L}{S}$，电阻串联，相当于长度变长了，当然电阻也变大了。

2. 串联分压电路

电阻串联后，电阻越大分的电压越多吗？如图 2-2-3 所示。

根据欧姆定律：$U_1 = IR_1$，$U_2 = IR_2$

所以 $U_1 : U_2 = IR_1 : IR_2 = R_1 : R_2$

可以得到结论：串联电路中，电压与电阻成正比。

$$\frac{U_1}{U_2} = \frac{R_1}{R_2}$$

此电路常常用于从比较大的电压得到比较小的电压，比如总的电压是 5V，希望 R_1 与 R_2 连接点 T 的电压是 3.3V，那么 $R_1/R_2=(5-3.3)/3.3$，可选 R_1 为 51kΩ，R_2 为 100kΩ。

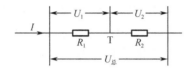

图 2-2-3　串联分压电路

3. 电阻并联

电阻并联后，其总阻值会增大还是减小？如图 2-2-4 所示为并联电阻与等效电路。

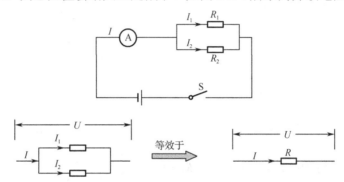

图 2-2-4　并联电阻与等效电路

根据欧姆定律：$I = U/R$，$I_1 = U/R_1$，$I_2 = U/R_2$

根据并联电路电流规律：$I = I_1 + I_2$

所以：$\dfrac{U}{R} = \dfrac{U}{R_1} = \dfrac{U}{R_2}$

即：$\dfrac{1}{R} = \dfrac{1}{R_1} + \dfrac{1}{R_2}$

可以得到结论：并联电路总电阻的倒数等于各并联电阻的倒数之和。

电阻并联相当于增大了电阻的横截面积，所以电阻并联，电阻阻值减小。

4. 并联电路电流与电阻的关系

并联的电阻，所有的支路两端的电压都相同。

根据欧姆定律：$I_1 = \dfrac{U}{R_1}$，$I_2 = \dfrac{U}{R_2}$

所以：$I_1 : I_2 = \dfrac{U}{R_1} : \dfrac{U}{R_2} = \dfrac{R_2}{R_1}$

所以得出结论：并联电路中电流与电阻成反比

$$\frac{I_1}{I_2} = \frac{R_2}{R_1}$$

5. 混联电路

在一个电路中，把既有电阻串联又有电阻并联的电路称为混联电路。分析混联电路的阻值比较麻烦，要先把图"化简"，如图 2-2-5 所示，有些电路可能看上去比较"抽象"，因此要先对电路进行化简。在电路原理图中，"点"与"线"是等价的，一根线可以缩成一个点，一个点也可以拉成一根线。

图中 P_5 这个点位置，并没有任何线连接。如果有线连接，会有一个实心的点。

从电源正极出发，先遇到点 P_1，这个点连接了 R_4；P_1 与 P_3 中间是一根线，所以 P_1 和 P_3 相当于同一个点，那么 P_1 也连接了 R_3、R_2，即 R_2、R_3、R_4 有一端接在一起。R_3 与 R_4 接于点 P_2，P_2 和 P_4 也相当于一个点，而 R_2 也连接 P_4，所以 R_2、R_3、R_4 为并联关系，并联支路与 R_1 形成串联，然后回到电源负极，如图 2-2-6 所示。

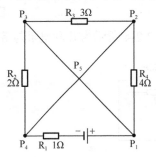

图 2-2-5　混联电路

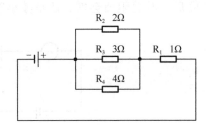

图 2-2-6　混联电路化简

电路中的总阻值为：$R = R_1 + R_2 /\!/ R_3 /\!/ R_4 = 1 + \dfrac{1}{\dfrac{1}{2} + \dfrac{1}{3} + \dfrac{1}{4}} = \dfrac{25}{13}$。

　任务实训

　教学视频

任务三　电功率与焦耳定律

　学习目标

1. 掌握电功率和焦耳定律的计算。
2. 区别纯电阻电路与非纯电阻电路。
3. 掌握电功与电热的区别。

任务描述

小典：龚老师，为什么测试负载板上的电阻都这么大个儿呢？

龚老师：哦，这是因为它们的功率比较大。电流通过电阻，电阻就会发热，所以需要散热，一般来说较大的体积，就有较大的面积，较大的面积就更容易散热。你知道如何定量计算它们的功率呢？

小典：记不太清了，好像挺复杂的。

龚老师：不复杂，一句话就让你记住了。电流所做的功叫电功，用 W 表示。电功的计算公式为 $W=UIt$，当然，公式也有其他的变换形式，但是这个最好记：大不了，又挨踢。

小典：记不住不会真的挨踢吧？

 实训环境

无。

 任务设计

任务：复习电功率与焦耳定律的概念，完成填空题。

 知识准备

1．电功

能量以各种形式存在，包括电能、热能、光能、机械能、化学能等。电能是指电荷移动所承载的能量。

电流所做的功叫电功，用 W 表示。电功的计算公式为

$$W = UIt$$

电功的国际单位是 J（焦耳），常用单位 kW·h（俗称度），电压的单位为 V（伏），电流单位为 A（安），时间单位为 s（秒）。

$$1\text{kW} \cdot \text{h} = 1\text{kV} \cdot \text{A} \cdot \text{h} = 3.6 \times 10^6 \text{J}$$

2．电功率

功率是指做功的速率或者利用能量的速率。电功率是指电流在单位时间（秒）内所做的功，用 P 表示。电功率的计算公式为

$$P = W/t = UIt/t = UI$$

电功率的单位为 W（瓦特），电压的单位为 V，电流的单位为 A。

电功率的也常用千瓦（kW）、毫瓦（mW）来表示，也有用马力来表示的（非标准单位），它们之间的关系是

$$1\text{kW} = 10^3 \text{W}$$

$$1\text{mW} = 10^{-3} \text{W}$$

$$1 马力 = 0.735 \text{ kW}$$

根据欧姆定律，电功率的表达式还可以转化为：

由 $P = W/t = UIt/t = UI$，$U = IR$，可得

$$P = I^2 R$$

由 $P = W/t = UIt/t = UI$，$I = U/R$，可得

$$P = U^2/R$$

由以上公式可以看出：

① 当流过负载电阻的电流一定时，电功率与电阻值成正比；

② 当加在负载电阻两端的电压一定时，电功率与电阻值成反比。

3. 额定功率与实际功率

大多数电力设备都标有电瓦数或额定功率。例如电烤箱上标有"220V/1000W"字样，1000W 为其额定电功率，额定功率即电气设备安全正常工作的最大电功率；额定电压是电气设备正常工作时的最大电压。

实际电压为实际加在电气设备两端的电压，在实际电压下的电功率称为实际功率。

只有实际电压与额定电压相等时，实际功率才等于额定电压。

在一个电路中，额定功率大的设备实际消耗功率不一定大，应由设备两端实际电压和流过设备的实际电流决定。

4. 焦耳定律

将手靠近点亮了一段时间的白炽灯，就会感到灯泡发热；电视机、计算机长时间工作后也会发热，这种现象称为电流的热效应。即导体中有电流通过时，导体就会发热，这种现象称为电流的热效应。

英国物理学家焦耳做了大量的实验后于 1840 年最先确定了电流产生的热量跟电流、电阻和通电时间的定理关系：电流通过导体产生的热量与电流的平方成正比，与导体电阻成正比，与通电时间成正比。这个规律称为焦耳定律。

$$Q = I^2 Rt$$

Q 表示热量，单位 J，电流单位 A，电阻单位 Ω，时间单位 s。

电流的热效应在生活和生产中应用广泛，例如电磁炉、电烙铁、电饭锅等都是利用电流的热效应。但是电流的热效应也有不利的地方，例如电动机、计算机工作时也会产生热量，这既浪费电能，又可能对机器正常工作产生影响。在远距离输电时，由于输电线的电阻存在，不可避免的损失部分电能。所以无论是利用电流的热效应还是减少电流的热效应，都需要先掌握热效应的相关规律，然后在实际中使用。

电功与焦耳定律

电功的计算公式为：$W = UIt$

结合欧姆定律：$U = IR$

似乎可以得到：$W = I^2 Rt$

这似乎与焦耳定律：$Q = I^2 Rt$

很相似，那么是不是可以说 $W = Q$，实际上 $W = Q$ 在纯电阻环境下是成立的。焦耳定律反映了电流的热效应，是能量转化和守恒定律在电能和内能转化中的体现。

使用电功公式和欧姆定律推导焦耳定律的前提是电能全部转化为内能，因为电能还

能同时转化成其他形式的能量。

纯电阻电路中只含有纯电阻元件，电功等于热量。电流流过纯电阻电路做功，把电能转化为内能，而产生热量，电功又称电热。

其他的电路均为非纯电阻电路。例如电动机电路，电功 $W = UIt$，电流流过电动机，把一部分电能转化为内能，绝大部分转化为机械能。

电动机电阻为 R，电流流过产生热，$Q = I^2Rt$ 不等于 UIt，而只是 UIt 的一部分，因为对于非纯电阻电路 $U \neq IR$ 且 $U > IR$。

转化出的机械能部分：$UIt - I^2Rt =$ 转化的机械能

 任务实训

 教学视频

任务四　电路原理图的识读

 学习目标

1. 掌握电路原理图中图形符号代表的电子元器件。
2. 掌握电路原理图中文字标识代表的意义。
3. 掌握电路原理图中线路连接规则。

 任务描述

小典：龚老师，我看到有的电路原理图里，电阻是矩形，有的是跟锯齿一样的，这两种电阻有什么区别吗？

龚老师：它们都是电阻的图形符号，不过矩形的是德国的标准，锯齿的是美国的标准。咱们国内一般使用矩形的符号，但是也要能看懂美国的符号。

小典：为什么标准不一样呢？

龚老师：谁强大，谁的科技领先，标准就是谁制定的。你要是好好学习，将来当个大科学家，发现个新的定律，就可以称为小典定律；你如果发明一种新的元器件，你就可以规定这个元器件的符号长什么样啊。

小典：这有点难啊。

龚老师：没错，我们国家在半导体行业的基础研究上其实是落后于先进国家的。但是不要紧，努力学习，争取超越他们。现在，就先从读懂电路原理图开始吧。电路原理图是所有电子产品的档案，能够读懂电路原理图是掌握电子产品性能、工作原理及装配和检测方法的前提。因此，读懂电路原理图是从事电子产品生产、装配、调试及维修的关键环节。

实训环境

● 无线供电应用电路——接收端电路板。
● 共射极放大电路板。
● 其他电路板。

任务设计

任务 1：对应无线供电应用电路——接收端、晶体管功率放大电路板原理图符号，找到所对应的器件。

任务 2：使用其他电路板，找到任务 1 中未出现的器件类型，然后记下丝印标号与对应器件。

*任务 3：分析电路图形符号代表的含义。

知识准备

用微课学

1. 轨道继电器原理图

在图 2-4-1 所示电路中 1 为电源，其电路图形符号为"⊤"；VCC 代表电源字母符号，其电压为 3.3V，看起来这个电源类似于凭空出现的，如图 2-4-2 所示，实际上"VCC-3.3"是一个网络标号，它的意思是电路图中所有的标号为"VCC-3.3"是连接在一起的，虽然它们之间没有连线。

在图 2-4-1 所示电路中 2 为电阻，其电路图形符号为"─▭─"；"R"为电阻字母符号，是电阻的英文单词 resistor 的首字母的大写形式；"1"代表序号，表示这个电阻在整张电路图中为第一号电阻；"331"为电阻阻值大小，用科学计数法表示，其阻值为 330Ω，如图 2-4-3 所示。

在图 2-4-1 所示电路中 3 为二极管，其电路图形符号为"──▷|──"；"D"为二极管字母符号；"1"代表序号，表示这个二极管在整张电路图中为第一号二极管；"1N4148"为二极管的型号，具体信息可以参考该型号的数据手册。

在图 2-4-1 所示电路中 4 为 LED 灯，其电路图形符号与二极管相似，但是多了两个向外的箭头。这是因为 LED 灯本质上就是一个二极管。其字母标识为"LED"；"1"表示这个 LED 灯为一号 LED 灯，如图 2-4-4 所示。

在图 2-4-1 所示电路中 5 为网络标号，与电源类似。"P04"意为在这个电路图上还有一个或多个网络标号为"P04"，这些标号为"P04"的线是连接在一起的，由于电路图上空间限制和整洁性，将这些需要连接起来的线断开，并用网络标号标注的方式表明这些线是连在一起的。

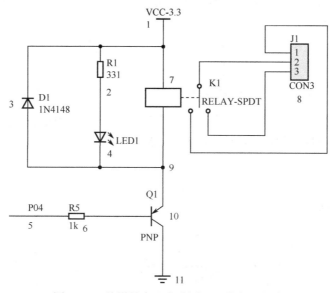

图 2-4-1 轨道继电器电路图——继电器部分

在图 2-4-1 所示电路中 6 与 2 相同，表示为阻值为 1kΩ 的电阻，其序号为 5。

在图 2-4-1 所示电路中 7 为继电器。继电器就是开关，用"K"来表示，"1"为序号。如图 2-4-5 所示，K1 还表示继电器的铁片，当继电器无电流流过，即不工作时，K1 与右边触点连接；当继电器工作时，继电器流过电流，产生磁场，吸附贴片，K1 与左边触点相连，起到控制电路的目的。

图 2-4-2 电源　　图 2-4-3 电阻　　图 2-4-4 LED　　图 2-4-5 继电器

在图 2-4-1 所示电路中 8 为接线端子。常用作与电路外部其他电路进行连接的接口，"J"为字母符号，"1"为序号，"CON3"为三线接口。如图 2-4-6 所示，在这个电路中为三线接口，实际上此接口数不固定，根据实际情况需要可任意设置。

在图 2-4-1 所示电路中 9 为线与线的交点，如图 2-4-7 所示。用一个黑点"·"点在线条之间的交点上，意为这两条线在此处相连。如果两条线在此处相交但是并无此黑点，意为相交不相连，只是因为走线的方便而相交。

在图 2-4-1 所示电路中 10 为三极管。"Q1"代表序号为 1 的三极管，"PNP"为 PNP 型三极管，如图 2-4-8 所示。

在图 2-4-1 所示电路中 11 为地线，如图 2-4-9 所示。与电源类似，此图形符号为接地标志，该电路图中所有拥有此图形标志的地方均接在一起，并且接地。

图 2-4-6　接线端子　　图 2-4-7　线路相连　　图 2-4-8　PNP 型三极管　　图 2-4-9　地线

在图 2-4-10 中 1、2、3 为网络端口。并且端口名称同为"RESET"，所以这三处是连接在一起的，由于直接用线相连会使电路图看起来杂乱无章，因此使用网络标号来连接，如图 2-4-11 所示。

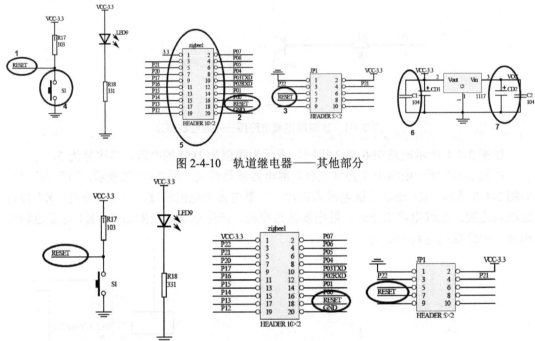

图 2-4-10　轨道继电器——其他部分

图 2-4-11　网络标号的连接

在图 2-4-10 中 4 为按键开关。"S1"为序号为 1 的按键开关，如图 2-4-12 所示。

在图 2-4-10 中 5 为接插件。"HEADER"表示接插件，"10"为 10 列插针，"10"后面"×2"为 2 排 10 列插针。"zigbee1"为接插件需要接的电路/元器件，如图 2-4-13 所示。

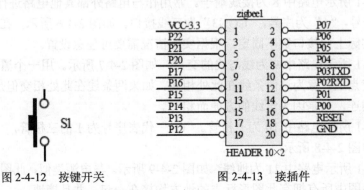

图 2-4-12　按键开关　　　　　　　图 2-4-13　接插件

在图 2-4-10 中 6 为普通电容。"C"表示电容,"1"为序号,"104"为容值,为 0.1μF,如图 2-4-14 所示。

在图 2-4-10 中 7 为电解电容。"CD"是电解电容的符号,电解电容是有极性的,所以电路图中标"+"的为正极,2 是该电解电容在电路图中的序号,如图 2-4-15 所示。

2. 集成电路原理图

IC 是集成电路,电路图中常用"U"表示 IC,如图 2-4-16 所示,U2 为序号;AMS1117 为该芯片的型号;"5V 转 3.3V,LDO"是对该器件的说明,意为该芯片是 5V 转 3.3V 的低压差线性稳压器。

图 2-4-14　电容　　　　图 2-4-15　电解电容　　　　图 2-4-16　电压转换芯片

如图 2-4-17 所示为 STM32F103RCT6 芯片的电路原理图,为了便于分析将此芯片的电路分为两部分:"U1A"和"U1B",其中 U1B 为该芯片的电源部分。

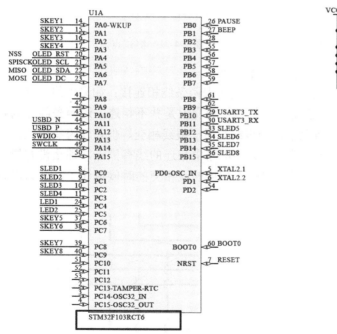

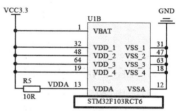

图 2-4-17　STM32F103RCT6 芯片的电路原理图

图 2-4-18 所示是 LED 灯。标注了颜色和封装(0805,在第一章中已经介绍过封装),"D1、D2、D3"分别为这些 LED 灯的序号。

在图 2-4-19 中，"Y"代表晶振，"12MHz"为它的频率，"1"是它的序号。

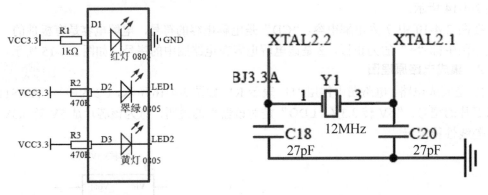

图 2-4-18　带颜色的贴片式 LED 灯　　　　　图 2-4-19　晶振

在图 2-4-20 中，"SPK"为扬声器。

3. 焊接练习板

① 在图 2-4-21 中，"T"为测试点，"1"为测试点的序号。

图 2-4-20　扬声器　　　　　图 2-4-21　测试点

② 在图 2-4-22 中，"P1"为 Type C 电源插座。

③ 在电路中，两线交叉的地方，有黑点则代表两条线相连接；如果两线相交，但是有一根线变为圆弧，表示退让，说明两条线虽然相交但是并不相连，这两条线互为独立的线。如图 2-4-23 所示。有些情况下，一根线与另一根线相交，但是却没有退让，那么这两根线是否相连？这需要分情况讨论，如果电路中相连的线有黑点，那么没有黑点的线，即便没有退让，也不相连；如果电路中不相连的线相交的时候退让了，那么没有黑点的线，只要没有退让，就是相连。

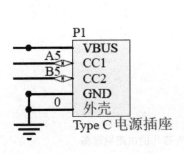

图 2-4-22　Type C 电源插座

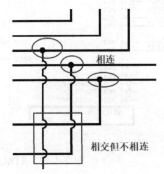

图 2-4-23　电路中的连线

4. 电路图识读易错点

有些元器件，在原理图中的符号相似，但是却代表不同器件。比如发光二极管和光电二极管十分相似，只是发光二极管箭头方向向外（代表发出光线），光电二极管箭头方向向内（代表感受光线）。NPN 型三极管与 PNP 型三极管也容易弄混，如图 2-4-24 所示。

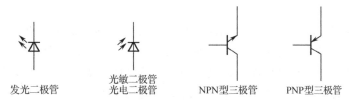

发光二极管　　光敏二极管 光电二极管　　NPN型三极管　　PNP型三极管

图 2-4-24　相似却不相同的原理图符号

有些原理图符号不同，却代表相同的器件。例如电阻的符号不同，这两种电阻的符号不同是因为一种是美国标准（折线式），一种是德国标准（矩形式），但是都代表电阻，在一张电路图中使用一种符号即可。绝缘栅双极晶体管画法也略有区别。有些是因为标准不同，比如美国与德国标准不同；有些因为习惯不同，比如有人习惯画三极管有圆圈。但是，同一个电路图中，尽量不要出现用不同符号代表相同器件的情况。如图 2-4-25 所示。

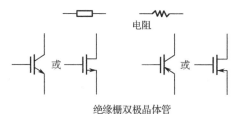

电阻

或　　　　　或

绝缘栅双极晶体管

图 2-4-25　不同符号代表相同的器件

任务实训　　　　　教学视频

任务五　电子与电流

学习目标

1. 了解电源的形成过程，明确电源在直流电流中的作用。
2. 理解导线中恒定电场的建立，掌握恒定电场和恒定电流的形成过程。
3. 知道描述电流强弱程度的物理量——电流。

任务描述

小典：龚老师，我记得以前的物理老师讲课时，爱用水流类比电流。我知道水流是由水滴组成的，电流是由电子组成的，但水滴我见过，电子是啥样我就不知道了。

龚老师：电子是一种微观粒子，我们肉眼看不到的，要用电子显微镜来观察。

小典：以前的科学家们看不到电子，怎么研究电子呢？

龚老师：他们会先从电子的宏观表现来研究，比如发现电流的一些特点，然后再一步一步向微观世界进军。电子的样子你可以想象成一个小小的圆球，且它的运动轨迹也是不可预测的，这都是量子力学研究的领域了。

小典：太深奥了。

龚老师：要理解微观的物理结构，你需要铺垫的知识还有很多。这节课我就介绍一些微观粒子的知识，就当听故事了，即便不理解关系也不大，不影响应用。

实训环境

无。

任务设计

任务1：电子与电流知识点练习。

*任务2：金属导体内电流的微观解释。

知识准备

1. 电子及原子结构

电子是带负电的亚原子粒子。它可以是自由的，也可以被原子核束缚。电子所带的电荷为$e=1.6\times10^{-19}$C（库伦），质量为9.11×10^{-31}kg，能量为5.11×10^3eV，通常被表示为e^-。电子的反粒子是正电子，它带有与电子相同数量、质量和能量的正电荷。

物质的基本构成单位——原子是由电子、中子、质子三者共同组成，如图2-5-1所示。中子不带电，质子带正电，质子和中子构成原子核，电子带负电，原子对外不显电性。相对于中子和质子构成的原子核，电子质量极小，质子质量大约是电子的1840倍。

各种原子的束缚能力不同，于是失去电子变成正离子，得到电子变成负离子。

静电是指当物体带有的电子多于或者少于原子核的电量，导致正负电荷不平衡的情况。当电子过剩时，物体带负电；电子不足时，物体带正电。当正负电量是平衡时，则称物体是电中性的。

2. 电子与电流的关系

电荷的定向移动形成电流。例如金属导体中的自由电子的定向移动，电解液中的正、负离子沿着相反方向的移动，阴极射线管中的电子流等，都形成电流。

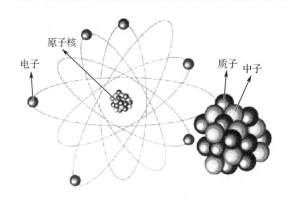

图 2-5-1 原子模型

要形成电流，首先要有能自由移动的电荷——自由电荷。但是只有自由电荷还是不能形成电流。例如在未加外部电场时，导体中的大量自由电荷不断做无规则的热运动，朝任何方向运动的概率都一样。从宏观上来看，没有电荷的定向移动，就没有电流。

3. 电流的形成与方向

如果把导体放进电场内，导体中的自由电荷除了做无规则的热运动外，还要在电场力的作用下做定向移动，形成电流。但是很快就达到了静电平衡状态，电流将消失，导体内部的场强变为零，整块导体形成等位体。如果要得到持续的电流，就必须设法使导体两端保持一定的电压（电位差），导体内部存在电场，才能持续不断的推动自由电荷做定向移动，这是在导体中形成电流的条件。

电流既是一种物理现象，又是一个表示带电离子定向运动强弱的物理量。电流的大小等于通过导体横截面的电荷和所用时间的比值。如果在时间 t 内通过导体横截面的电荷 q，那么电流

$$I = \frac{q}{t}$$

在国际单位中，电流的单位是 A（安）。如果在 1s（秒）内通过导体横截面的电荷为 1C（库），则规定导体中的电流为 1A（安）。常用的电流单位还有 mA（毫安）、μA（微安）等。

$$1\text{mA} = 10^{-3}\text{A} , \quad 1\mu\text{A} = 10^{-6}\text{A}$$

电流的方向有实际方向和参考方向之分，要加以区分。习惯上规定正电荷的定向移动方向为电流的方向（实际方向）。但是在进行电路分析时，电流的实际方向难以确定，这时可以假定一个方向，这个方向为参考方向，当实际电流与参考方向一致时，电流为正值；反之，当实际电流与参考方向相反时，电流为负值。

电流的方向与正电荷在电路中移动的方向相同。实际上在金属导体中并不是正电荷移动，而是负电荷移动。电子流是电子（负电荷）在电路中的移动，其方向为电流的反向。而在电解液中，是正负离子的定向移动形成电流，电流方向与正离子移动方向相同，与负离子移动方向相反。

4. 恒定电场和恒定电流

导线内的电场，是由电源、导线等电路元件所积累的电荷共同形成的。尽管这些电荷也在运动，但有的流走了，另外的又来补充，所以电荷的分布是稳定的，电场的分布也稳定。

这种由稳定分布的电荷所产生的稳定的电场称为恒定电场。

① 在恒定电场中，基本性质与静电场相同，在静电场中所讲的电势、电势差及与电场强度的关系等，在恒定电场中同样适用。

② 导线内部的场强沿导线方向。

③ 自由电荷定向运动的平均速率不随时间变化。

大小和方向都不随时间变化的电流称为恒定电流，如图 2-5-2 所示。

5. 金属导体内电流的微观解释

在加有电压的一段粗细均匀的导体 AD 上选取两个截面 B、C，设导体的横截面积为 S，导体每单位体积内的自由电荷数为 n，每个电荷的电荷量为 q，电荷的定向移动速率为 v，则在时间 t 内处于相距为 vt 的两截面 B、C 间的所有自由电荷将通过截面 C，如图 2-5-3 所示。

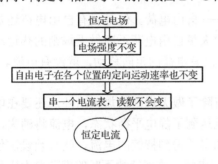

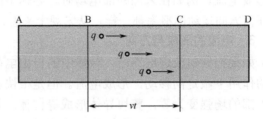

图 2-5-2 恒定电场与恒定电流的关系　　　　图 2-5-3 金属导体内示意图

$$Q = (vtS)nq$$

所形成的电流为：

$$I = Q/t$$
$$I = nqSv$$

  **任务实训**　　　　　　  **教学视频**

任务六　直流电与交流电

 学习目标

1. 了解直流电和交流电的产生。
2. 了解直流电与交流电的区别。
3. 了解直流电和交流电的使用。

任务描述

小典：龚老师，电学这么难，以前的科学家是怎么创造出这么多的电路，发现这么多的规律呢？

龚老师：每一代的科学家都是在前人的基础上进行研究的。牛顿曾经说过：如果说我看得比别人更远些，那是因为我站在巨人的肩膀上。那些为科学事业做出过巨大贡献的科学家，名字都化作了定律，或者单位，永远供后人瞻仰，供后人学习，也期待着后人超越。

小典：我其实对家里的电路特别感兴趣，但是却不明白，家里的插座为什么是交流电。

龚老师：关于直流电和交流电，它们的纷争，是一段很长的故事。这节课，就给你们讲讲这段故事吧。

 实训环境

无。

 任务设计

任务1：电子与电流知识点练习。

*任务2：分析两相交流电。

*任务3：分析三相四线式与三相五线式零线分开的优点。

 知识准备

众所周知，爱迪生发明了白炽灯，其实爱迪生也发现了直流电，并将两者组合起来，取代了古老的蜡烛照明，使得人类离光明又近了一步。而交流电是由法拉第发现的，但真正将交流电发扬光大的人却是特斯拉。

1. 直流电、交流电的产生

直流电（Direct Current，DC），电流方向（正负极）不随时间做周期性变化，总是由正极流向负极，但电流的大小可能会发生变化。由直流电源作用的电路称为直流电路，它主要是由直流电源和负载构成的闭合电路。

在生活中电池供电的电路都是直流供电。然而来自发电厂的电，却是用交流电提供的。交流电（Alternating Current，AC）是指大小和方向都会随时间做周期性变化的电压或电流。

我国公共用电的统一标准是220V/50Hz，交流220V电压是指相线即火线对零线的电压。交流电是由交流发电机产生的，交流发电机通常有产生单相交流电的机型和三相交流电的机型。两相交流电此处不介绍。

（1）单相交流电

单相交流电在电路中具有单一交变的电压，该电压以一定的频率随时间变化。在单相交流发电机中，只有一个线圈绕制在铁芯上构成定子，转子是永磁体，当内部的定子和线圈为一组时，它所产生的感应电动势（电压）也为一组（相），由两条线进行传输，如图 2-6-1 所示。

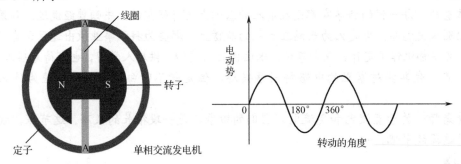

图 2-6-1　单相交流发电机原理图

（2）三相交流电

三相交流电是由三相交流发电机产生的，在定子槽内放置着三个结构相同的定子绕组 A、B、C，这些绕组在空间互隔 120°。转子旋转时，其磁场在空间按正弦规律变化，当转子以一定方向等速旋转时，在三个定子上就产生频率相同、幅值相等、相位上互差 120° 的三个正弦电动势，即对称的三相电动势，如图 2-6-2 所示。

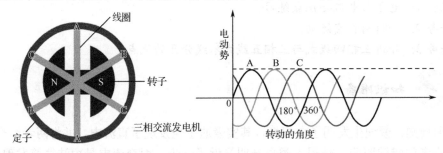

图 2-6-2　三相交流发电机原理图

2. 直流电与交流电的故事

1887 年，一个名叫特斯拉的年轻人带着前雇主的介绍信，匆匆登上了前往美国的轮船。他要去找他的偶像——托马斯·爱迪生，希望他帮助自己完成交流电系统的发明。

在介绍信上写着：

"亲爱的爱迪生：我认识两个伟人，一个是你，另外一个就是这位年轻人。"

当时，爱迪生是直流电的发现者，并在向全世界积极推销自己的直流电系统，根本不看好交流电，认为交流电过于危险。但是凭借着这封信，特斯拉还是如意进入了爱迪生的团队。

爱迪生承诺，如果特斯拉能解决改善直流发电机的问题，就付给他相当于今天一百万美元的奖金。当特斯拉改善了直流发电机的问题，指出了直流发电机的设计不足之处，并向爱迪生索要奖金时，爱迪生笑了，说："特斯拉，你不懂我们美国式幽默。"就这样，特斯拉愤而出走，自立门户，从此专心致志做交流电系统，在经过一系列努力后，特斯拉终于发明了交流发电机，如图 2-6-3 所示，从此也开始了与爱迪生的竞争之旅。在当时，直流系统要求每一平方英里就要有一个发电站，并且因为传输过程中的损耗过大，传输距离十分受限，而特斯拉的交流电系统电压更高，传输损耗小，传输距离远。很明显，交流电在当时更有优势。

图 2-6-3 特斯拉与交流发电机

最终特斯拉通过哥伦比亚博览会的照明工程，展示了交流电的可靠性和安全性，最终赢得了"电流之争"。

那么交流电、直流电谁更好呢？

随着线路电压不断提高，输送功率和传输距离不断增大，直流电又得到工程师们的青睐。因为直流电不需要整理滤波，没有相位差，比较稳定。那么直流电如何升压呢？简单讲，升压工作交给交流做，交直流再进行转换。从经济上看，虽然直流换流站比交流输电的变电站造价高，但是直流线路只需要正负两根线，交流线路需要三根线，直流线路造价更低，因此距离越长越适合直流输电。

目前世界上电压等级最高的输电工程就是直流工程。我国的皖南 1100kV 准东—皖南工程，全长 3324km，比哈尔滨到海口直线距离还长。在输电领域，一般超过 30 公里的水下电缆、两个交流系统之间的异步连接也都是采用直流电。

直流电和交流电各有特点，具体问题还是要具体分析。

家用电器，例如手机、笔记本电脑和绝大多数用电器均使用的是直流电。因为笔记本电脑和手机要求轻便，所以整流器放到了外面，如手机充电器的"插头"，笔记本电脑电源线上的黑色"大块"，而台式计算机、电冰箱、空调器等就把整流器放到电器内部了。

3. 交流电的供电方式

（1）单相交流电的供给

单相交流电路的供电方式主要有单相两线式、单相三线式供电方式，一般的家庭用电都是单相交流电路。

① 单相两线式。

单相两线式是指供配电线路仅由一根相线（L，俗称火线）和一根零线（N）构成，通过这两根线获取 220V 单相电压，供给用电设备，如图 2-6-4 所示。

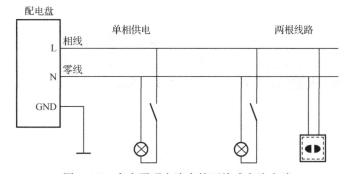

图 2-6-4 家庭照明电路中的两线式交流电路

② 单相三线式。

单相三线式是在单相两线式的基础上添加一条地线，即由一根相线、零线和地线构成。其中，地线和相线之间的电压为 220V，零线和相线之间的电压为 220V，由于不同的接线点存在一定的电位差，因而零线与地线之间可能存在一定的电压，如图 2-6-5 所示。

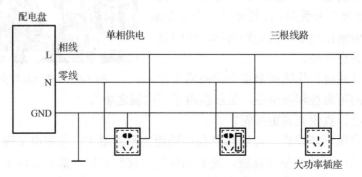

图 2-6-5　家庭照明电路中的三线式交流电路

（2）三相交流电的供给

① 三相三线式。

三相三线式是指供电电路由三根相线构成，每根相线之间的电压为 380V，额定电压为 380V 的电气设备可以直接接在相线上，这种供电方式多用在电能传输系统中，如图 2-6-6 所示。

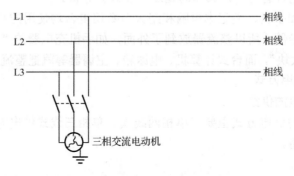

图 2-6-6　三相三线式交流电路

② 三相四线式。

三相四线式是指变压器引出四根线的供电方式。其中三根为相线，另一根中性线为零线。零线接电动机三相绕组的中点，电气设备接零线工作时，电流经电气设备做功，没有做功的电流经零线回到电厂，对电气设备起到保护作用。这种供电方式常用于 380V/220V 低压动力与照明混合配电，如图 2-6-7 所示。

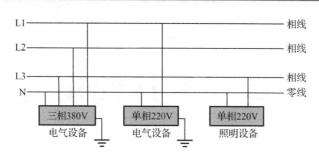

图 2-6-7 三相四线式交流电路

任务实训

教学视频

项目三 工具使用与焊接

任务一 电烙铁与焊接

 学习目标

1. 了解电烙铁的特点，学会自己选取合适的电烙铁。
2. 学会使用电烙铁、吸锡器等基本焊接工具。
3. 学会焊接和拆卸电子元器件。

 任务描述

龚老师：小典，你已经认识了很多电子元器件，也见过了很多电路板，那么元器件是如何焊接到电路板上的呢？

小典：机器装上去的。

龚老师：大批量电路板的装配，当然是工厂用机器焊接上的，这个过程很复杂。但是，手工焊接的技能也是必须具备的。比如说电路板的研发阶段，只需要做几个样板用于调试；电路板上部分元器件坏掉了，需要拆掉再焊接新的，都要求我们能够拆焊电路板。同时焊接也有一定的危险性，必须要遵守相应的规范。

小典：所以要带上那个铁面具，拿那个棒棒"嗞"冒火星的时候，保护自己的脸？

龚老师：你说的是工业上地把金属焊接到一块的技术，我们要讲的是电路板上元器件的焊接。咱们的焊接不用火星四溅，而是用电烙铁加热焊锡，然后把元器件粘到电路板上。从原理上来讲，更像是用一种遇热融化的胶水粘元器件。

 实训环境

● 电烙铁、焊锡丝、松香（助焊剂）、高温海绵、镊子、偏口钳。
● 贴片元件焊接练习板、电阻电容等电子元器件。

 任务设计

任务1：掌握焊接的理论知识，动手完成贴片/直插元件在焊接练习板上的焊接。
*任务2：通孔的清理。

1. 认识电烙铁

电烙铁是最常用的焊接工具，如图 3-1-1 所示。新电烙铁在使用前，应用细砂纸将烙铁头打光亮，通电烧热，蘸上松香后用烙铁头刃面接触焊锡，使烙铁头上均匀地镀上一层锡。

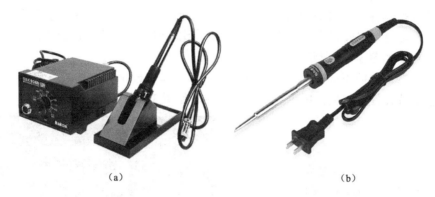

（a）　　　　　　　　　　　　　　　　　（b）

图 3-1-1　电烙铁

电烙铁根据加热方式的不同，可以分为外热式和内热式。内热式电烙铁的发热体在烙铁内部，外热式的电烙铁发热体在烙铁头外部，如图 3-1-2 所示。

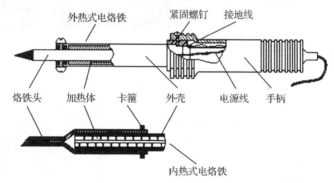

图 3-1-2　电烙铁结构图

在实际生产和应用中，常使用焊台来进行焊接。从本质上说，焊台也是电烙铁的一种，很多人把焊台也称为电烙铁。焊台相比电烙铁，在功能上有了很大的提高，比如发热功率更大，回温速度更快，自带恒温系统。图 3-1-1（a）就是 936 焊台，图 3-1-1（b）是普通的电烙铁。

在硬件调试的过程中，如果操作不当，焊盘就容易脱落，导致电路板报废。为什么焊盘那么容易脱落？

那是因为电路板的耐热温度不到 300℃，超过 300℃ 就可能对电路板造成不可逆的损坏。常见的含铅焊锡融化温度是 183℃，典型工艺温度窗口在 205～220℃；而无铅焊锡需要 217℃ 才能融化，典型工艺温度窗口在 230～250℃。烙铁头接触到焊锡后，热量就会传递到焊锡上，导致烙铁头的温度迅速下降，质量较差的焊台或者电烙铁回温比较慢，在连续焊接时，设定温度为350℃的烙铁头，甚至实际温度都达不到250℃。因此常常把温度调整到325℃甚至350℃，才能保证烙铁头的温度足够融化焊锡。如果某个焊盘反复拆焊几次，就当然容易损坏了。

在选择上，大功率高频焊台当然效果是最好的，但是它是外热式的，体积较大，密集器件不容易焊接，而且比较重，长时间使用容易疲劳。大功率焊台多用于多层板的插件或者大块铜的连接器。

一般表贴器件一体式的焊台已经足够了，手柄轻巧，控制器小，方便携带。至于价格方面，原装白光和快克的焊台都在千元以上，比较贵。为了追求性价比，可以选择T12一体式焊台，如图3-1-3所示。

根据焊接对象的不同，烙铁头也分为很多种。其中最常见的是刀头和圆尖头，刀头用于焊接贴片元件，圆尖头用于焊接直插元件，如图3-1-4所示。

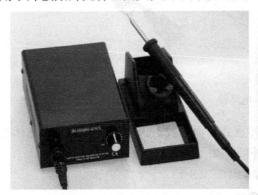
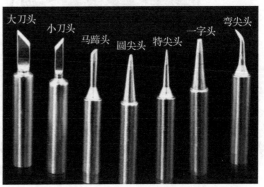

图 3-1-3　T12 一体式焊台　　　　　图 3-1-4　各式各样的烙铁头

2. 其他焊接工具

（1）助焊剂

助焊剂：常用的助焊剂是松香或松香水，如图3-1-5。使用助焊剂，可以帮助清除金属表面的氧化物，利于焊接，又可保护烙铁头。

友情提示：松香含有重金属，有毒，使用带松香的产品时注意保持头部和焊接部位的距离，尽量戴口罩等防止吸入有毒气体。

图 3-1-5　松香

（2）吸锡器

吸锡器是一种修理电器用的工具，收集拆卸焊盘电子元器件时融化的焊锡。有手动，电动两种，如图3-1-6所示。维修拆卸零件需要使用吸锡器，尤其是直插元器件，拆不好容易破坏电路板，造成不必要的损失。

手动吸锡器的里面有一个弹簧如图3-1-6（a）所示，使用时，先把吸锡器末端的滑杆压入，直至听到"咔"声，则表明吸锡器已被固定。再用电烙铁对接点加热，使接点上的焊锡熔化，同时将吸锡器靠近接点，按下吸锡器上面的按钮即可将焊锡吸入。若一次未吸干净，可重复上述步骤。

电动真空吸锡枪，简称电动吸锡器，外观呈手枪式结构，主要由真空泵、加热器、吸锡头及容锡室组成，是集电动、电热吸锡于一体的除锡工具，如图3-1-6（b）所示。

（3）焊锡

焊锡是在焊接线路中连接电子元器件的重要工业原材料，是一种熔点较低的焊料，主要指用锡基合金做的焊料。焊锡主要的产品分为焊锡丝、焊锡条、焊锡膏三个大类。手工焊接时使用的线状焊锡，被称为松香芯焊锡线或焊锡丝，如图3-1-7所示。在焊锡中加入了助焊剂，这种助焊剂由松香和少量的活性剂组成。

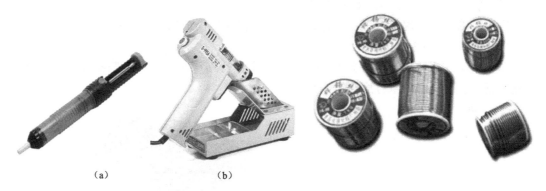

（a） （b）

图 3-1-6 电动吸锡器与手动吸锡器　　　　　　　　　图 3-1-7 焊锡丝

焊锡根据含铅量的不同，可以分为有铅焊锡与无铅焊锡。含铅的焊锡需人为地加入铅，目前已知的焊锡最佳配比为锡铅焊锡（国标：锡含量63%，铅含量37%）。无铅焊锡不是指完全不含铅，无铅是指铅含量比较低，可大致视为无铅。

有铅焊锡熔点更低，比较容易焊接。在使用无铅焊锡时，如果电烙铁功率不够，能明显感觉到焊锡很容易凝固，焊点比较"粘"烙铁头。所以使用无铅焊锡的时候，要用无铅专用烙铁或者无铅焊台。

虽然从使用的角度来看，有铅焊锡丝会更方便，但是铅是一种重金属元素，对人体有害。在长期摄入铅后，会对机体的血液系统、神经系统产生严重的损害，尤其对儿童健康会产生难以逆转的影响。铅中毒会导致神经衰弱、多发性神经病和大脑疾病，对于消化系统、血液系统及肾脏也有危害。焊接时无论是手持焊锡丝，或者吸入了焊接的烟雾，都可能摄入铅。

为了保护自身健康，焊接时应注意：要在有排风设备的场所焊接；戴口罩，并尽可能少吸入烟雾；焊接完成后要洗干净手。

（4）其他辅助工具

① 镊子，如图3-1-8所示。

镊子用于夹持器件，特别是微小的器件，或者是由于高温无法直接用手接触的器件。一般来说镊子要具备防静电的功能。不可把镊子作为"撬杠"，试图翘起某个器件。

② 偏口钳（剪线钳），如图3-1-9所示。

偏口钳（剪线钳）主要用于剪掉已完成焊接的器件的引脚。

图 3-1-8　镊子

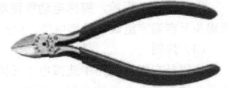

图 3-1-9　偏口钳（剪线钳）

③ 高温海绵，如图 3-1-10 所示。

高温海绵用于在焊接过程中，擦拭烙铁头，但在使用前要用少量水润湿。

④ 砂纸，如图 3-1-11 所示。

砂纸用于在焊接前，轻轻打磨烙铁头，用于保持烙铁头光亮。有些器件的引脚可能氧化生锈，也要先用砂纸打磨，否则挂不住锡。

图 3-1-10　高温海绵

图 3-1-11　砂纸

⑤ 焊接台灯，如图 3-1-12 所示。

焊接台灯一般包含无影台灯、放大镜、夹持工具，为焊接工作提供光源，放大，辅助夹持。

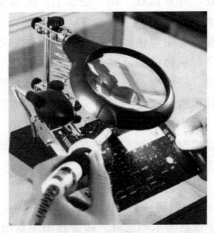

图 3-1-12　焊接台灯

除以上设备以外，焊接一般要在标准的焊接工作台进行，还要配备排气装置、防静电台面、防静电手环等，此处不再展开讲述。

3. 直插式元器件的焊接

根据操作对象的不同，电烙铁主要分为图 3-1-13 中几种持握方式。

用微课学

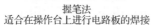

握笔法
适合在操作台上进行电路板的焊接

反握法
适于大功率电烙铁的操作

正握法
适于中等功率电烙铁的操作

图 3-1-13　电烙铁的持握方式

根据使用电烙铁的不同，设置合适的温度，一般来说，普通电烙铁温度设置为325～350℃，焊台温度设置为300～325℃。对于人体而言，这些温度已经很高了，一旦电烙铁通电，切不可用手接触发热部分，谨防烫伤，如图 3-1-14 所示。

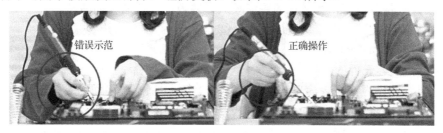

错误示范　　　　　　　　　正确操作

图 3-1-14　谨防烫伤

焊接元器件之前，要找到元器件在电路板上对应的位置，判断元器件是否有极性。找到正确的元器件，观察元器件外观是否有异常，如果引脚被氧化，要先用砂纸打磨，清除氧化层。然后弯折引脚，把元器件的引脚插入对应的焊盘，使用五步法进行加热焊接，如图 3-1-15 所示。

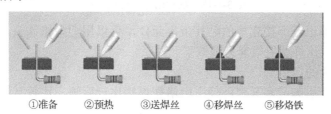

①准备　　②预热　　③送焊丝　　④移焊丝　　⑤移烙铁

图 3-1-15　五步法焊接

焊接完毕以后要检查焊点，以下情况都是不合格的焊点，如图 3-1-16 所示。

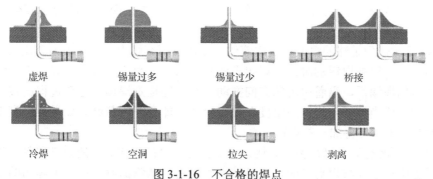

虚焊　　　　　锡量过多　　　　锡量过少　　　　桥接

冷焊　　　　　空洞　　　　　拉尖　　　　　剥离

图 3-1-16　不合格的焊点

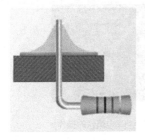

图 3-1-17　合格的焊点

合格的焊点，要求焊锡成内弧形、圆满、光滑、无针孔、无松香残留、焊锡将整个焊盘及元器件的引脚包围，如图 3-1-17 所示。

如需拆掉直插式元器件，要快速加热此元器件的所有引脚，让所有引脚上的焊锡都变成液态，然后迅速用镊子轻轻取下元器件。不可直接用手接触元器件，防止烫伤；不可使用蛮力拖拽元器件，也不可加热温度过高，防止焊盘被拽掉。拆掉元器件的时机与手法，都需要练习。

拆掉的元器件，其焊盘很容易被焊锡堵塞，可按照以下步骤清理残留在通孔上的锡。

① 使用电烙铁再将锡熔化在通孔上，使通孔上残留的锡足够多。

② 用电烙铁熔化通孔上的锡，并将吸锡器吸口对准锡液。

③ 松开吸锡器活塞，将熔化的锡液吸入活塞内，完成通孔的清理。

④ 如果清理的不干净，重复步骤①、②、③。

4. 贴片式元器件的焊接

用微课学

（1）贴片阻容元件的焊接

贴片阻容元件焊接比较简单，首先在焊盘上粘上焊锡，然后用镊子把元件摆好，先固定元件的一边，再固定元件的另外一边，如图 3-1-18 所示。

①焊盘上粘焊锡丝　　②用镊子夹住元件放至　　③先固定一边，再焊接另一边
　　　　　　　　　　焊接位置，加热焊点

图 3-1-18　贴片阻容元件的焊接

如果需要拆掉已经焊接完毕的贴片阻容元件，可以用刀型烙铁头，贴着元件，把两个焊盘一起加热，这样就能很容易地取下元件了。

（2）表贴芯片的焊接

表贴芯片由于引脚又多又密，使用电烙铁焊接比较麻烦，比较常用的焊接方法是拖焊。焊接步骤如下。

① 把芯片的引脚与焊盘对准，要注意找准一脚，如图 3-1-19 所示，电路板的丝印用缺口标记了一脚，芯片用小圆圈标记了一脚。然后熔化焊锡，固定引脚。这一步不用担心引脚连锡，甚至可以让所有的引脚都粘上焊锡，因为以后的步骤会拖走多余的焊锡。

② 焊锡加热到足够的温度会变成液体，液体表面有张力，表面张力会让液体表面尽可能缩小，电烙铁拖焊锡的时候，焊锡表面积要增大，而表面张力让焊锡表面缩小。因此电烙铁熔化焊锡后，沿着引脚的方向拖动，有可能拖走焊锡。这个过程比较困难，需要多试几次。适当调低电烙铁的温度，使用松香可能会有所帮助。如果最后剩下一点焊锡怎么都拖不走，可再加一些焊锡。

③ 把一侧所有的引脚都粘上焊锡，然后拖走多余的焊锡。之所以都要粘上焊锡，是因为要保证所有引脚与焊盘之间，已经粘上了焊锡。从侧面看，粘上了焊锡的引脚与焊

盘之间有金属的反光，而没有粘上焊锡的引脚与焊盘之间是悬空的，没有直接接触，当然也无法导电。

④ 把四面的所有引脚都焊接完毕，并检查没有连锡与漏焊的情况后，使用洗板水或酒精清洗一下电路板。

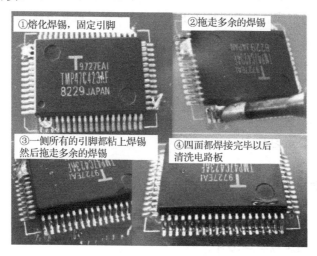

图 3-1-19 表贴芯片的拖焊

 任务实训

 教学视频

任务二 热风枪

 学习目标

1. 了解热风枪的结构原理。
2. 掌握热风枪的使用方法及注意事项。
3. 学会使用热风枪拆焊电子元器件。

 任务描述

小典：龚老师，您上节课留了个"扣子"，说拆掉芯片要用热风枪，热风枪是个什么东西呢？

龚老师：原理跟吹头发的吹风机差不多，都是加热，然后吹风。不过热风枪的温度更高一些，出风口更小一些。芯片的种类非常多，不可能说一把电烙铁打天下。上节课的芯片用电烙铁焊接已经比较麻烦了，要是拆下来就更麻烦了。而热风枪拆芯片就很简单，对着吹，吹到位了，用镊子轻轻一拨，芯片就下来了。

小典：这么说，热风枪是专门用于拆芯片的？

龚老师：也不是，用热风枪也可以焊接。就连阻容元件，也有人更习惯用热风枪焊接。还有一些芯片的引脚在背面，比如BGA、QFN等，用电烙铁几乎没法焊接，所以学习使用热风枪，也是很有必要的。

实训环境

- 热风枪、焊锡丝、松香、镊子。
- 贴片元件焊接练习板。

任务设计

任务1：使用热风枪拆焊阻容元件。

任务2：使用热风枪拆焊芯片。

*任务3：使用热风枪焊接芯片。

知识准备

1. 热风枪的结构特点

热风枪主要是利用发热电阻丝的枪芯吹出的热风来对元件进行焊接与摘取的工具。它由主机和热风焊枪两部分构成，如图3-2-1所示。

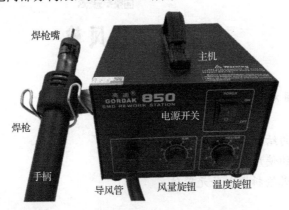

图 3-2-1 热风枪

风量调节旋钮和温度调节旋钮在使用过程中，可根据所需要焊接元器件的类型调节。

热风枪的焊枪部分主要由导风管、手柄和焊枪嘴等部分构成。

热风枪配有不同形状的焊枪嘴，在拆焊元器件时，可根据焊接部位的大小选择合适的焊枪嘴。

2. 热风枪的使用及注意事项

使用前，必须仔细阅读使用说明书。以下操作以 850 热风枪为例。

（1）焊接元器件

① 安装与焊接元器件尺寸合适的风枪嘴；

② 在焊接位置焊盘上涂抹适量的助焊剂（如果焊点的锡量过少，可先熔化一些焊锡再涂抹助焊剂），将元器件置于焊接位置；

③ 将风枪温度值、风量旋钮调至合适的位置，将电源开关拨至 ON 位置，等待十几秒，待热风枪预热完成；

④ 将焊枪嘴对准元器件四周引脚循环加热，待引脚焊锡熔化后移开热风枪，待焊料凝固后移开镊子。

（2）拆卸元器件

① 安装与拆卸元器件尺寸合适的风枪嘴；

② 将风枪温度值、风量旋钮调至合适的位置，将电源开关拨至 ON 位置；

③ 将焊枪嘴对向需拆卸的元器件，缓慢、均匀地对元器件焊点加热；

④ 焊点熔化后用镊子取走元器件。

（3）风量及温度设置

① 焊接小元器件（电阻、电容等）时，温度设置为 5～6 级，风量设置为 2～3 级；

② 焊接芯片时，温度设置为 5～6 级，风量设置为 3～5 级；

③ 热风枪焊枪头垂直焊接面，各类元器件焊接距离均在 1.5～3cm。

（4）注意事项

① 热风枪使用时勿靠近易燃易爆物体；

② 勿用手测试气流温度，以免气流灼伤或者烫伤皮肤；

③ 焊接完毕后勿立即断开电源（拔掉插头），应等热风枪发热体完全冷却后再断开电源；

④ 热风枪枪体避免磕碰及掉落，磕碰、掉落容易损坏发热芯本体。

3. 热风枪拆焊电子元器件

（1）芯片的焊接

首先，将热风枪温度设置为 6 挡，风速为 4 挡。然后，用热风枪对芯片一侧引脚进行焊接，用热风枪对四周引脚进行循环加热，待焊盘上的锡完全熔解，则及时施压和微调，确保引脚与焊盘对齐后，可加适量助焊剂。最后，进行一次加焊，避免空焊。加焊时，使用镊子手柄轻轻按压。若有连锡，可使用电烙铁清理，如图 3-2-2 所示。

（2）芯片的拆卸

首先，将热风枪温度设置为 6 挡，风速设置为 4 挡。然后，在芯片的引脚处加适量的助焊剂，用热风枪对芯片的引脚处进行循环加热，加热的同时观察焊盘上锡的变化。最后，待锡熔解后，用镊子轻轻将芯片取下，此时注意手持镊子的力度和镊子夹取的位置，尽量不要使引脚有太大的形变。针对焊盘上有连锡的地方，可加适量助焊剂，用镊子配合热风枪将连锡处吹开。

图 3-2-2　使用热风枪焊接芯片

 任务实训

 教学视频

任务三　BOM 与装配文件

 学习目标

1. 学会阅读 BOM 和装配文件。
2. 学会按照 BOM 和装配文件焊接电路板。
3. 掌握使用 AD（Altium Designer）导出 BOM 和装配文件。

 任务描述

小典：龚老师，一个电路板上有那么多元器件，同一种元器件又有很多不同的参数，那么怎么能保证尽可能少出错呢？

龚老师：这是一个很庞大的管理学问题，如果你是一位研发人员，你设计的产品要交付生产，你如何才能指导生产人员按照你的意图生产出符合你要求的产品呢？

小典：这需要生产人员是懂行的，专业点才行吧？

龚老师：你是一位生产人员，设计者给了你 BOM 和装配文件，那么你怎么按照设计者给出的文件资料，正确生产出设计者想要的产品呢？

小典：那就让设计人员把要用的元器件都说清楚。

龚老师：其实问题的答案说简单也简单，说复杂也复杂，就是画图+拉清单。这个图指的是装配文件，清单指的是 BOM。装配文件和 BOM 既是指导生产又是组织生产的技术资料，对提高工人技术水平、保证产品质量、提高生产效率、保证生产安全和降低材料消耗及成本都有重要作用。

实训环境

● 贴片元件焊接练习板、流水灯电路板。
● AD（Altium Designer）软件。

 任务设计

任务 1：学会阅读 BOM 与装配文件，匹配器件与实物，并根据参数到网上找到具体的器件。
*任务 2：使用 AD 导出 BOM 和装配文件。

 知识储备

1. BOM

BOM 是英文 Bill of Material 的单词首拼，是物料清单的意思。顾名思义，在 BOM 中包含了一张电路图中所有用到的电子元器件。在 BOM 中，还包含了每一种元器件的封装、规格参数、在电路中的位号和数量等基本信息，有的元器件有特殊说明的还会在备注中列出来，如表 3-3-1 所示。

表 3-3-1 物料清单示例

BOM

文件名称	hitmouse.PrjPCB				发布日期	2018/12/3
适用机型			文件编号			版本
编制			审核			审批

序号	名称	规格参数	封装	位号	数量	包装（管、盘、带）	厂家	备注
1	YOODAO-LOGO 不焊接	LOGO	LOGO-14MM		1			
2	钽电容 A	10μF 16V	CASE-A 3216	C1	1			
3	0805 电容	0.1μF	0805_C	C2,C4,C6,C7,C8,C11,C12, C13,C15,C16,C19	11			
4	钽电容 A	22μF 10V	CASE-A 3216	C3	1			
5	0805 电容	10μF	0805 C	C5	1			
6	0805 电容	1μF	0805 C	C9,C10,C14,C17	4			
7	0805 电容	27pF	0805 C	C18,C20	2			
8	发光二极管	红灯 0805	0805 LED S1	D1	1			
9	发光二极管	翠绿 0805	0805 LED S1	D2	1			

不同公司的 BOM 格式各不相同，但一般都要包含这些信息：元器件的种类、参数、封装、位号或者丝印编号、数量。之前见过的表 3-1-1 贴片元件焊接练习板料单，就是一个简易的 BOM。它的完整 BOM 如表 3-3-2 所示。

表 3-3-2　物料清单示例

分类	规格型号	参数要求	封装	元器件编号	数量
电阻	1kΩ	1%	R0603	R23, R24, R25, R26, R27, R28, R29, R30, R31, R32, R33, R34, R35, R36, R37, R38, R39, R40, R41, R42, R44, R45, R46, R47, R48, R49, R50, R51, R52, R53, R54, R55	32
电阻	1kΩ	1%	R0805	R1, R2, R3, R4, R5, R6, R7, R8, R9, R10, R11, R12, R13, R14, R15, R16, R17, R18, R19, R20	20
电阻	1kΩ	5%	RCA0603-4	RA1, RA2, RA3, RA4, RA5, RA6, RA7, RA8	8
电阻	4.7kΩ	1%	R0805	R21, R22, R43	3
电容	1μF	20%,10V,X5R	C0603	C2, C3, C4, C5, C6, C7, C8, C9	8
电容	1μF	20%,10V,X5R	C0805	C10, C11, C12, C13	4
电容	10μF	20%,50V,X5R	C0805	C1	1
接插件	Type C 电源插座	6Pin 表贴 TypeC 电源插座	USB Type C 6P SMT	P1	1
接插件	测试点	5mΩ，直径 1.5mm，10mm 宽门型金属采样电阻	JP F1.5mm×10mm	T1, T2	2
光电	LED	红色	LED 0603	LED1, LED2, LED3, LED4, LED5, LED6, LED7, LED8, LED9, LED10	10
光电	LED	绿色	LED 0805	LED11	1
光电	LED	蓝色	LED 0805	LED12, LED13, LED14, LED15, LED16, LED17, LED18, LED19	8
IC	74HC138	3 线-8 线译码器	SO-G16	U2	1
IC	MC14060	14 位计数器+时钟发生器	SO-G16	U1	1
				合计	100

从 BOM 中，可以看出不同的元器件，序号的名称也各不相同。习惯上电阻都是 R*x*，电容都是 C*x*。然而名称并无统一规范，只有一些约定俗成的规则。BOM 是生产的基础资料，务必保证准确无误，自由散漫的规则只会将情况弄得更加复杂，甚至无法执行生产。常用的规则见表 3-3-3，可供参考。

表 3-3-3　常见 BOM 命名规则

器件类型	器件的序号名称	备注
电阻	R	指两个 Pin 的电阻，及 3 个 Pin 的可变电阻、电位器等
电容	C	指两个 Pin 的电容
排容	CP	
电感	L	
排阻	RP	
热敏电阻	RT	特指两个 Pin 的热敏电阻、PTC 电阻等
磁珠	FB	FB 是 ferrite bead 的首字母缩写
二极管	D	各种类型的二极管、光电二极管、整流桥、LED 灯等
三极管	Q	各种类型的三极管、可控硅、光电三极管等
芯片 IC	U	集成电路、蜂鸣器、光耦等
晶振	Y	指有源和无源的晶振
保险丝	F	各种一次性或自恢复保险丝
按键	S	各种按键、拨码开关、选择开关、切换开关等
连接器	J 或 JP 或 P 或 CN	FPC/FFC 连接器、插座、Header、DB 连接器、跳线等
LED 数码管	DS	指 LED 数码管和氖泡指示灯
继电器	K	
喇叭	LS	指发声单元。特别地，蜂鸣器请用 U
马达	M	指各种执行单元，如电机、马达等
麦克风	MK	各种类型的麦克风、MIC 驻极体（咪头）等
电池	BT	
天线	E	
变压器	T	
测试点	TP	裸路的焊盘、电气测试点的名称

2. 装配文件

装配文件类似于电路板的平面图。在装配文件图中，可以清楚地看到电路板的轮廓和它需要焊接的电子元器件的摆放位置。一般装配图为白底黑色，电子元器件的位号、封装、位置等都和电路板实物一致，只是看起来更加的整洁明了，如图 3-3-1 所示。

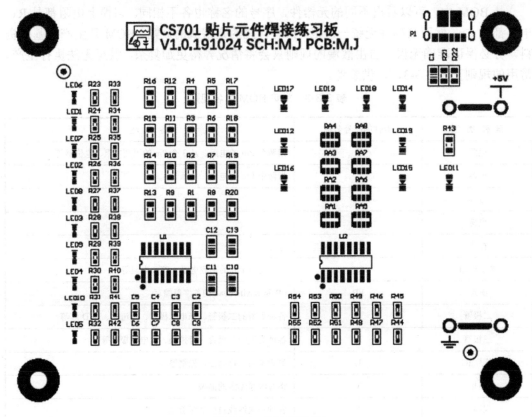

图 3-3-1　装配图示例

　　一般来说，BOM 和装配文件要搭配起来使用。在焊接的时候按照装配图中的元器件位号，找到对应的元器件在电路板中的位置。

　　单看贴片元件焊接练习板，用丝印标注清楚每一个元器件的位号，所以只需要一个 BOM 和电路板就可以焊接电路了。但是装配图比电路板上的标注看起来更加的清晰，且不是所有的电路板都会把丝印标记得很清楚，比如说有些电路板体积太小了，以至于没有空间放置丝印。可见装配图还是必不可少的。

 任务实训

任务四 示波器的基本用法

学习目标

1. 掌握根据波形确定频率与幅值的方法。
2. 掌握边沿触发方式的设置。
3. 掌握直流耦合与交流耦合方式的区别。

任务描述

龚老师：我们之前介绍了万用表，今天再介绍一个好用的工具，示波器。

小典：那示波器和万用表谁厉害？

龚老师：各有各的应用场合，示波器只能观察电压，但是可以记录瞬间的电压。它可以把电压与时间的关系记录下来。而万用表只能测量一段时间的平均电压。

小典：这有什么用呢？

龚老师：如图 3-4-1 所示的示波器，听名字就是显示波形的机器，好像就是个万用表的加强版，但实际上它被誉为"电子工程师的眼睛"，没有示波器的话，稍微复杂一点的电路，排查问题都会变得很困难。例如，两个芯片进行通信，通信速率是很快的，使用万用表测通信的波形，任何有用的信息都看不到，然而用示波器，就可以通过分析波形，得出通信的内容。

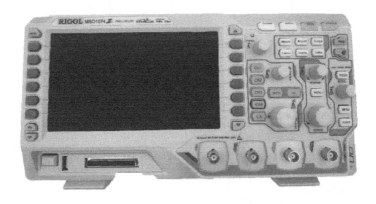

图 3-4-1 示波器

实训环境

● 示波器，波形发生器。

任务设计

任务1：使用示波器测量电压。

任务2：使用示波器耦合功能测试，理解耦合功能的含义。

任务3：使用示波器边沿触发功能测试，学会设置示波器的边沿触发方式。

知识储备

1. 认识示波器的按键与界面

示波器的功能很多，首先要能够找到示波器某个操作对应的按键或者旋钮。如图 3-4-2 所示前面板上的键钮，以及表 3-4-1 中前面板的说明。

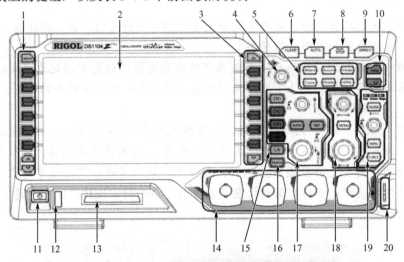

图 3-4-2　示波器的前面板

表 3-4-1　前面板说明

编　号	说　明	编　号	说　明
1	测量菜单操作键	11	电源键
2	LCD	12	USB Host 接口
3	功能菜单操作键	13	数字通道输入[1]
4	多功能旋钮	14	模拟通道输入
5	常用操作键	15	逻辑分析仪操作键[1]
6	全部清除键	16	信号源操作键[2]
7	波形自动显示	17	垂直控制
8	运行/停止控制键	18	水平控制
9	单次触发控制键	19	触发控制
10	内置帮助/打印键	20	探头补偿信号输出端/接地端

后面板主要有网线、USB、电源接口等，比较简单，不再介绍。

LCD 屏幕界面介绍如图 3-4-3 所示。

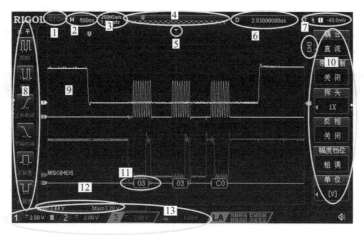

图 3-4-3　LCD 屏幕界面介绍

① 运行状态，包括 RUN（运行）、STOP（停止）、T'D（已触发）、WAIT（等待）和 AUTO（自动）。

② 水平时基，代表水平方向上每一格代表的时间的长度。图中水平时基为 500ns，黄色波形的波谷长度约为 8 格，所以波谷长度为 4ms。

③ 采样率与存储深度。

④ 波形存储器，提供当前屏幕中的波形在存储器中的位置示意图。形似"T"的橘色小标志代表触发的位置，如图 3-4-4 所示。

⑤ 水平位置原点。

图 3-4-4　波形存储器的说明

⑥ 水平位移。图中的水平位移为 2.03μs，代表触发位置距离水平位置原点的距离为 2.03/0.5≈4 格。

⑦ 触发类型。图中所示 ▓▓▓▓ -40.0mV 代表通道 1 下降沿触发，触发位置是–40mV。

⑧ 自动测量选项。示波器提供 20 种水平（HORIZONTAL）测量参数和 17 种垂直（VERTICAL）测量参数。按下屏幕左侧的软键即可打开相应的测量项。连续按下 MENU 键，可切换水平和垂直测量参数。如图中目前所显示的是通道 3 水平信息的测量，只要按下对应的测量菜单操作键，就可以增加一个测量项。测量点结果显示在位置 12，图中显示的黄色"MAX=3.44V"代表通道 1 的最大值是 3.44V，蓝色"MAX=3.20V"代表通道 2 的最大值是 3.20V。自动测量选项最多有 5 项，超过 5 项后先设置的测量项会被覆盖。

⑨ 某通道波形。默认黄色为通道 1，蓝色为通道 2，红色为通道 3。偏左位置有小标签表明是哪一个通道，以及这个通道的 0 电位在哪。

⑩ 操作菜单。根据操作菜单的提示，选择不同的功能菜单操作键可以切换功能。

⑪ 波形解码。图中通道 3 是以 SPI 的方式发送数据，使用解码功能可以直接读出发送的数据。

⑫ 自动测量项的显示。

⑬ 某通道的垂直挡位。表示竖直方向上每一格代表的电压的大小。例如,通道 1 的高度是 1.7 格左右,所以通道 1 的电压大约是 3.4V,与自动测量项结果相近,自动测量项的更加准确一点。

从图 3-4-5 中,可以看出通道 1、2、3 的垂直挡位都是 2V。数字 3 背景高亮,当前正在操作的是通道 3。

图 3-4-5 垂直挡位

2. 使用前的准备

使用前把示波器摆放稳妥。示波器是比较贵重的仪器,要轻拿轻放,小心使用。可以适当调整支撑脚,将其作为支架使示波器向上倾斜,以稳定放置示波器,便于更好地操作和观察显示屏,如图 3-4-6 所示。

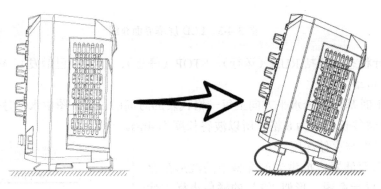

图 3-4-6 调整支撑脚

连接好电源线,并打开电源后,将探头的 BNC 端连接至示波器前面板的模拟通道输入端。在测量前,建议对探头的功能进行检查,如有必要还要进行补偿调节。

正常使用时,要将探头接地鳄鱼夹连接至电路接地端,然后将探针连接至待测电路测试点中。但是,如果示波器没有显示出应有的信号,就需要排查问题,可能是信号源本身的问题,也可能是探头连接的问题,或者是示波器设置的问题。因此要在测量前,首先用示波器自带的输出功能,排除探头与示波器设置的问题,如图 3-4-7 所示。

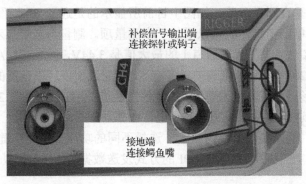

图 3-4-7 用示波器自带的输出功能测试

功能检查步骤如下。

① 按 Storage 键，将示波器恢复为默认配置。

② 将探头的接地鳄鱼夹连接至图 3-4-6 所示的"接地端"。

③ 使用探头连接示波器的通道 1（CH1）输入端和"补偿信号输出端"。

④ 将探头衰减比设定为 10X，然后按 AUTO 键。

⑤ 观察示波器显示屏上的波形，正常情况下如图 3-4-8 所示的方波。如果波形如图 3-4-9 所示，则应当进行波形补偿。使用配件中附带的塑料（非金属质地）螺丝刀对探头上的可变电容进行调整，使波形显示为方波。

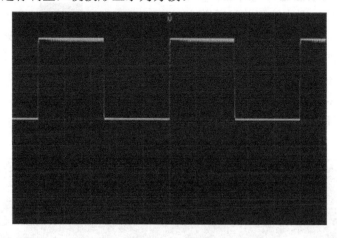

图 3-4-8　方波信号

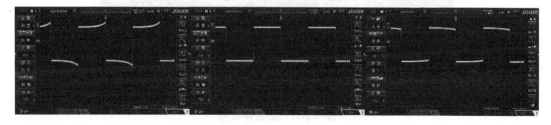

图 3-4-9　补偿过度/补偿正确/补偿不足

如果可以观察到波形发生器自身发出的方波，但是测量电路板上某个信号的时候看不到方波，那么问题一定不是出在示波器与探头的连接上，很有可能出现在待测的电路板上。

3. 自动设置

面板上有一个"AUTO"按键，当连接好稳定的待测信号以后，按下"AUTO"键，示波器将自动设置各项参数。并将波形以合适的大小显示在屏幕中央。可以说，"AUTO"功能可以解决 90%的设置问题。

仅仅学会自动设置，却不会用其他按键，也是不够的。使用自动设置功能一般只用于抓取周期稳定的信号。如瞬间上升的毛刺，自动设置可能无法抓取。

4．示波器的一些基础操作

（1）垂直控制

垂直控制，是控制波形的垂直方向上的内容，如高度，每一竖格代表电压多大。如图 3-4-10 所示为垂直控制面板。

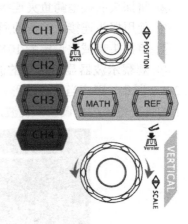

CH1、CH2、CH3、CH4：模拟通道设置键。4个通道标签用不同颜色标识，并且屏幕中的波形和通道输入连接器的颜色也与之对应。按下任一按键打开相应通道菜单，再次按下关闭通道。

MATH：可打开 A+B、A–B、A×B、A/B、FFT、A&&B、A||B、A^B、!A、Intg、Diff、Sqrt、Lg、Ln、Exp 和 Abs 等多种运算。如图 3-4-11 中，最下方的波形就是执行"A-B"以后，得到了通道1-通道2的波形。按下 MATH 键还可以打开解码菜单，设置解码选项。图 3-4-3 中的 11 就是 SPI 解码功能的应用。

图 3-4-10　垂直控制面板

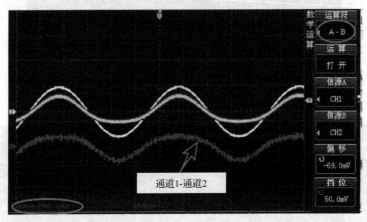

通道1-通道2

图 3-4-11　运算符 A-B

REF：按下该键打开参考波形功能。可将实测波形和参考波形比较。

另有 2 个旋钮，既可以旋转，也可以按下。

POSITION：修改当前通道波形的垂直位移。顺时针转动增大位移，逆时针转动减小位移。修改过程中波形会上下移动，同时屏幕左下角弹出的位移信息实时变化。按下该旋钮可快速将垂直位移归零。

垂直 SCALE：修改当前通道的垂直挡位。顺时针转动减小挡位，逆时针转动增大挡位。修改过程中波形显示幅度会增大或减小，同时屏幕下方的挡位信息实时变化。按下该旋钮可快速切换垂直挡位调节方式为"粗调"或"微调"。

（2）水平控制

垂直控制，是控制波形的水平方向上的内容，如左右的位置，每一横格代表时间多长。如图 3-4-12 所示为水平控制面板。

水平 POSITION：修改水平位移。转动旋钮时触发点相对屏幕中心左右移动。修改过程中，所有通道的波形左右移动，同时屏幕右上角的水平位移信息实时变化。按下该旋钮可快速复位水平位移（或延迟扫描位移）。

MENU：按下该键打开水平控制菜单。可开关延迟扫描功能，切换不同的时基模式。

水平 SCALE：修改水平时基。顺时针转动减小时基，逆时针转动增大时基。修改过程中，所有通道的波形被扩展或压缩显示，同时屏幕上方的时基信息实时变化。按下该旋钮可快速切换至延迟扫描状态。

（3）触发控制

如图 3-4-13 所示是触发控制面板。

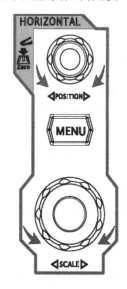

图 3-4-12 水平控制面板

图 3-4-13 触发控制面板

示波器可以抓取到海量的数据，要写快速找到有用的数据，就要设置合理的触发方式。如想观察波形上升的瞬间，就可以设置触发方式为上升沿触发。设置触发方式的操作要在触发控制面板进行。

MODE：按下该键切换触发方式为 Auto、Normal 或 Single，当前触发方式对应的状态背光灯会变亮，三种模式分别表示自动，满足条件后画面暂停，满足条件后画面停止，并不再抓取波形。

触发 LEVEL：修改触发电平。顺时针转动增大电平，逆时针转动减小电平。修改过程中，触发电平线上下移动，同时屏幕左下角的触发电平消息框（如）中的值实时变化。按下该旋钮可快速将触发电平恢复至零点。

FORCE：按下该键将强制产生一个触发信号。

MENU：按下该键打开触发操作菜单。示例这款示波器提供丰富的触发类型，初学阶段也没有必要把所有的触发类型都掌握，常用的触发方式如图 3-4-14 所示。

（4）功能菜单与其他键钮

Measure：按下该键进入测量设置菜单，如图 3-4-15 所示。可设置测量信源、打开或关闭频率计、全部测量、统计功能等。按下屏幕左侧的 MENU，可打开 37 种波形参数测量菜单，然后按下相应的菜单软键快速实现"一键"测量，测量结果将出现在屏幕底部。

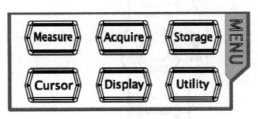	边沿（Edge）——对简单的重复信号使用边沿触发。 在上升沿或下降沿或二者都触发。
	斜率（Slope）——当上升沿或下降沿在指定时间范围内或范围外穿过两个门限时触发。
	脉宽（Puse）——当脉冲宽度符合指定的时间条件时，在脉冲结束处触发。允许定义正向或负向脉宽，在大于或小于这个脉宽时会发生触发。也可以指定脉宽范围，在落入或超出这个范围时会发生触发。
	视频（Video）——触发标准或高清视频及自定义合成视频信号。用于PAL、NTSC 720p、1080p或1080i系统上。

图 3-4-14　常用触发方式

Acquire：按下该键进入采样设置菜单。可设置示波器的获取方式、Sin(x)/x 和存储深度。

Storage：按下该键进入文件存储和调用界面。可存储的文件类型包括：图像存储、轨迹存储、波形存储、设置存储、CSV 存储和参数存储。支持内、外部存储和磁盘管理。

Cursor：按下该键进入光标测量菜单。示波器提供手动、追踪、自动和 XY 四种光标模式。其中，XY 模式仅在时基模式为"XY"时有效。

图 3-4-15　功能菜单

Display：按下该键进入显示设置菜单。设置波形显示类型、余辉时间、波形亮度、屏幕网格和网格亮度。

Utility：按下该键进入系统功能设置菜单。设置系统相关功能或参数，例如接口、声音、语言等。此外，还支持一些高级功能，例如通过/失败测试、波形录制等。

RUN/STOP：按下该键"运行"或"停止"波形采样。运行（RUN）状态下，该键黄色背光灯点亮；停止（STOP）状态下，该键红色背光灯点亮。

LA 代表逻辑分析仪的功能；Source 代表信号源的功能；CLEAR 清除波形；SINGLE 单次触发。

任务实训

教学视频

任务五 波形发生器的使用

学习目标

1. 了解波形发生器的基本工作原理。
2. 熟练掌握使用波形发生器输出正弦波的设置，以及正弦波各项参数的含义。
3. 对波形发生器的输出阻抗建立直观概念。

任务描述

龚老师：小典，我们本节课要讲波形发生器，但是在上这节课之前，我们已经用过了波形发生器，还有印象吗？

小典：万用表的实验里边，用波形发生器产生了正弦波。

龚老师：对的。实际上万用表内部就有一个波形发生器，产生方波，用于补偿信号，以及判断探头和示波器有没有问题。

小典：波形发生器，听名字跟示波器好像是一对儿。

龚老师：你这都开始点鸳鸯谱了？

实训环境

● 波形发生器、示波器。

任务设计

任务1：使用波形发生器调制正弦波。
任务2：使用波形发生器调制方波。
任务3：使用波形发生器调制三角波。
任务4：使用波形发生器调制其他波形。

知识储备

1. 波形发生器原理

（1）波形发生器概述

讲到波形发生器需要先讲一下信号发生器，凡是产生测试信号的仪器，统称为信号源，也称为信号发生器。波形发生器就是信号发生器的一种。

波形发生器又称为函数发生器，它能产生某些特定的周期性时间函数波形（主要是

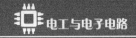

正弦波、方波、三角波、锯齿波和脉冲波等）信号。

（2）波形发生器原理

波形发生器一般是指能自动产生正弦波、方波、三角波的电压波形的电路或者仪器，电路形式可以采用运算放大器及分离元器件构成，也可以采用单片机集成函数发生器。

在这里主要简单讲解一下采用运算放大器及分离元器件是如何产生正弦波等基础波形的。

采用 RC 正弦波振荡电路、电压比较器、积分电路共同组成的正弦波、方波、三角波函数发生器。先通过 RC 正弦波振荡电路产生正弦波，再通过电压比较器产生方波，最后通过积分电路形成三角波。

文氏桥振荡电路产生正弦波输出，其特点是采用 RC 串并联网络作为选频和反馈网络，其振荡频率 $f = 1/2\pi RC$，改变 RC 的值，可得到不同的频率正弦波信号输出；用运算放大器构成电压比较器，将正弦波变换成方波输出；再用运算放大器构成积分电路，将方波信号变换为三角波。如图 3-5-1 所示用运算放大器及分离元器件搭建示波器的方框图。

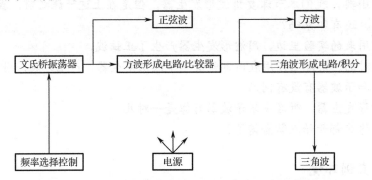

图 3-5-1　运算放大器及分离元器件搭建示波器的方框图

不过要注意，正弦波、方波、三角波之间的转换并不是固定不变的，例如三角波也能转换为方波。以后我们将学习正弦波、方波、三角波等波形的发生电路，自己就能做出类似波形发生器的电路。

2. 波形发生器的使用

使用前请阅读对应的波形发生器说明书。

（1）使用波形发生器输出正弦波

波形发生器能够产生正弦波，正弦波有峰峰值、频率等参数，正确使用波形发生器调制出符合要求的正弦波。使用示波器检验调制的波形是否正确。

（2）使用波形发生器输出方波

波形发生器产生方波，方波有峰峰值、频率等参数，正确使用波形发生器调制出符合要求的方波。使用示波器检验调制的波形是否正确。

（3）使用波形发生器输出三角波

波形发生器产生三角波，调节三角波的电压值、频率等参数，正确使用波形发生器调制出符合要求的三角波。使用示波器检验调制的波形是否正确。

（4）使用波形发生器输出其他波形

除了常见的波形外，波形发生器还能输出其他种类的波形，按照波形发生器的使用说明书，调制出所需要的波形。使用示波器检验调制的波形是否正确。

3. 波形发生器的输出阻抗

在实际使用过程中经常出现波形发生器输出幅值显示值与电压表所测量值不一致，或者已调好波形发生器固定输出幅值，不同的电子线路其输出电压却不同，因此引起使用者的疑惑，是不是波形发生器发生了故障？这需要分析波形发生器的输出阻抗。

波形发生器的输出阻抗因设备不同有所差异，一般为 50Ω。

波形发生器可以等效为一个电压源串联一个 50Ω 的电阻。当波形发生器外接负载时，即为串联的 50Ω 电阻和负载分压，在外接阻抗发生变化时，由于分压的缘故，信号口上的输出幅度也会随之变化。当负载为 50Ω 时，输出幅度为显示幅度的 1/2。

而我们所使用的 UTG9000B/D 系列波形发生器的主通道的输出阻抗为 50Ω，B 通道的输出阻抗为 600Ω。

  任务实训

  教学视频

项目四　三极管的应用

任务一　三极管的基本用法

学习目标

1. 了解三极管的概念、种类、外形、参数。
2. 掌握三极管的识别及检测。
3. 了解三极管的放大原理。

任务描述

龚老师：终于到了，三极管，可算是讲到三极管这一节了。

小典：看来这三极管的分量够重的啊。

龚老师：1904 年，电子管问世。随后，人类进入了电子世界。电，作为人类最伟大的发明，已经不仅仅是提供能源，开始在信息领域发挥巨大的作用。电话、电报、电视机，一大堆以"电"字开头的新鲜设备，出现在人们的面前。

小典：可是三极管，不姓电啊。

龚老师：然而，电子管就像一个个燃烧的火炉，在处理信息的时候，也消耗着巨大的能量。人类的第一台计算机，就是由 18000 个电子管组成的庞然大物。它占地 170 平方米，重达 30 吨，发热量相当于 80 台煮着火锅的电磁炉。

小典：真是热火朝天啊。

龚老师：1947 年，三极管发明，随后，整个电子的世界，发生了一场翻天覆地的变化，这场变化至今仍未停止。集成电路的出现，可以将更多的三极管集成在一个微小的芯片内，以实现更复杂的功能。手机、电脑、电子表，你们用到的所有电子设备里边都有三极管。而今天，我们就要认识这些三极管了。我想让你们认识三极管，熟悉三极管，应用三极管，想了很久了。

实训环境

● 万用表。
● 三极管。

任务设计

任务：三极管的极性检测及放大倍数测量。

 知识准备

三极管中包含两种不同极性的半导体材料，因此也称为双极型晶体管，或者称为半导体三极管，简称三极管。

1. 三极管的概念

三极管实际上是在一块半导体基片上制作的两个距离很近的 PN 结。这两个 PN 结将半导体分为三部分，中间为基极（B），两侧分别为集电极（C）、发射极（E），根据材料的不同，可以分为 NPN 型和 PNP 型三极管，如图 4-1-1 和图 4-1-2 所示。

用微课学

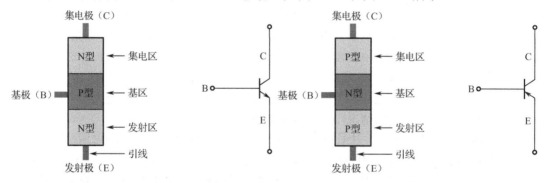

图 4-1-1　NPN 型三极管结构及电路图符号　　图 4-1-2　PNP 型三极管结构及电路图符号

NPN 型三极管与 PNP 型三极管符号主要的区别，就是箭头的朝向。此处提供一个简单的记忆方法，PN 结，箭头由 P 指向 N，箭头朝外的，中间一定是 P，所以是 NPN 型；箭头朝内的，两边一定是 P，所以是 PNP 型。

三极管的 3 个极分别是基极 B、发射极 E、集电极 C。基极有基础的意思，常常以它为基准放大，所以居中；发射极，富含电子，好像随时可以发射电子，因此有箭头；剩下的就是集电极了。

三极管共有两个 PN 结，为了方便描述，基极与发射极之间的 PN 结，称为发射结；基极与集电极之间的 PN 结，称为集电结。如果某个 PN 结，P 引脚比 N 引脚电压高，此结能够导通，称为正向偏置，简称正偏。如果 N 引脚比 P 引脚电压高，此结不能够导通，称为反向偏置，简称反偏。发射结上的电压常写为 u_{BE}，$u_{BE} = V_B - V_E$，集电结上的电压写为 u_{BC}，$u_{BC} = V_B - V_C$，但是 u_{BC} 并不常用，另有一个常见的电压是集电极与发射极之间的电压差，称为管压降 u_{CE}。

之所以要引入发射结与集电结的概念，是因为对于 NPN 型与 PNP 型两种不同类型的三极管来说，处于放大状态时，各极的电压相对的关系不一样，然而 PN 结的偏置情况却一样。例如 NPN 型三极管放大时，$V_B > V_E$，而 PNP 型三极管放大时，$V_B < V_E$。然而两

种三极管的发射结，都是 P 的电压大于 N 的电压，都是正偏。

2. 三极管的放大原理

三极管是一个电流型的放大器件。放大，并非是把流入三极管的小电流直接放大，而是用小电流去推动更大的电流。如果把电流类比为水流，三极管的放大原理可以用带阀门的水管来表示。如图 4-1-3 所示，输入的小水流 I_b 控制小阀门，阀门连接一个特殊装置连接大阀门，可以控制大水流 I_c。如果 I_b 越大，小阀门被推动得就越多，大阀门也更靠左，I_c 也就越大。放大倍数跟三极管的自身特性有关，一般写为 β 或者 h_{FE}，即 $I_c = \beta \times I_b$。I_b 与 I_c 合流，形成 I_e，所以 $I_e = (1+\beta) \times I_b$。

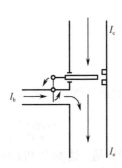

图 4-1-3　三极管类比为水管

三极管工作可能处于 3 种区间：截止区、饱和区、放大区。如果三极管处于放大区，且三极管型号为 NPN 型，则 3 个极的电压大小与上图高度相关：集电极电压最高，基极电压中等，发射极电压最低，也就是发射结正偏，集电结反偏。结合这个类比也可以理解三极管的截止与饱和：基极的水流虽然小，也要能够推动小阀门，才能实现放大；如果 I_b 太小，推不动小阀门，那么大水管中就没有水流，此时三极管处于截止区。假设 I_b 已经推动了阀门，理论上 $I_c = \beta \times I_b$，β 一般是几百上千倍。但是右侧大水管的直径是有限的，假如 I_b 继续增大，但是 I_c 已经到达了最大值，那么 I_c 就没有办法与 I_b 成比例增大了，此时三极管处于饱和区。这三个区的情况用电压表示如下：

截止区：发射结电压小于开启电压 U_{on}（一般是 0.6~0.7V）且集电结反偏。对于 NPN 型三极管组成的放大电路，用电压关系表示为 $u_{BE} \leqslant U_{on}$ 且 $u_{CE} > u_{BE}$。从 $u_{CE} > u_{BE}$ 可以推导出，$u_{CB} > 0$，也就是集电结反偏。对于 PNP 型三极管，电压关系表示为 $u_{EB} \leqslant U_{on}$ 且 $u_{EC} > u_{EB}$。

放大区：发射结正偏，集电结反偏。对于 NPN 型三极管组成的放大电路，用电压关系表示为：$u_{BE} > U_{on}$ 且 $u_{CE} > u_{BE}$。此时，i_B 对于 i_C 有明显的控制作用，这里小写的 i 表示这个电流是变化量，也就是交流的电流。

饱和区：发射结与集电结均正偏。对于 NPN 型三极管组成的放大电路，用电压关系表示为：$u_{BE} > U_{on}$ 且 $u_{CE} < u_{BE}$。

在模拟电路中，绝大多数情况下应保证三极管处于放大状态下工作。如果需要三极管处于放大状态，则需要设置合理的静态工作点。

3. 三极管的种类

三极管应用广泛、种类繁多、分类方式繁多。按照功率、频率、材料的不同，可以进行以下分类。

（1）根据功率分类

根据功率不同，三极管可分为小功率、中功率、大功率三极管。

小功率三极管的功率小于 0.3W；中功率三极管在 0.3~1W 之间；大功率三极管一般在 1W 之上，需要增加散热片，如图 4-1-4 所示。

图 4-1-4　小、中、大功率三极管

（2）根据频率分类

根据工作频率不同可分为低频、高频三极管。

低频三极管的工作频率小于 3MHz，用于低频放大电路；高频三极管的工作频率在 3MHz 之上，用于高频放大电路、混频电路、高频振荡电路，如图 4-1-5 所示。

图 4-1-5　低频、高频三极管

（3）根据材料分类

根据材料不同，可分为锗、硅三极管。

如图 4-1-6 所示，这两种三极管都是由两个 PN 结构成的，从外观上没有明显差距，从工作原理上来看完全相同，仅仅只是材料的不同。高频管和低频管、大功率管和小功率管，由于材料的不同，电气性能上还是有一定差距。

图 4-1-6　锗、硅三极管

硅三极管：PN 结正向导通电压为 0.6～0.7V。

锗三极管：PN 结正向导通电压为 0.2～0.3V，发射极与基极的起始工作电压低于硅

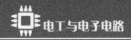

三极管，锗三极管也比硅三极管的饱和压降低。

除了以上的分类方式，还可以根据三极管的封装，分为贴片式和直插式三极管，这种类似于电阻电容的分类方法，此处略去。

4. 三极管的识别

三极管的识别包括在电路中的识别和标识型号的识别。一般三极管的表面都有标注三极管的型号标识。

（1）三极管在电路中的识别

三极管在电路中一般以 QX 来表示。如图 4-1-7 所示，Q1、Q2，其中 Q 为三极管、1、2 为三极管的序号。

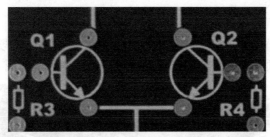

图 4-1-7 三极管在电路板上的丝印

（2）标识型号识别

不同国家生产的三极管型号命名不同，标识也就不同。以国产、美国产的三极管命名方式来讲解三极管的型号识别。

国产三极管型号标识由五部分组成，如图 4-1-8 所示，信息主要由前三部分构成。表 4-1-1 解释了部分字母的含义。

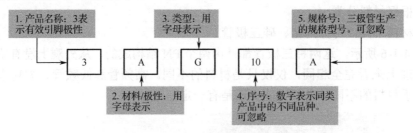

图 4-1-8 国产三极管的命名方式

表 4-1-1 国产三极管的材料/极性和类型的含义

材料/极性	含义	材料/极性	含义	材料/极性	含义
A	锗材料、PNP 型	C	硅材料、PNP 型	E	化合物材料
B	锗材料、NPN 型	D	硅材料、NPN 型		
类型符号	含义	类型符号	含义	类型符号	含义
A	高频大功率管	D	低频大功率管	V	微博管
G	高频小功率管	T	闸流管	B	雪崩管
X	低频小功率管	K	开关管	U	光敏管

美国产三极管型号标识由三部分组成，如图 4-1-9 所示。美国产三极管的型号识别简单，但是同样包含的信息有限。

多数情况下，由于三极管体积比较小，从三极管的表面标识，只能简单的判断出三极管的部分信息，如果想知道三极管的具体参数与用法，需要判断出三极管的型号，然后去查阅三极管数据手册。

5. 三极管的检测

三极管的类型、引脚极性及 β（直流电流放大倍数）的检测。

三极管实物有三个引脚，中间的那个引脚不一定就是基极。不同厂家生产的三极管的型号，引脚顺序可能都不一样。若是已知三极管的型号，可以查阅三极管数据手册，判断引脚情况，以及放大倍数。如果不知道三极管的型号，可以利用万用表来分辨三极管的引脚极性。

如图 4-1-10 所示，三极管的两个 PN 结相当于两个二极管，使用万用表的二极管挡，测量两组 PN 结的正向导通电压，如硅管的导通电压为 0.6V 左右。固定一表笔接任意一引脚，另一表笔分别接另外两个引脚，如果测得导通电压均为 0.6V，则此固定引脚为基极引脚。如果此固定表笔为红色，则为 NPN 型三极管；如果此固定表笔为黑色，则为 PNP 型三极管。如果无法找到两个导通的二极管，或者任意两个引脚之间的导通电压太小，则有可能三极管已经损坏。

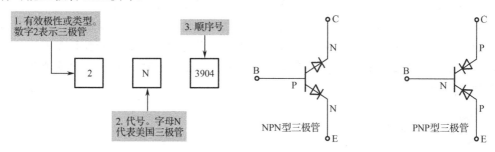

图 4-1-9　美国产三极管的命名方式　　　　图 4-1-10　三极管 PN 结示意图

确定了三极管种类和基极，就可以将三极管插入带有 h_{FE} 的万用表测量孔中，将 NPN 型三极管插入 NPN 型插孔中，正反插两次，两次显示的值大的为 β，此时说明测量正确，按照万用表三极管插孔处判断 C、E 极。

任务实训　

教学视频

任务二 阅读三极管数据手册

 学习目标

1. 初步学会阅读三极管的数据手册。
2. 理解三极管各项参数的含义。
3. 能够记住几种常见三极管的类型。

 任务描述

小典：龚老师，三极管的种类那么多，我怎么找到自己需要的三极管呢？

龚老师：这个主要取决于你的需求，比如你的电路要求的放大倍数是多少？功率有多大？频率有多高？对于封装有没有要求？等等。

小典：这么复杂，我就想挑个，那种，常见的三极管来用用。

龚老师：你呀，这是不懂三极管的参数，也不会看三极管的数据手册，所以不知道怎么挑选三极管。我用一个常见的三极管，来告诉你怎么看三极管的数据手册。三极管的数据手册中包含了三极管的基本参数，能够从三极管数据手册中，获取需要的信息，是必须掌握的技能。

 实训环境

准备好 S9014 三极管的数据手册。可以登录网站 https://www.datasheet5.com 或 https://www.alldatasheet.com 下载。

 任务设计

任务：通过学习 S9014 三极管的数据手册，能够从 S9015 的数据手册中获取所需信息。

 知识准备

1. 数据手册中的信息提取

数据手册一般来说分为几个部分：产品简介、最大额定值、电气特性、h_{FE} 的分类和典型的特征曲线图。

以 S9014 三极管数据手册为例，分析手册中的各项参数的含义。

如图 4-2-1 所示数据手册部分的页眉上说明了三极管的生产厂商、封装材料。

数据手册的正文主要介绍了该三极管的一些参数等信息。首先说明了该三极管的型号和类型，以及它的封装 SOT-23，封装中标记了对应的引脚。

在产品特点中说明了该 S9014 型号三极管的对管为 S9015 型号三极管，这两个三极管的参数类似，但型号不同，并说明了三极管的分辨方法，就是在三极管上标有"J6"字符。

该数据手册中，列出了该三极管在 25℃ 的环境下的一些参数的最大额定值。由于三极管在不同的温度下有不同的参数，所以必须指明测试温度，25℃ 是常见的温度。

集电极-基极电压 $V_{CBO} = 50V$

集电极-发射极电压 $V_{CEO} = 45V$

发射极-基极电压 $V_{EBO} = 5V$

厂商

塑料封装
Plastic-Encapsulate Transistors

FEATURES 产品特点

Complimentary to S9015　此型号三极管与S9015参数类似，型号不同，S9015为PNP型，与S9014为对管

MARKING: J6　标记：J6

S9014 (NPN)

型号

1. BASE
2. EMITTER　　SOT-23
3. COLLECTO　封装

最大额定值（在环境温度25℃下，除非有其他说明）
MAXIMUM RATINGS (TA=25℃ unless otherwise noted)

Parameter 参数	Symbol 符号	Value 数值	Unit 单位
Collector-Base Voltage 集电极-基极电压	V_{CBO}	50	V
Collector-Emitter Voltage	V_{CEO}	45	V
Emitter-Base Voltage	V_{EBO}	5	V
Collector Current -Continuous 集电极电流	I_C	0.1	A
Collector Power Dissipation 集电极功耗	P_C	0.2	W
Junction Temperature 结温度	T_J	150	℃
Storage Temperature 储存温度	T_{stg}	-55 to +150	℃

图 4-2-1　数据手册（部分 1）

集电极持续电流 $I_C = 0.1A$

集电极功耗 $P_C = 0.2W$

结温度 $T_J = 150℃$

储存温度 $T_{stg} = -55\sim150℃$

这些参数是该三极管在环境温度 25℃ 下，所能达到的最大额定值，超过这个范围三极管将出现问题。

图 4-2-2 所示数据手册（部分）的表格中说明了该三极管在环境温度 25℃ 下的电气特性。该表格中列出了在一定测试条件下的三极管参数：

集电极-基极击穿电压 V_{CBO}、集电极-发射极击穿电压 V_{CEO}、发射极-基极击穿电压 V_{EBO}、集电极截止电流 I_{CBO}、集电极截止电流 I_{CEO}、发射极截止电流 I_{EBO}、直流增益（放大倍数 h_{FE}）、集电极-发射极饱和压降 $V_{CE(sat)}$、基极-发射极饱和压降 $V_{BE(sat)}$、特征频率 f_T。

一般来说，超过三极管的最大额定值就会将三极管击穿，这些各个极之间的击穿电压最小值就是最大额定值。

截止电流是指三极管处于截止状态下，处于一定条件下，三极管不同的极之间还存在微弱的电流；

电气特性
ELECTRICAL CHARACTERISTICS (Tamb=25℃ unless otherwise specified)

Parameter参数	Symbol	测试条件 Test conditions	Min	Typ	Max	Unit
集电极-基极击穿电压 Collector-base breakdown voltage	V_{CBO}	I_C=100μA, I_E=0	50			V
Collector-emitter breakdown voltage	V_{CEO}	I_C=0.1mA,I_B=0	45			V
Emitter-base breakdown voltage	V_{EBO}	I_E=100μA,I_C=0	5			V
集电极截止电流 Collector cut-off current	I_{CBO}	V_{CB}=50V, I_E=0			0.1	uA
Collector cut-off current	I_{CEO}	V_{CE}=35V, I_B=0			0.1	uA
Emitter cut-off current	I_{EBO}	V_{EB}=3V, I_C=0			0.1	uA
直流增益 DC current gain	h_{FE}	V_{CE}=5V, I_C=1mA	200		1000	
集电极-发射极饱和电压 Collector-emitter saturation voltage	V_{CE}(sat)	I_C=100mA,I_B=5mA			0.3	V
Base-emitter saturation voltage	V_{BE}(sat)	I_C=100mA,I_B=5mA			1	V
Transition frequency	f_T	V_{CE}=5V, I_C=10mA f=30MHz	150			MHz

图 4-2-2　数据手册（部分 2）

直流增益即三极管的放大倍数，在 V_{CE} = 5V、I_C = 1mA 的条件下，放大倍数最小值为 200，最大值为 1000。

饱和压降是指当三极管处于饱和状态下，在 I_C = 100mA、I_B = 5mA 时，放大倍数为 20 倍，此时三极管的集电极发射极压降为 0.3V、基极发射极压降为 1V。

三极管由于存在结电容，特别是在 B-C 结电容，对三极管放大信号的频率影响最大，导致三极管对高频信号放大能力严重下降。当频率通过三极管放大后，放大倍数为 1，这个信号频率就是三极管的特征频率，也称为截止频率。

在表格中的测试条件下，给出当前三极管的工作频率 f_0 和放大倍数，就可算出特征频率 f_T。随着工作频率的升高，放大倍数会下降，f_T 可定义为增益为 1 时的频率。$f_T = \beta f_0$，当我们测在 30MHz 信号的条件，f_T 为 150MHz，说明此时放大倍数为 5 倍，处于饱和状态。

图 4-2-3 所示的数据手册（部分）中显示该三极管放大倍数分为两个等级，低等级放大范围为 200～450，高等级放大范围为 450～1000。

CLASSIFICATION OF h_{FE}		
Rank	L	H
Range	200～450	450～1000

图 4-2-3　数据手册（部分 3）

图 4-2-4 所示数据手册（部分）是该三极管的典型特征图，描述了该三极管在特定条件下一些参数的变化值，在实际应用中，三极管状态不一定正好处于这些曲线所在的特定条件下，所以这些曲线图仅供参考。

注意，图中的横坐标、刻度并不是均匀的，相同的距离，第一段表示 1～10，同样长度的第二段表示 10～100，第三段表示 100～1000。这是指数型的刻度，可以理解为第一段是 10^0～10^1，第二段是 10^1～10^2，第三段是 10^2～10^3。用指数型的刻度可以表示更宽的范围。

　　Figure 1 表示输出特性曲线，分别对应出在不同基极电流的情况下，集电极电流随集电极-发射极电压的变化情况。

　　Figure 2 表示随着基极电流的增大，放大倍数反而在下降。

　　Figure 3 表示该三极管处于 20 倍的放大状态下（即饱和状态下），发射结电压、集电极-发射极电压随集电极电流的变化情况。

　　Figure 4 表示电流的增益带宽，可以看出在频率为 130MHz 集电极电流能达到最大值。

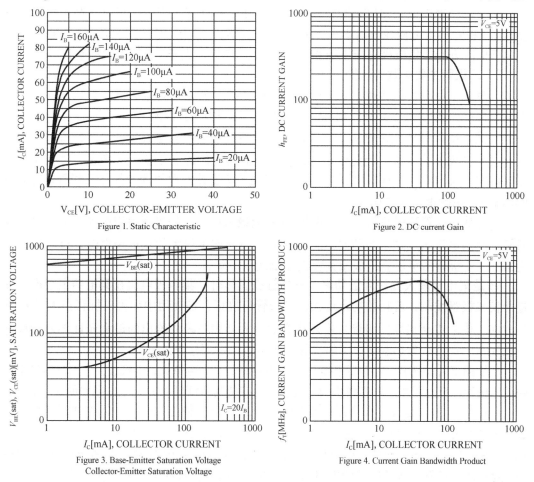

Figure 1. Static Characteristic

Figure 2. DC current Gain

Figure 3. Base-Emitter Saturation Voltage
Collector-Emitter Saturation Voltage

Figure 4. Current Gain Bandwidth Product

图 4-2-4　数据手册（部分 4）

2. 三极管类型的选择

　　应根据电路的实际需要选择三极管的类型，即三极管在电路中的作用应与三极管的功能相吻合。

　　三极管的种类很多，分类的方法也不同，一般按半导体导电特性分为 NPN 型与 PNP

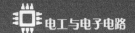

型两大类；按其在电路中的作用分为放大管和开关管等。各种三极管在电路中的作用如下。

① 低频小功率三极管一般工作在小信号状态，主要用于各种电子设备的低频放大，输出功率小于 1W 的功率放大器。

② 高频小功率三极管主要应用于工作频率大于 3MHz、功率小于 1W 的高频率振荡及放大电路。

③ 低频大功率三极管主要用于特征频率 f_T 在 3MHz 以下、功率大于 1W 的低频功率放大电路中，也可用于大电流输出稳压电源中做调整管，有时在低速大功率开关电路中也用到它。

④ 高频大功率三极管主要应用于特征频率 f_T 大于 3MHz、功率大于 1W 的高频振荡及放大电路中，可作功率驱动、放大。

对于三极管来说，如何判断其属于大功率还是小功率三极管，可以从其数据手册中看出。三极管的集电极耗散功率小于 1W 为小功率管，大于 1W 的为大功率管。也可以从集电极电流来看，集电极电流小于 0.5A 的为小功率管，大于 1A 的为大功率管。

3. 三极管主要参数的选择

三极管主要参数的选择主要是指最大集电极额定电流 I_C、最大额定耐压 V_{CEO}、最大集电极额定耗散功率 P_C、特征频率、直流增益（放大）的选择。

I_C 是集电极最大允许电流。三极管工作时当它的集电极电流超过一定数值时，它的电流放大倍数 β 将下降。为此规定三极管的电流放大倍数 β 的变化不超过允许值时的集电极最大电流为 I_{CM}。所以在使用中当集电极电流 I 超过 I_C 时不至于损坏三极管，但会使 β 值减小，影响电路的工作性能。

V_{CEO} 是三极管基极开路时，集电极-发射极最大电压。如果在使用中加在集电极与发射极之间的电压超过这个数值时，将可能使三极管产生很大的集电极电流，这种现象称为击穿。三极管击穿后会造成永久性损坏或性能下降。

P_C 是集电极最大允许耗散功率。三极管在工作时，集电极电流在集电结上会产生热量而使三极管发热。若耗散功率过大，三极管将烧坏。在使用中如果三极管在大于 P_C 下长时间工作，将会损坏三极管。需要注意的是大功率三极管给出的最大允许耗散功率都是在加有一定规格散热器情况下的参数。使用中一定要注意这一点。

特征频率 f_T 的选择。在设计和制作电子电路时，对高频放大、中频放大、振荡器等电路中的三极管，宜选用极间电容较小的三极管，并应使其特征频率 f_T 为工作频率的 3～10 倍。

β 值（h_{FE}）的选择。在选用三极管时，一般希望 β 值选大一点，但也并不是越大越好。β 值太大，容易引起自激振荡（自生干扰信号），此外一般 β 值高的三极管工作都不稳定，受温度影响大。通常，小功率三极管 β 值选在 100～1000，锗三极管 β 值选在 40～150 为适合。对整个电子产品的电路而言，还应该根据各级的配合来选择 β 值。

 任务实训

任务三　三极管工作在开关状态

学习目标

1. 理解三极管工作在开关状态下的特点，强化对饱和区与截止区的理解。
2. 动手完成电平转换实验，提高示波器、波形发生器、可调电源的使用能力。
3. 理解电平的概念，并实现 3.3V 与 5V 电平转换功能。

任务描述

小典：龚老师，您说过，三极管主要的作用是放大，我猜三极管肯定要处于放大区，可是为什么还要讲饱和区和截止区呢？

龚老师：三极管除了放大的功能以外，也可以用作开关呀。

小典：就像开关电灯那种开关吗？

龚老师：对的。当然，三极管不能直接控制 220V 的电灯，但是控制几伏的 LED 开关还是没问题的。除此之外，三极管还能充当一个翻译，让不同电平标准的芯片，能够相互通信呢。

实训环境

● 共射极放大电路板。
● 直流稳压可调电源或 5V 电源适配器（type-c 接口）。
● 万用表。
● 示波器。
● 波形发生器。
● 不同颜色的双头鳄鱼夹线三根。

任务设计

任务 1：安全上电，并准备好输入信号。
任务 2：实现 3.3V 电平转换为 5V 电平。
*任务 3：实现 5V 电平转换为 3.3V 电平，尝试保持波形的相位不变化。

知识准备

在数字电路的领域，常常把电压简化为电平，来描述逻辑状态。比如 TTL 电平信号规定，5V 等价于逻辑"1"，也称为高电平，0V 等价于逻辑"0"，也就是低电平。数字电路里，只有 0 和 1 两个状态。其实从 0 到 5V，有无数个电压，为了便于处理数字电路，可以把无数个状态按照电压范围，简化为两个电平，只需要两个电平就能描述 0 和 1 这两种状态。

假设有两个电路板需要通信，但是两个电路板的电平标准不一样：对于数字"1"，一个电路板认为 5V 左右的电压表示"1"；另一个电路板认为 3.3V 左右的电压表示"1"。这两个电路板不能直接通信，这中间就需要一个翻译。翻译工作可以由一个三极管电路来完成。由于只有 0 和 1 两种情况，此时称三极管工作在开关状态。

1. 电路原理图

用**微课**学

当三极管的发射结导通以后，集电极与发射极之间会有电子流动，形成通路。饱和时集电极与发射极之间的电压 V_{CE} 最低只有几十毫伏，可以忽略不计。

如图 4-3-1 所示电路将输入的电平连接到三极管的基极。对于 NPN 型的三极管，把电源正极串联电阻连接集电极，电源地连接发射极。然后从集电极引出输出电平。如果发射结导通，输出电平等于 V_{CE}，约等于 0；如果发射结截止，输出电平等于电源电压。电阻 R_2 保证即便三极管导通，电源也不会被短路；R_1 防止基极电流过大，可能在发射结导通的时候烧坏三极管。这种电路也被称为基本共射极放大电路。

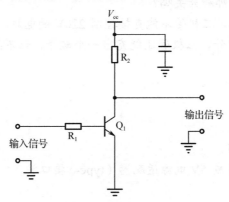

图 4-3-1 基本共射极放大电路

分析原理图可知，基极高电平时，发射结导通，集电极"相当于"接地（其实还有几十毫伏饱和压降）；基极低电平时，发射结不导通，集电极与电源连接，是高电平。此电路可以实现电平转换的功能，只不过相位正好相反了。

2. 电阻分析

用**微课**学

在图 4-3-2 所示电路中有 2 个电阻，作用都是限流，防止电路板被大电流烧坏。要保证三极管处于饱和区，集电极电流已经饱和，基极电流再增大，集电极电流也不会增大，也就是说，$I_C / I_B < \beta$。

配套电路板中的三极管的 β 至少是 200 倍。当发射结导通时，为了使三极管工作在饱和区，需设定集电极电流达不到基极电流的 200 倍。从图中可以看出，如果想要集电极与发射极之间的饱和压降尽可能小一点，可以把集电极电流设置为几毫安。电路板中集电极限流电阻 R_2 的阻值为 2.4kΩ，在电源电压为 5V 时，集电极电流只有 2mA 左右。

基极限流电阻 R_1 的阻值为 39kΩ，当输入电压为 3.3V 时，基极电流为 $(3.3-0.6)/30≈90μA$。集电极电流是基极电流的 20 多倍，三极管工作在饱和区。

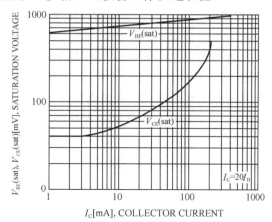

图 4-3-2 假设 $I_C=20I_B$ 时，I_C 与饱和 V_{CE} 和 V_{BE} 的关系

任务实训

教学视频

任务四 三极管工作在放大状态

学习目标

1. 理解三极管工作在放大状态的特点，强化对放大区的理解。
2. 熟练掌握三极管放大基极电流的功能。
3. 理解三极管放大电路的设计过程。

任务描述

龚老师：我们已经知道在三极管的工作过程中有三种状态，截止、放大和饱和。上节课，三极管工作在截止和饱和状态，可以作为开关器件使用，那么这节课三极管工作……

小典：工作在放大状态。

龚老师：恭喜你都学会抢答了。有意思的是，这节课的电路图，跟上一节课的一模一样，都是基本共射极放大电路。

小典：这个电路不是工作在饱和区和截止区吗？怎么也能工作在放大区呢？

龚老师：因为从饱和区，到截止区，要路过放大区。上一节课的输入信号要么是 3.3V，要么是 5V，都太大了，所以会进入饱和区。假如输入信号小一点，达到发射结的导通电压，但集电极电流没有达到饱和，不就工作在放大区嘛。还有一点，即便是三极管处于饱和区，只要输出电流大于输入的电流，也仍然有电流的放大功能。

小典：关于放大，我已经懵了。

龚老师：淡定，放大区的集电极电流，是基极电流的 β 倍。基极电流增大，集电极电流成倍增大，它们俩的比值不变，目前记住这一点就够了。以后，放大电路还要学习很多种呢。

实训环境

- 共射极放大电路板。
- 直流稳压可调电源。
- 5V 电源适配器（type-c 接口）。
- 万用表。
- 示波器。

任务设计

任务 1：上电与测试前准备。

任务 2：缓慢增大输入电压，观察三极管从截止区，到放大区，最后到达饱和区的过程。

任务 3：使用 Tina-Ti 进行仿真。

知识准备

1. 基本共射极放大电路原理分析

用微课学

原理图参照图 4-3-1。假设输入信号从 0V 作为起始输入，缓慢增大输入信号的电压 V_i，观察输出信号电压 V_o、基极电流 I_B、集电极电流 I_C，从而分析三极管的工作状态。为了方便描述，设发射结的导通电压 U_{on} 与压降 u_{BE} 都为 0.6V（实际上 u_{BE} 是在一定范围内变化的）。

当 $0 < V_i < 0.6V$ 时，三极管处于截止状态，此时 $V_o \approx V_{CC}$。

当 $V_i > 0.6V$ 时，可以通过测量基极与集电极的电压，来判断状态。对于小功率三极管，当基极与集电极的电压相同时，三极管处于临界状态；若基极电压大于集电极电压，则三极管处于饱和状态。从设计的角度出发，通过分析 I_B 与 I_C 的关系，来规定三极管的状态。加在 R_1 两端的电压为 $V_i - u_{BE}$，流过 R_1 的电流全部流入基极，所以基极电流：

$$I_B = \frac{V_i - u_{BE}}{R_1}$$

输出电压等于电源电压减去 R_2 上的电压，所以得到发射极电流的关系：

$$I_C = \frac{V_{CC} - V_o}{R_2}$$

假设三极管处于放大状态，则：

$$I_C = \beta I_B$$

联立以上 3 个关系式，并且把 $u_{BE} = 0.6$，R_1=30kΩ，R_2=2.4kΩ，$V_{CC} = 5$，$\beta = 200$ 带入，可得：

$$V_o = 14.6 - 16 V_i$$

其中 $0.6 < V_i$，$0 < V_o < 5\text{V}$。可以得到函数关系图 4-4-1。

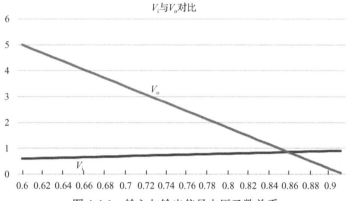

图 4-4-1　输入与输出信号电压函数关系

从图 4-4-1 中可以看出，在输入电压为 0.6～0.9V 的时候，理论上来讲三极管可以处于放大状态。当然，由于没有考虑到发射结电压的变化，以及忽略管压降，此图只是理想状态。

随着 V_i 继续增大，I_B 增大到一定值之后，I_C 无法再增大，此时：

$$\frac{I_C}{I_B} < \beta$$

I_C 增大不多，或者基本不变化，说明三极管进入饱和区。

2. 使用 Tina-ti 仿真

德州仪器公司（TI）与 DesignSoft 公司联合为客户提供了一个强大的电路仿真工具 Tina-Ti。Tina-Ti 适用于对模拟电路和开关式电源（SMPS）电路的仿真，是进行电路开发与测试的理想选择。Tina 基于 SPICE 引擎，是一款功能强大而易于使用的电路仿真工具；而 Tina-Ti 则是完整功能版本的 Tina，并加载了 TI 公司的宏模型以及无源和有源器件模型。

TI 之所以选择 Tina 仿真软件而不是其他的基于 SPICE 技术的仿真器，是因为它同时具有强大的分析能力和简单直观的图形界面并且易于使用。

Tina-Ti 提供了多种分析功能，包括 SPICE 的所有传统直流、交流、瞬态、频域、噪声分析等功能。虚拟仪器非常直观且功能丰富，允许用户选择输入波形、探针电路节点电压和波形。Tina-Ti 的原理图捕捉非常直观，使用户真正能够"快速入门"。另外 Tina-Ti 具有广泛的后处理功能，允许用户设置输出结果的格式。

本节使用 Tina-Ti 进行电路仿真，观察基极电流、集电极电流、输出电压等信号随输入信号变化的情况。如图 4-4-2 所示为用 Tina-Ti 绘制的原理图。电路板采用的三极管是 S9014 型，由于 Tina-Ti 并未内置 S9014 型三极管，所以用 2N5551 型三极管来代替。

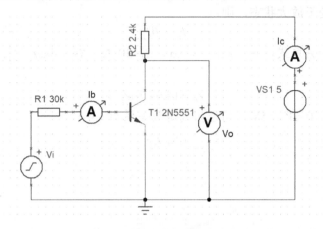

图 4-4-2 使用 Tina-Ti 绘制原理图

当绘制完仿真电路以后，分析其直流传输特性，如图 4-4-3 所示。

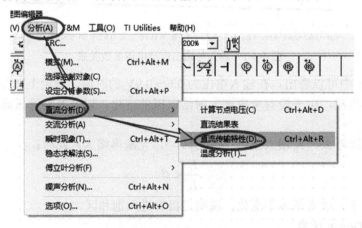

图 4-4-3 分析直流传输特性

如图 4-4-4 所示，配置直流传输特性，起始值设为 0V，终止值设置为 2V，输入设置成 V_i，那么电路将分析 V_i 从 0V 到 2V 的情况下，电路各个测试用表的输出情况。

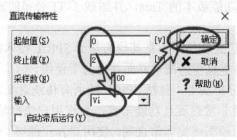

图 4-4-4 配置直流传输特性

此时能得到一张直流传输特性曲线图，但是好几个物理量混在一起，无法辨识清除，需要从"视图"中，选择"分离曲线"，把各个曲线分开观察，如图 4-4-5 所示。

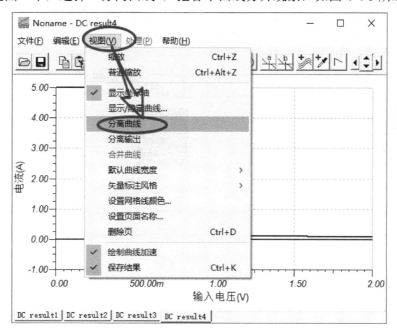

图 4-4-5　分离曲线

然后得到如图 4-4-6 所示的最终结果，可以看出当输入电压小于 0.6V 时，基极电流与集电极电流几乎为 0，输出电压为 5V，三极管处于截止区。

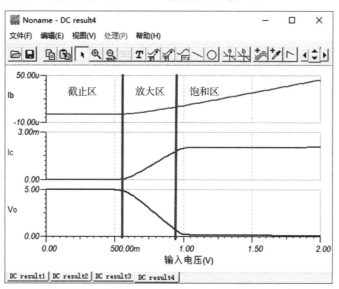

图 4-4-6　最终结果

当 $0.6V<V_i<0.9V$ 时，基极电流逐渐增大，集电极电流快速增大，两者的比值仍保持不变，输出电压下降，三极管处于放大区。

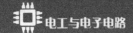

当输入电压大于 0.9V 以后，基极电流仍在增大，但是集电极电流已经到达最大值，无法再增大，集电极电流与基极电流的比值相较于放大区变小。输出电压几乎为 0V。

仿真得到的结果，与理论计算的结果相吻合。不过，仿真得到的结果正确，并不代表真实的电路板就一定能实现功能，只能作为设计初期的参考。

 任务实训

 教学视频

项目五 产业经典电路

任务一 无线供电应用电路

学习目标

1. 理解无线供电应用电路的工作原理。
2. 掌握LC振荡器的谐振频率的概念，明白电容反馈式振荡电路的工作原理。
3. 了解无线供电应用电路的使用方法，以及设计过程。
4. 通过此电路的学习，加强对于电工与电子电路的兴趣。

任务描述

小典：经过这么多天的学习，我已经认识了电阻、电容这些基本元器件，也会用烙铁、万用表这些工具了，龚老师，今天学习什么呢？

龚老师：今天要操作一套既有趣，又有用的电路板，两个电路板之间可以用磁场这种看不见，摸不着的方式传递能量，电生磁，磁生电，称为无线供电应用电路，是LC振荡电路的一种应用。

小典：听上去就感觉好难。

龚老师：不用担心，今天课程的目的，就是看一些有趣的电路应用，增加对于电工电子学习的兴趣，眼前的理论知识没有完全掌握也不要紧，只要有兴趣，都能学会的。小典，你看这个视频，"LC振荡电路的花式玩法"。

小典：好酷炫，今天具体的任务是什么呢？

龚老师：就用无线供电的方式，点亮LED灯。

实训环境

● 无线供电应用电路发射端电路板。
● 无线供电应用电路接收端电路板。
● 直流稳压可调电源。
● 万用表。
● 示波器。
● 5V电源适配器（type-c接口）。

任务设计

任务 1: 安全上电。
任务 2: 观察无线供电应用电路发射端的波形。
任务 3: 观察无线供电应用电路接收端的波形。

知识准备

无线供电（也称无线能量传输或称无线电力传输）是一种不经由电导体，将电力能量从发电装置或供电端转送到电力接收装置的技术。无线能量传送是一个通称，可使用多种不同技术达成，包括电场、磁场及电磁波。发射器把电能转换成相对应场的能量状态，传输经过一空间后由若干个接收器接收并转换回为电能。简而言之，"无线"供电，就是不用线供电，供电的途径是"场"。本次任务的关键，在于理解 LC 振荡电路的原理。借助电感 L，把电场能转换为磁场能，让接收端把磁场能再转化为电场能。

1. LC 振荡电路

用微课学

电感与电容都是储能元件。如果两端有电压差，电容会以电场能的形式储存能量；电感会以磁场能的形式储存能量。表现出来的现象，是电容两端有压差，这个压差用万用表很容易就能检测到；电感周围有磁场，然而这个磁场却不那么直观，需要专门的仪器才能检测出来。给电容两端施加电压，称为充电；给电感两端施加电压，称为充电也可以，更形象的说法是"充磁"。

电容不喜欢电压的变化，如果由于外部原因导致电容两端的电压要增大，电容会先储存电荷，放慢电容两端电压增大的速度；如果外部原因导致电容两端的电压要减小，电容会释放自己储存的电荷，放慢电容两端电压减小的速度。只分析变化的这一瞬间的话，可以说，电容两端电压不能突变。

电感不喜欢电流变化，如果由于外部原因导致流过电感的电流要增大，那么电感产生的磁场会变强，阻碍流过电感的电流变大；如果由于外部原因导致流过电感的电流要减小，那么电感产生的磁场会在电感自身上感应出电流来，阻碍流过电感的电流变小。阻碍并非阻止，只是减慢了电流变大或变小的速度。只分析变化的这一瞬间的话，也可以说，电感内部的电流不能突变。

电感产生的电流与外部电路的电阻大小没有关系，如果有个电阻 R 跟电感串联，电感放出的电流为 I，那么电阻上会感应出的电压就是 $U=I\times R$。这个电压可以比给电感充电的电压还大，人们常常利用电感的这个特性产生高电压。由于电感产生的磁场可以在附近的另外一个导体上感应出电流来，通过磁场实现"无形"的能量传递，人们常常利用这个特性来进行通信，或者能量传递。

电感与电容很多特性是对立的，把它俩进行串联或者并联，得到的电路也很有意思。在此只讨论 LC 并联的情况。

假设电感与电容都是理想元器件，不存在损耗。初始状态的时候电容内部储存了电荷，随后的变化过程如表 5-1-1 所示。

表 5-1-1　谐振过程分析

电　容	电　感	图　示
假设为初始状态，电容充满电荷，上极板电压高	电感没有产生磁场。这个瞬间没有电流	
电容放电，电压差减小。电流方向为逆时针	电感充磁，磁场变强，内部磁场方向为"从上到下"	
电容放电完毕	电感充磁完毕，磁场能最大，即将开始放电	
电容开始充电，但是电流方向仍为逆时针，所以电容下极板电压高	电感阻碍逆时针电流减小的趋势，自己放电维持逆时针电流，磁场变小	
电容电压差最大，下极板电压高，跟初始状态极性相反	电感的磁场能消耗完毕。这个瞬间电路中没有电流	
电容放电，电压差减小。电流方向为顺时针	电感充磁，磁场变强，内部磁场方向为"从下到上"	

续表

电　容	电　感	图　　示
电容放电完毕	电感充磁完毕，磁场能最大，即将开始放电	
电容开始充电，但是电流方向仍为顺时针，所以电容上极板电压高	电感阻碍逆时针电流减小的趋势，自己放电维持顺时针电流，磁场变小	
回到初始状态	回到初始状态	

电容的电场能转换为电感的磁场能，电感的磁场能转换为电容的电场能，两种能量相互转换。这个电路可以称为 LC 并联谐振电路。谐振，就是共振的意思。分析电容或者电感两端的电压，可以发现，电压波形是正弦波，以一定的频率振荡。这个频率与电感值和电容值都有关系，称为谐振频率，可以表示为：

$$f_\circ = \frac{1}{2\pi\sqrt{LC}}$$

2. 电容反馈式振荡电路

实际的电感与电容必然都是有损耗的。如果 LC 并联谐振电路没有外部电源，那么振幅会越来越低，最后停止振荡。所以需要外接交流电源为 LC 并联谐振电路供电。

外接电源的频率要与电路的振荡频率完全相等，否则会产生附加相移。找到频率完全相等的电源并不容易。可以考虑在电路中引入正反馈，从电路的输出中拿出一部分，经过放大，代替输入电压。这个经过正反馈得到的"输入电压"与输出电压的频率是完全一样的。电容反馈式振荡电路可以完成正反馈的放大任务。

如图 5-1-1 所示为电容反馈式振荡电路，接下来分析这个电路是如何实现正反馈的。首先需要一点三极管的知识：集电极与基极的变化趋势相反。假设三极管处于合适的工作区，如果基极电压升高，那么三极管上的管压降就会降低。

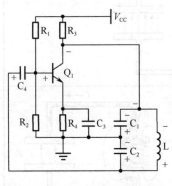

图 5-1-1　电容反馈式振荡电路

发射极近似于接地，所以集电极电压会降低。

当基极电压升高，那么集电极电压降低，电容 C_1 上端电压降低，有电流从电容上端流出，为电感充磁，且流向电容 C_2 下端，所以电容下端电压升高。C_2 下的电容变化量通过 C_4 达到基极，基极电压升高。基极电压升高带来的结果仍是基极电压升高，所以电路确实存在正反馈。

两个电容的三端分别接在三极管的三个极，此电路也可称为电容三点式电路。改变 C_1/C_2 的值就可以改变电路的返回系数。由于电容变为两个，且两个电容是串联的关系，所以谐振频率的公式也会发生相应的改变：

$$f_\mathrm{o} = \cfrac{1}{2\pi\sqrt{L\dfrac{C_1 \times C_2}{C_1 + C_2}}}$$

3. 无线供电应用电路的发射端

无线供电属于传递能量，应尽可能提高效率，所以要对电容反馈式振荡电路进行一些改进。

首先把三极管改为场效应管，电路的反馈是电压值，而三极管是电流驱动型器件，效果也不如场效应管这样的电压驱动型器件。然后把集电极的电阻改为电感，省去电源电压在此电阻上的固定压降。还要使用功率较大的电感与线圈，确保供电充足。改进后的电路如图 5-1-2 所示为无线供电应用电路的发射端。

4. 无线供电应用电路的接收端

无线供电应用电路的接收端需要一个线圈，靠近发射端，通过电磁感应原理，在接收端的电感上感应出交变电场。使用 4 个肖特基二极管做成的桥式整流电路，可以使交流电变为直流电。肖特基二极管自身的导通压降较低，只有 0.3V 左右。再加上适当的滤波电路，提高电源的质量。使用两个 LED，作为收到能量的指示灯，增加适当的滤波电路，就完成了接收端的设计。如图 5-1-3 所示为无线供电应用电路的接收端。

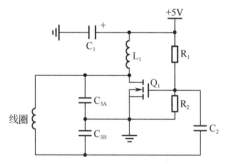

图 5-1-2　无线供电应用的电路发射端

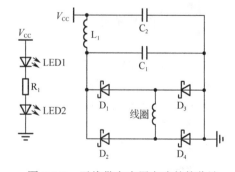

图 5-1-3　无线供电应用电路的接收端

任务实训

教学视频

任务二 RC 滤波电路

学习目标

1. 理解 RC 充放电电路中，R、C 的值对充放电效果的影响。
2. 掌握 RC 滤波电路中，截止频率的概念与计算方法。
3. 完成按键滤波电路的设计，消除按键在开关瞬间产生的杂波。

任务描述

小典：龚老师，无线供电应用电路，利用了电磁感应的原理。接收端靠近发射端，就能感应到电，这是好的方面；但对于其他不需要电磁感应的电路，那么发射端是不是产生了不好的干扰？被干扰的电路该怎么办呢？

龚老师：小典，你真是个善于思考的孩子。确实，靠近发射端的电路会受到干扰。不光是靠近这个发射端，所有电流或者磁场可能快速变化的场合，都会产生干扰，如开灯的瞬间，打开吹风机、微波炉的瞬间。对于精密的仪器，甚至 WiFi 信号都会对它产生干扰。相对应的，有很多种防止干扰的方法，其中最简单的就是 RC 滤波电路。你猜一猜 RC 滤波电路是如何组成的？

小典：R 应该是电阻，C 应该是电容。这就是由电阻与电容组成的滤波电路了吧？

龚老师：完全正确！只需一个电阻与一个电容，充分应用各自的特性，就能够抑制干扰，并且原理还很简单。现在就开始学习吧！

实训环境

● RC 滤波电路。
● 直流稳压可调电源。
● 5V 电源适配器（type-c 接口）。
● 万用表、示波器。
● 波形发生器。

任务设计

任务 1：观察电容充放电的现象。

任务 2：观察电容充放电的波形。

*任务 3：观察 RC 滤波电路抑制 1kHz 噪声的能力。

 **知识准备**

在工业控制系统的工作环境中,存在着大量的干扰信号,如电网的波动、强电设备的启停、各种电开关的闭合和断开引起的电磁辐射等,经常会干扰电路的正常运行,降低整个电路系统运转的可靠性和稳定性。所以,在设计电路系统时,必须考虑增加滤波环节。例如,在信号的输入输出接口(端子)处,一般加 RC 滤波电路,过滤掉信号的传输过程中受到的干扰波。

1. 充放电指示电路

设计 RC 滤波电路的前提是理解电阻和电容各自的作用。电阻对电流有阻碍作用,电阻值越大,阻碍作用就越大;电容是储能元件,电容值越大,能储存的电荷越多。借助一个充放电指示电路,可以直观理解电阻与电容的作用。(在安全范围内)流过 LED 的电流越大,LED 的亮度就越大,观察 LED 的亮度就可以知道电路中电流的大小。

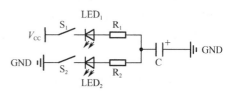

如图 5-2-1 所示的充放电指示电路,首先断开开关 S_2,闭合开关 S_1,可以观察到电流经过 LED_1 与 R_1 向电容充电的过程。开关 S_1 闭合的瞬间电流最大,随后电容内的电荷逐渐增多,电压变高,充电电流变小;最后,电容的电压达到最大值,电流变为 0。在开关 S_1 闭合的瞬间,经过 LED_1 的电流最大,所以 LED 亮度最高;随后亮度逐渐变低,最后熄灭。

图 5-2-1 充放电指示电路

在电容充满电以后,断开开关 S_1,开关闭合 S_2,可以观察到电流从电容出发,经过 LED_2 与 R_2 放电的过程。开关 S_2 闭合的瞬间电流最大,随后电容内的电荷逐渐变少,电压变低,放电电流变小;最后,电容的电压达到最小值,电流变为 0。在开关 S_2 闭合的瞬间,经过 LED_2 的电流最大,LED_2 亮度最高;随后亮度逐渐变低,最后熄灭。

充电过程中,如果增大电阻值,可以看到电流变小,充电速度变慢;如果增大电容值,可以看到储存的电荷量变大,需要更长的时间来充电。放电过程同理。如图 5-2-2 所示,电阻值与电容值都会影响到充电时间。定义 R 与 C 的乘积为时间常数 τ(读作 tao):

$$\tau = RC$$

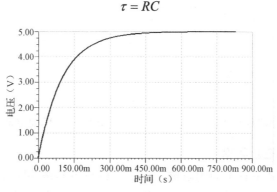

图 5-2-2 充电电压与时间的关系

当充放电时间为时间常数的整数倍时，可以根据表 5-2-1，分析充放电过程。一般认为，当充电或者放电的时间超过了 3～5 个时间常数，就可以认为充放电结束了。

表 5-2-1　RC 充放电时间常数与充放电过程

时　间	RC	$2RC$	$3RC$	$4RC$	$5RC$
充电时电容与电源比值	63%	86%	95%	98%	99%
放电时电容与电源比值	37%	14%	5%	2%	1%

2. 滤波器的分类

滤波器可以"过滤掉"不需要的某个频率的波形。按内部是否有电源和有源器件可分为：

有源滤波器：一般由集成运算放大器和 RC 网络组成，由电源向集成运算放大器提供能量。除了滤除波形以外，还能够放大特定频率的波形；

无源滤波器：一般由电容、电感、电阻等无源器件构成，不具备波形放大能力，只能维持或减小输入信号的幅度。

按幅频特性可分为：

低通滤波器（Low Pass Filter）：通低频阻高频；

高通滤波器（High Pass Filter）：通高频阻低频；

带通滤波器（Band Pass Filter）：通中频阻高、低频；

带阻滤波器（Band Elimination Filter）：通高、低频阻中频。

如图 5-2-3 所示。

使用电阻和电容可以组成无源低通滤波器与无源高通滤波器，如图 5-2-4 所示。将电阻串联在信号路径中，电容与负载并联，就可以形成低通滤波器。低通滤波器用电容将高频信号接到"地"上，来滤除高频信号；高通滤波器用电容自身"通高频阻低频"的特性，滤除低频信号。本节主要讨论低通滤波器。

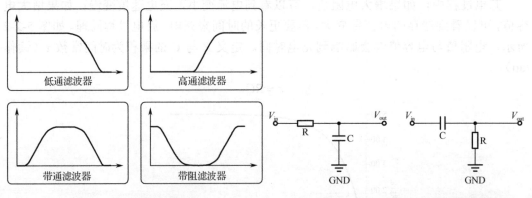

图 5-2-3　滤波器的分类　　　　　图 5-2-4　RC 低通滤波器与高通滤波器

3. RC 滤波器的截止频率

电容在不同的频率下有不同的阻抗。由于负载与电容是并联关系，电容上的电压等于输出电压。当输入信号的频率较低时，相比于电阻，电容的阻抗很大，大部分的电压都在电容上；当输入信号的频率较高时，相比于电阻，电容的阻抗很小，大部分的电压都在电阻上，电容上的电压很小，这就是所谓的"通低频阻高频"。

随着频率的增加，低通滤波器对信号的阻碍作用越来越明显。但是"低频"与"高频"之间没有明显的界线。如何定义滤波器开始阻塞信号的频率呢？实际应用的时候，常用到"截止频率 f_c"。

截止频率实际上是输入信号功率降低 3dB 的频率。因此，截止频率也称为-3dB 频率。在截止频率时，输出电压幅值变为原来的 0.707（$1/\sqrt{2}$）倍。由于功率跟电压的平方成正比，所以功率变为原来的 1/2。

$$20 \times \lg \frac{1}{\sqrt{2}} = -3.0103$$

截止频率的计算公式如下：

$$f_c = \frac{1}{2\pi RC}$$

截止频率可以由分压公式推导出来。不难看出图 5-2-5（a）中的电压关系：

$$\frac{V_{out}}{V_{in}} = \frac{R_2}{R_1 + R_2}$$

然后用电容替换 R_2，电容的容抗表示为 X_c，变成图 5-2-5（b）的情况。根据电容的自身特点，容抗可以计算出来：

$$X_c = \frac{1}{2\pi fC}$$

电阻与电容串联的总阻抗为 $\sqrt{R_1^2 + X_c^2}$。假设在频率为 f_c 的时候，V_{out} 值变为 V_{in} 的 0.707（$1/\sqrt{2}$）倍。

$$\frac{V_{out}}{V_{in}} = \frac{X_c}{\sqrt{R_1^2 + X_c^2}} = \frac{1}{\sqrt{2}}$$

求解上式可得截止频率的计算公式。

4．RC 低通滤波器的设计

用微课学

电路板上常见的机械接触式按键，在按下或者松开的过程中，常常会产生不稳定的信号，如图 5-2-6 所示，杂波过程一般持续 10～20ms，毛刺的频率一般超过 10kHz。

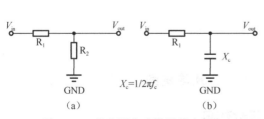

图 5-2-5 从分压公式推导截止频率

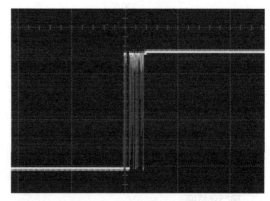

图 5-2-6 某款机械自锁按键开关瞬间产生的杂波

为了过滤掉杂波，可以通过单片机程序滤波或者通过硬件滤波电路进行滤波。单片机程序滤波的基本原理是：单片机检测到低电平后，延时 15ms，再检测一次，如果还是低电平，则确定是按键按下。一般情况下，为了给单片机一个确定的、干净的信号，往往采用单片机程序滤波与硬件滤波电路结合的方式进行滤波，其中硬件滤波电路常用 RC 滤波电路。

设计一个按键滤波电路如图 5-2-7 所示，滤除按键在开关瞬间产生的杂波。

在此电路中需要保留的信号频率极低，假设 1s 开关状态切换一次，则频率只有 0.5Hz；需要滤除的噪声频率大于 10kHz。一般来说，需要被抑制的频率至少是截止频率两倍。令

$$f_c = \frac{1}{2\pi RC} < 5000$$

得

$$\frac{1}{10000\pi} < RC$$

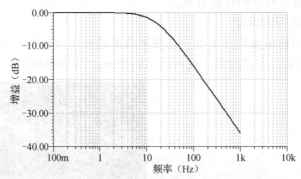

图 5-2-7　按键滤波电路

电阻与电容的取值范围非常大。但是如果电阻与电容的乘积太大，会导致充放电时间变得很长。取电阻为 100Ω，电容为 100μF（大电容价格很贵，实际应用中考虑成本，应该选择小电容大电阻，但由于本节 RC 滤波电路与充放电指示电路复用，为了多储存电荷，所以电容值较大），可以算出截止频率是 15.915Hz，时间常数为 10ms。在 10ms 内电压可以上升或下降 63%，对于机械按键来说，速度是足够的。

然后结合分压电路来分析 RC 滤波电路对于信号与噪声各自的影响。对于频率为 0.5Hz 的信号，电容的容抗为 3.183kΩ，输出信号占输入信号的比例为 3.183/(3.183+0.1)=97%，几乎没有影响；对于频率为 10kHz 的噪声，电容的容抗为 0.159Ω，噪声占输入信号的比例为 0.159/(0.159+100)=0.2%，几乎全部滤除。

通常滤波器会提供一个频率与响应的关系图，从图中可以很容易找到某个对于某个频率，功率减小多少 dB。如图 5-2-8 所示，15.9Hz 大约对应-3dB。

图 5-2-8　低通滤波器的频率与响应的关系图

 任务实训

 教学视频

任务三 线性稳压电路

 学习目标

1. 掌握稳压管的工作原理，理解稳定电压与稳定电流的概念。
2. 掌握 TL431 的工作原理，熟悉 TL431 电路调节输出电压的原理。
3. 理解线性稳压电路的优点与缺点，对功耗建立直观的概念。

 任务描述

龚老师：小典，今天怎么没精打采的？

小典：今天上课赶得太急，没吃饭。

龚老师：人是铁，饭是钢，一顿不吃饿得慌。我这有点吃的，你先垫一垫。

小典：谢谢龚老师。哎，感觉自己的剩余电量不到 10%，干啥都没劲儿。

龚老师：人没有能量来源，就干啥都没劲儿。要是电路没有良好的能量来源，工作也不稳定。良好的电源是一切电路工作的基础。能够为负载提供稳定电源的装置，就是稳压电源。

小典：龚老师真是三句话不离老本行。

龚老师：就像你吃东西，有零食，有正餐。正餐和零食有各自的应用场合。我们常把稳压电源分成两类：线性稳压电源和开关稳压电源。它们也有不同的应用场合。今天我们来学习几个常见的线性稳压电路，实现直流 12V 转直流 5V 的功能。

 实训环境

● 线性稳压电路板。
● 5V 电源适配器（type-c 接口）。
● 直流稳压可调电源。
● 万用表。
● 不同颜色的双头鳄鱼夹线 2 根。
● 测试负载板。

 任务设计

任务 1：安全上电。

任务 2：研究稳压管输出电路。

任务 3：研究 TL431 输出电路。

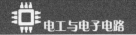

任务 4: 验证稳压电路。

*任务 5: 观察电路板上对于发热源的处理方式, 研究 TL431 电流与参考端电压的关系。

 知识准备

"线性"电源与"开关"电源相对应。

开关电源通过控制某个器件的通断时间实现稳压。它的优点: 体积小, 重量轻, 功耗小, 稳压范围宽, 效率在 80%~90%; 它的缺点: 输出纹波电压较高, 噪声较大, 电压调整率等性能也较差, 特别是对模拟电路与高精度的电路供电时, 将产生较大的影响。

线性电源的稳压器件工作在线性状态下。它的优点: 稳定性好, 瞬态响应速度快, 可靠性高, 输出电压精度高, 输出纹波电压精度小; 它的缺点: 变换效率较低, 尤其是在输入输出电压差较大的情况下。如果输出电流也较大, 会有明显的发热发烫现象, 甚至可能烧坏器件。

1. 稳压管的工作原理

稳压二极管又称齐纳二极管, 简称稳压管。稳压管在反向击穿时, 在一定的电流范围内, 端电压几乎不变, 表现出稳压特性, 因而广泛应用于稳压电源与限幅电路之中。

图 5-3-1 所示为稳压管的伏安特性。它的正向伏安特性曲线与普通二极管类似。实际应用时常常反向接入电路中。当稳压管外加反向电压的数值大于某个特定数值, 则击穿, 电流瞬间增大, 而电压几乎不变。这个特定数值称为反向击穿电压。对于普通二极管来说, 反向击穿以后二极管失去了单向导电性, 可以说就坏掉了。但是二极管的反向击穿是可逆的, 当去掉反向电压后, 稳压管又恢复正常。但是如果反向电流太大, 稳压管会发生热击穿, 被烧坏, 这是不可逆的。

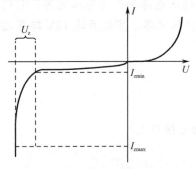

图 5-3-1 稳压管的伏安特性

在规定电流下, 稳压管的反向击穿电压被称为稳定电压 U_z。这是选用稳压管最关心的参数。例如, SMAJ5.0 稳压管的稳定电压大约是 5V (严格来说, 指的是这个稳压管可以用于 5V 工作场景, 它的反向击穿电压略大于 5V)。当稳压管工作在稳压状态时的电流, 称为稳定电流。如果电流低于某个值, 稳压管无法工作在稳压状态, 这个最小的稳定电流为 I_{Zmin}; 如果电流大于某个值, 稳压管就会烧坏, 那么这个最大的稳定电流为 I_{Zmax}。可以看出规定电流的大小有一个范围, 所以稳定电压 U_Z 其实也是一个范围。

稳定电压 U_Z 与最大稳定电流 I_{Zmax} 的乘积是额定功耗。通常额定电压与器件封装大小有关, 例如, SMAJ5.0 稳压管的封装是 SMA, 它的额定功耗是 1W。这个稳压管的名字中包含了功耗与稳定电压两个信息，可以由此计算出最大稳定电流是 200mA。从伏安特性曲线中可以看出，只要不超过稳压管的额定功率，电流越大，稳压效果越好。

2. 使用稳压管的稳压电路设计

将电阻与稳压管串联，就是一个简单的稳压电路，如图 5-3-2 所示。稳压管的稳定电压与流过稳压管的电流相关；而改变电阻值的大小，可以改变流过稳压管的电流的大小，也可以微调稳定电压。并联的电容可以吸收稳压管的齐纳噪声，以改善稳压管的输出特性。在不带负载时，根据欧姆定律可以轻松写出计算稳定电流的公式：

$$I_Z = \frac{V_{CC} - V_O}{R_1}$$

图 5-3-2　使用稳压管的稳压电路设计

如果接入负载，则负载与稳压管形成并联，负载会流过一定的电流，导致流过稳压管的电流变小，进而导致稳定电压发生变化。如果负载电阻 R_L 的阻值很小，则流过负载的电流会很大，稳压管甚至不能得到足够的电流，也无法工作在稳压的状态。所以在负载不确定的情况下，稳压管的稳压效果并不理想。

此外，限流电阻通常有一定的功率要求。如果设置稳定电流为 70mA，通过公式算出限流电阻取值 100Ω，消耗在限流电阻上的功率有 0.49W，所以要选择功率足够的电阻。电阻上的功率会以发热的形式白白浪费掉。

3. TL431 基准电压芯片的典型应用

如图 5-3-3 所示，TL431 是由德州仪器生产的一个有良好的热稳定性能的三端可调基准电压芯片。它的输出电压可调，（在电源电压足够的情况下）只需用两个电阻就可以设置为 2.5～36V 范围内的任何值。在很多应用中可以用它代替稳压管，例如，数字电压表，运算放大电路、可调压电源，开关电源等。

它内部具有一个 2.5V 的基准电压，接在运算放大器的反相输入端；参考端（R）接在运算放大器的同相输入端。运算放大器，会把同相输入端与反向输入端的电压差放大很多倍。正常情况下参考端的电压总是 2.5V 左右。如果参考端的电压变大，那么运算放大器的输出端电压也会升高，导致流过三极管的电流增大，也就是流入 TL431 的电流变大了，或者说 TL431 的等效电阻变小了。即参考端电压变大，TL431 等效电阻变小；参考端电压变小，TL431 等效电阻变大。合适的外部电路能够利用这一点，让参考端（R）的电压变小，形成负反馈，维持输出的稳定。如图 5-3-4 所示为 TL431 的典型应用。

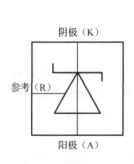

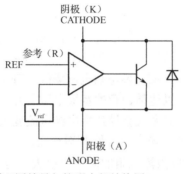

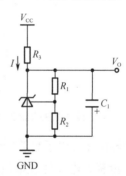

图 5-3-3　TL431 原理图符号与简明内部结构图　　　图 5-3-4　TL431 的典型应用

如果采样电路没有变化，因为某些意外原因导致了输出电压 V_O 变大，那么由 V_O 分压得到的参考端电压也变大，导致 TL431 等效电阻变小。由 R_1 与 R_2 组成的取样电路电阻之和常常是 $10k\Omega$ 以上，电流通常不到 $1mA$，将这个小电流忽略不计，则限流电阻 R_3 与 TL431 的关系近似于串联。所以输出电压 V_O 等于 TL431 上分摊的电压，TL431 阻值变小，所以 V_O 变小。因此，此电路依靠负反馈调节，把 TL431 参考端的电压限制在 2.5V 左右。

在 R_1 与 R_2 组成的取样电路中，流向 TL431 的电流是微安级别，忽略不计。R_2 上的电压总是 2.5V，所以用串联电路的分压公式可以求出输出电压与电阻 R_1、R_2 的阻值的关系：

$$V_O = 2.5\left(1+\frac{R_1}{R_2}\right)$$

确定电阻 R_1 与 R_2 的阻值就能计算出输出电压的值。在电路中不存在 R_1 的时候，V_O 是最小值 2.5V。V_O 最大不会超过 V_{CC}。

如果把 R_1 或 R_2 设置为可调的电阻，就能做出输出可调的线性稳压电路。并联电容可以改善输出电压的质量。限流电阻 R_3 的作用是把流过 TL431 的电流限制在 $1\sim100mA$ 的范围内。限流电阻的阻值与电流计算公式与稳压管电路的相似，假设流过限流电阻 R_3 的电流为 I，则：

$$I = \frac{V_{CC}-V_O}{R_3}$$

如果电路无须带负载，如作为参考电压，则 R_3 的阻值可以大一些；如果负载需要较大电流，则流过限流电阻的电流=流过稳压管的电流+流过负载的电流，限流电阻上的相当一部分电流会以发热的形式白白浪费掉。

4. 改进 TL431 稳压电路

通过以上分析，可以看出 TL431 输出的电压是比较稳定的。但是限流电阻要接在 V_{CC} 与输出电压 V_O 之间，负载需要的电流也需要流过限流电阻。其实 TL431 只需要 $1mA$ 的电流就能工作，不需要限流电阻提供太大的电流，毕竟电流经过限流电阻要"交过路费"，转为热能浪费掉。

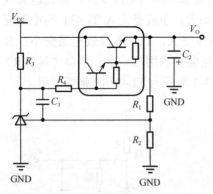

三极管是用小电流控制大电流的器件。三极管串联可以形成达林顿管，它比单管拥有更大的放大倍数。将流过限流电阻的电流作为控制信号，来控制流过达林顿管的电流，可以减少限流电阻上的能量浪费，可以改进 TL431 稳压电路。如图 5-3-5 所示改进后的 TL431 稳压电路。

如果电路带的负载阻值突然变小，由于输出端无法提供足够的电流，所以输出电压 V_O 会降低，导致 TL431 参考端电压降低，TL431 的等效电阻变大，所以达林顿管的基极电压上升，基极电流变大。基极电流变大会导致集电极电流变大上万倍，所以瞬间为电

图 5-3-5 改进后的 TL431 稳压电路

路的输出端提供了足够的电流，保证了输出电压 V_O 相对稳定。

没有大电流经过限流电阻，所以限流电阻的阻值可以大一些，此处取 $1k\Omega$，在输出

电压为 3~9V 的时候可以为 TL431 提供 3~9mA 的电流，足够 TL431 使用。

 任务实训

 教学视频

任务四 开关电源升压电路

 学习目标

1. 进一步理解开关电源与线性电源的区别。
2. 掌握 Boost 升压变换器的原理，理解集成稳压芯片的工作原理与用法。
3. 了解电荷泵的概念，理解电荷泵实现负压输出及倍压输出的电路原理。

 任务描述

龚老师：小典，我来考一考你，线性稳压电源，能不能实现升压？

小典：让我想一下。应该不能吧？因为输出的电压与输入的电压之间，要么有电阻，要么有达林顿管，所以输出电压会低于输入电压的。

龚老师：你说得对，线性稳压电源只能用于降压的场合。那你猜一猜，用什么电路能够实现升压呢？

小典：当时您讲线性电源的时候，是对比开关电源来讲的。那么，开关电源肯定是能够实现升压的。虽然我不知道为什么。

龚老师：你可真是个小机灵鬼，开关电源既可以升压，又可以降压。今天我们用一个集成稳压芯片，实现直流 5V 转 12V 的升压电路。学完今天的课程，你就知道为什么开关电源可以升压了。

 实训环境

● 开关电源升压电路板。
● 5V 电源适配器（type-c 接口）。
● 直流稳压可调电源。
● 万用表。
● 示波器。
● 负载测试板。

任务设计

任务1：安全上电。

任务2：使用开关电源电路实现升压。

任务3：使用电荷泵电路实现负压输出与倍压输出。

知识准备

开关电源是利用现代电力电子技术，控制开关管开通和关断的时间比率，维持稳定输出电压的一种电源，开关电源一般由脉冲宽度调制（PWM）控制芯片和开关管构成。随着电力电子技术的发展和创新，使得开关电源技术也在不断地创新。目前，开关电源以小型、轻量和高效率的特点被广泛应用于几乎所有的电子设备，是当今电子信息产业飞速发展不可缺少的一种电源方式。

在"线性稳压电路"章节，我们已经学过了线性电源的应用，知道它的主要缺点是，发热严重，效率不高。功能上也只能实现降压。所以本次任务的重点，在于理解开关电源为什么效率高，如何实现升压，以及开关电压有哪些缺点。

1. 开关电源与线性电源

开关电源通过控制某个器件的通断时间实现稳压，这个器件通常是具备开关功能的

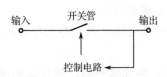

图 5-4-1 开关电源的基本原理

晶体管，如三极管、达林顿管或场效应管。电路从输出电压引入负反馈，如果输出电压上升，控制电路就降低开关导通时间的比例，从而使输出电压降低；如果输出电压太低，就增加开关导通时间的比例，从而使电压升高。这就是开关电源的基本原理，如图 5-4-1 所示。

根据改进后的 TL431 稳压电路可知，由于流入 TL431 的电流很小，假如把它忽略，可以认为，线性稳压电源的输入电流与输出电流相等，即线性稳压电源是"恒电流"的。则线性稳压电路自身的发热功率为：

$$P = (V_o - V_i) \times I$$

当输入电压与输出电压相差比较小的时候，如 5V 转 3.3V，浪费掉 34%（1.7/5）的能量。如果输入电压与输出电压差别比较大，如 12V 转 5V，那么将浪费掉 58%（7/12）的能量，由此带来的发热问题更是不可忽视。

开关管与控制电路自身的能量消耗很小，理想状态下效率几乎能达到 100%（优秀的开关电源效率可以达到 90% 以上）。因此可以认为，开关电源是"恒功率"的。

从开关电源的原理也可以看出，如果从输入到输出除了开关管，没有其他元器件，那么输出的电压要么是最大值，要么是 0，波动太大，不能直接使用，需要储能元件如电感与电容，进行滤波，让输出的电压波形尽可能平缓。

2. Boost 升压变换器

如果一节电池是 1.5V，那么 2 节电池串联起来就有 3V。Boost 升压变换器的原理，就是把储能元件电感，作为"间歇性电源"，与输入电源串联起来，实现升压。如图 5-4-2

用**微课**学

所示为 Boost 升压变换器。

当开关管 Q 导通（闭合）的时候，输入电压对电感充电。电容放电维持输出电压，随着电容内储存的电荷越来越少，输出电压也在缓慢降低。输入电流的回路是：输入电压 V_{in}→电感 L→开关管 Q。

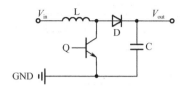

图 5-4-2　Boost 升压变换器

当开关管 Q 断开的时候，电感 L 会放电，来维持电流的流动。此时电感可以认为是一个临时的电源，输入电压 V_{in} 与电感 L 串联起来，一起为电容 C 充电。就像 2 节电池串联电压升高一样，V_{in} 与 L 串联起来，电压会高于 V_{in}，因此输出的电压 V_{out} 会高于输入的电压 V_{in}。电流的回路是：输入电压 V_{in} 与电感 L→二极管 D→电容 C→输出电压 V_{out}。要注意电感只是个临时的电源，随着电感放电，电感上的电压也越来越低。$V_{out} > V_{in}$ 能够持续的时间也是很短的，必须在电感上的电压低于某个值之前，再次给电感充电。

可以看出，控制 Q 导通的时间，就可以控制输出电压。如果在一个周期内，Q 导通的时间为 T_{on}，Q 关断的时间为 T_{off}，忽略器件上的损耗，（根据电感的伏秒平衡可知）输出电压与输入电压的关系：

$$V_{out} = V_{in} \times \left(1 + \frac{T_{on}}{T_{off}} \right)$$

输出电压取决于电容中储存的电荷量，在电感为电容充电的期间，输出电压上升；其他时间，电容为负载提供电流，输出电压下降。所以，输出电压必然存在波动，不如线性稳压电源纹波小。如图 5-4-3 所示为输出电压与开关管波形对比图。

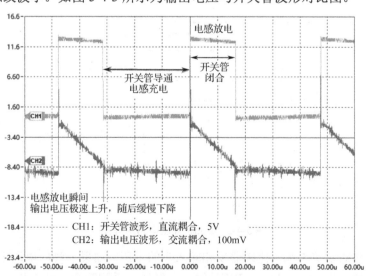

图 5-4-3　输出电压与开关管波形对比图

3. Boost 升压电路

如图 5-4-4 所示，MC34063 是一片集成的 DC-DC 电压转换器。它内置了振荡器、驱动器以及大电流的输出开关，可用作升压、降压或者逆变开关稳压器。

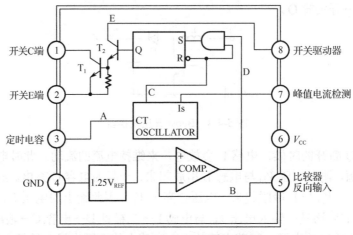

图 5-4-4　MC34063 功能框图

它的 1、2 脚就是开关管的两端。可以看出 MC34063 内部的开关管是达林顿管，它与单个三极管原理类似，但拥有更大的放大倍数。

3 脚外接电容，用于控制振荡器的频率。

4 脚与 6 脚分别接 GND 与 V_{CC}，用于供电。

7 脚与 8 脚用于保护，暂不关注。

5 脚接比较器的反向输入端。芯片内部有 1.25V 的参考电源与比较器，通过外部负反馈电路，可以保持 5 脚的电压始终为 1.25V。所以 5 脚常常外接采样电路，用于检测输出电压是否达到设定值。它与 TL431 的参考端作用类似。如图 5-4-5 所示为 Boost 升压电路原理图。

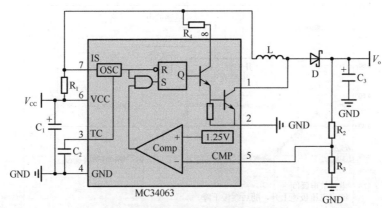

图 5-4-5　Boost 升压电路原理图

输出电压将影响第 5 脚"比较器反相输入"的电压。如果 5 脚的电压小于 1.25V，芯片内部的比较器、振荡器、与门、RS 触发器会经过一系列配合，使 1 脚与 2 脚断开，电感放电，输入电压与电感为电容充电，提高输出电压。如果 5 脚的电压大于 1.25V，1 脚与 2 脚闭合，为电感充电。电容为负载供电，输出电压逐渐下降。可见，为采样电路选择合适的分压电阻可以确定输出电压的值。

$$V_o = 1.25 \times \left(1 + \frac{R_2}{R_3}\right)$$

电路中其他器件的值均可查阅数据手册。为了进一步提升输出电源的质量，输出端还可以增加 LC 滤波电路。

4. 电荷泵倍压输出电路

如图 5-4-6 所示，电荷泵，也称为开关电容式电压变换器，它通过电容对电荷的积累效应而产生高压，使电流逆势由低电势流向高电势。

其中 V_{CC} 是固定的，V_{in} 是高低变化的参考电压。当 V_{in} 为低电平时（为了简便起见，认为低电平就是 0V，实际上可以不是 0V），T_1 测试点的电压 V_{T1} 是 V_{CC}（为了简便起见，忽略二极管

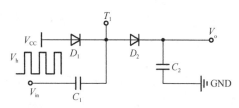

图 5-4-6　电荷泵倍压输出电路

的压降）；当 V_{in} 为高电平 V_h 时，由于电容两端电压不会突变，所以对于电容 C_1 来说，左右两端的电压差仍是 V_{CC}，左侧变为 V_h 以后，右侧 V_{T1} 就变为了 $V_{CC}+V_h$。V_{T1} 通过 D_2 为 C_2 进行充电，输出电压 V_o 从 C_2 上取出，所以 V_o 的值将会介于 V_{CC} 与 $V_{CC}+V_h$ 之间，并且受 V_{in} 的频率与有效值（可以理解为高电平持续时间的比例）影响。

如图 5-4-7，形象地来说，可以把这个传递电荷的电容 C_1 看成是"装了电荷的水桶"。从一个大水箱 V_{CC} 把这个桶接满，关闭水龙头（D_1 使电流单向流动），然后水桶抬起来（V_{in} 从低电平变为高电平，T_1 电压被抬升），倒进另一个水桶 C_2（T_1 到 C_2 由于 D_2 的存在，也是单向流动）。由于 C_2 的电压是高于 V_{CC} 的，所以 C_1 的存在相当于"泵"，把电荷从低电势搬运到高电势，所以这个电路可以形象地称为电荷泵。让输出电压翻倍的电路，可以称为电荷泵的倍压电路。

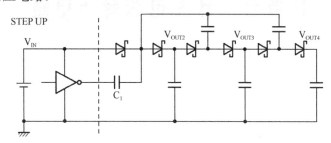

图 5-4-7　多级电荷泵串联的升压电路

电荷泵的倍压电路可以进行多级串联。设每个肖特基二极管的正向电压为 V_F，那么 N 倍的输出电压可以表示为：

$$V_{OUT(N)} = V_{IN} \times N - V_F \times 2(N-1)$$

5. 电荷泵负压输出电路

参考图 5-4-6 所示电荷泵倍压输出电路，把参考电压由 V_{CC} 改为 GND，同时改变二极管的方向，即可得到如图 5-4-8 所示电荷泵负压输出电路。

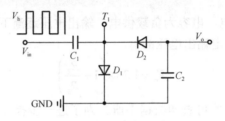

图 5-4-8　电荷泵负压输出电路

当 V_{in} 为高电平 V_h 时，T_1 测试点的电压 V_{T1} 是 GND（为了简便起见，忽略二极管的压降），V_{in} 为电容 C_1 充电，使 C_1 左右两端的电压差为 V_h。充电电流通过 D_1 到达 GND，同时也会使 C_2 储存一些电荷；当 V_{in} 为低电平时，由于电容两端电压不会突变，所以对于电容 C_1 来说，左右两端的电压差仍是 V_h，左侧变为低电平以后，右侧 V_{T1} 等于 $-V_h$。

此时，输出电流的方向是从 V_o 到 T_1，忽略 D_2 上的压降，V_o 的值将会介于 $-V_h$ 与 0 之间，实现了负压输出，并且受 V_{in} 频率与有效值影响。

以上分析中忽略了二极管的压降，实际应用中为了减小二极管压降的影响，选用了压降较低的肖特基二极管。可以看出，不论是倍压还是负压，输出电压都依赖于输出电容储存的能量，所以电荷泵电路一般不用于大电流电路，只提供几毫安的电流，如应用于 DC/DC 转换器辅助电压输出。

  任务实训

  教学视频

任务五　开关电源降压电路

 学习目标

1. 掌握 Buck 降压电路的工作原理。
2. 完成 DC-DC 降压电路的设计。
3. 理解反相 Buck-Boost 电路的原理。

 任务描述

小典：龚老师，您之前提到过，开关电源既可以升压，又可以降压。咱们学过了升压电路，那么降压电路应该是什么样子的呢？

龚老师：开关电源降压电路，与开关电源升压电路功能正好相反。今天我们仍然使用 MC34063 芯片，来设计一个 DC-DC 降压电路。

小典：好像还是上一节课用到的芯片。

龚老师：不光芯片不换，元器件的类型也不换，只是换一下连接方式，就能实现降压。专业的说法为变换拓扑结构，从 Boost 变为 Buck。目标仍然是直流 12V 转 5V。

小典：跟线性稳压电路的目标是一样的，都是 12V 转 15V，这个 Buck 电路，跟线性稳压电源相比有什么区别呢？

龚老师：这个问题，等你学完这节课以后，你来告诉我答案。

实训环境

● 开关电源降压电路板。
● 5V 电源适配器（type-c 接口）。
● 直流稳压可调电源。
● 万用表、示波器。
● 负载测试板。

任务设计

任务 1：安全上电。

任务 2：调整出不同的输出电压，计算电路带 100Ω 负载时的效率。

任务 3：观察输出电压的波形。

知识准备

Buck 变换器是开关电源基本拓扑结构的一种，Buck 变换器又称为降压变换器，是一种对输入电压进行降压变换的直流斩波器，其输出电压低于输入电压。

1. Buck 变换器

如图 5-5-1 所示，Buck 变换器与 Boost 变换器使用的元器件完全一样，只不过连接方式不太一样。Buck 电路是正激类型，在开关管导通的时候，能量可以传递到输出端。

当开关管 Q 导通时，储能电感 L 充电，由 V_{in} 提供的电流为电容 C 充电。电容 C 维持着输出电压。电流方向如图 5-5-2 所示。此时续流二极管 D 不工作。此时可以认为电容与电感组成了 LC 滤波电路。

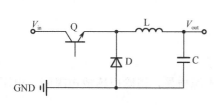

图 5-5-1　Buck 变换器原理图

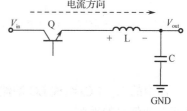

图 5-5-2　开关管导通时的等效电路

当开关管断开的时候，储能电感通过续流二极管放电。电感在自身电压高于电容时为电容 C 充电。电容 C 维持着输出电压，随着电容自身电荷量的减小，输出电压也会逐

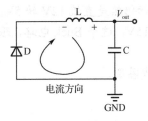

渐降低。电路需要保证在电感与电容的电压低于某个值之前，就重新为电感充电，因此要求开关管的频率要高一点。电流方向如图 5-5-3 所示。

续流二极管可采用正向导通电压较低的肖特基二极管，以减小损耗。也可以使用 MOS 管代替续流二极管，进一步降低损耗。如果续流二极管接反，那么在开关管导通的时候，相当于用续流二极管把 V_{CC} 与 GND 短路了，很有可能烧坏器件，必须避免出现这种

图 5-5-3　开关管断开时的等效电路

情况。如果续流二极管缺失，电感放电时可能会强迫开关管导通，损坏开关管；在不带负载的时候，电路的输出电压可能是正常的；在带负载的情况下，电压会下降特别快，电路纹波很大。

2. Buck 降压电路

继续使用 MC34063 芯片来实现 Buck 降压电路，如图 5-5-4 所示。与 Boost 升压电路类似，Buck 降压电路也需要 5 脚外接采样电路，用于检测输出电压是否达到设定值。

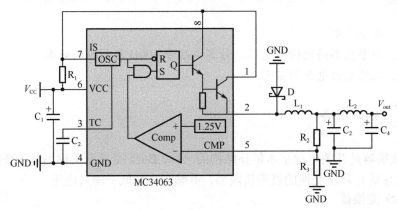

图 5-5-4　Buck 降压电路原理图

输出电压将影响第 5 脚"比较器反相输入"的电压。如果 5 脚的电压小于 1.25V，芯片内部的比较器、振荡器、与门、RS 触发器会经过一系列配合，使 1 脚与 2 脚断开，电感放电，为电容充电。电容储存的电荷维持输出电压，所以输出电压会降低。如果 5 脚的电压大于 1.25V，1 脚与 2 脚闭合，为电感与电容充电。可见，为采样电路选择合适的分压电阻可以确定输出电压的值。

$$V_{out} = 1.25 \times \left(1 + \frac{R_2}{R_3}\right)$$

图中的 L_2 与 C_4 组成 LC 滤波电路，目的是提高电源质量，消除电感放电瞬间，电压急速上升带来的毛刺。

3. 反相 Buck 变换器

反相 Buck 变换器的英文是"Inverting Buck-Boost"，直译过来应该是反相降压-升压

变换器，在此处只讨论降压使用，为了不引起歧义，称为反相 Buck 变换器。

Buck 变换器是开关电源基本拓扑结构的一种，在此基础上增加负压输出的功能，甚至比电荷泵电路还要简单，只需把电感与二极管交换位置即可。

如图 5-5-5 所示，当开关管 Q 导通时，储能电感 L 充电，分析电感这一支路，电流方向为从上到下；当开关管 Q 断开时，电感放电维持从上到下的电流，电感相当于电源，自身的极性是"上负下正"，电流经过电容 C 与续流二极管 D 回到电感，即电感放电为电容 C 充电。当开关管 Q 再次导通时，电感再次充电，电容 C 中储存的电荷维持输出电压。

从结构上来看，好像是储能电感与续流二极管位置变换了。其实还有更好的理解方法：只是参考点变了。如图 5-5-6 所示，电路输出的结果是输出电容有 5V 的压差，"上大下小"。Buck 变换器把 T_2 点作为 0V 的参考点，所以 T_1 点有 5V 的输出；反相 Buck 变换器以 T_1 为 0V 的参考点，所以 T_2 点是-5V 的输出。

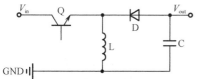

图 5-5-5　反相 Buck 变换器　　　图 5-5-6　参考点不同对 Buck 电路的影响

需要注意开关管最大耐压值的问题。Buck 变换器中开关管承受的最大电压是 V_{CC}，反相 Buck 变换器中开关管承受的最大电压是 $V_{CC}+V_{out}$。

如图 5-5-7 所示为反相 Buck 电路原理图。使用 Buck 电路的原理实现 DC-DC 降压电路的芯片有很多种，应当根据实际的需求来选择更加合适的芯片。

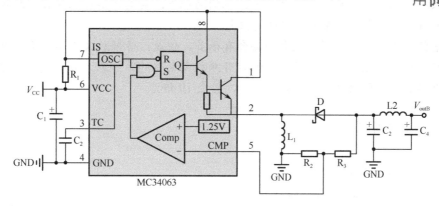

图 5-5-7　反相 Buck 电路原理图

任务六 共射极放大电路

 学习目标

1. 理解共射极放大电路的工作原理，学会区分直流通路与交流通路。

2. 了解每一个电阻参数的确定方法，同时会计算共射极放大电路的放大倍数，并设置静态工作点。

3. 对电容的容抗建立直观理解。

4. 如果实验中遇到故障，要通过分析来解决故障。

 任务描述

龚老师：小典，你能不能回忆一下，生活中哪些场合用到了电流的放大？

小典：我还不太清楚呢，我知道三极管是放大电流的器件，按理说使用了三极管的地方都可能用到了电流的放大。但是电流好像不是那么直观，哪些场合是电流的放大呢？

龚老师：有些时候，会把别的物理量先转换为电信号，例如把声音转化为电流，声音越大，电流越大。然后放大电流，再把电流转换为声音，这就实现了声音的放大了。现在你想一想，那些场合用到了声音的放大呢？

小典：好像挺多的。例如菜市场的阿姨通过扩音器叫卖；歌星在很大的场馆开演唱会，如果没有话筒与音响，观众就听不到他们的歌声；龚老师讲课很辛苦，经常嗓子不舒服，有时讲课也会用麦克风，这也是放大。

龚老师：很好，需要声音放大的场合有很多，但是，音频放大并不简单，至少需要两个电路组合起来应用，今天要学习的是音频放大电路的第一级：共射极放大电路。通过这个电路能把波形的输入幅值放大 5 倍，甚至 10 倍。

 实训环境

● 共射极放大电路板。

● 5V 电源适配器（type-c 接口）。

● 直流稳压可调电源。

● 万用表、示波器。

● 波形发生器。

 任务设计

任务 1：安全上电。

任务2：调整电位器，让三极管理论上实现5倍放大，记录三极管此时的工作状态。

任务3：把实际放大倍数调整为5倍，记录三极管此时的工作状态，并对比理论和实际的差距。通过前后波形对比观察耦合电容、发射结、三极管各自的作用。

*任务4：理解阻抗的概念，尝试把波形放大10倍。

 知识准备

共射极放大电路是一种基本的三极管放大电路，其原理图如图5-6-1所示。算出电路中的4个电阻的阻值，是任务的关键。

1. 直流通路与交流通路

三极管工作，需要电源提供直流电压，而需要放大的输入信号，则是交流的信号。直流信号与交流信号叠加，难以分析不同信号的作用。为了研究问题方便，需要把直流通路与交流通路分开。

直流通路，顾名思义指的是直流电流流经的通路，用于研究静态工作点。由于电容具有"隔直通交"的作用，所以在分析直流通路的时候，认为电容开路。如图5-6-2所示为共射极放大电路直流通路。

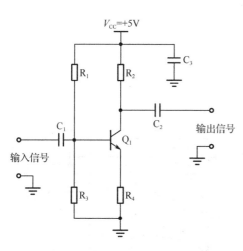

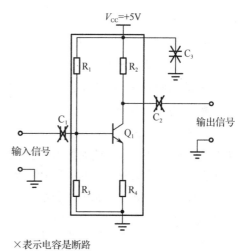

图5-6-1 共射极放大电路原理图　　　　图5-6-2 共射极放大电路直流通路

交流通路，是交流的输入信号流经的通路，用于研究动态参数。（容值合适的）电容可以视为短路。V_{CC} 与 GND 直接也视为短路。发射结导通以后，对于交流信号的阻抗可以忽略不计，故也视为短路。如图5-6-3所示为共射极放大电路交流通路。

可以看出：直流通路对于交流的输入信号没有影响，它只用于确保三极管处于合适的工作状态；信号在输出之前，经过了 C_2，导致直流成分全部被"阻挡"，只有交流部分能输出。即静态工作点看直流通路，交流信号路径看交流通路。

一般来说，习惯上把表示直流的物理量用大写字母表示，把表示交流的物理量用小写字母表示。如用 I_B 表示基极电流的直流分量，用 i_b 表示基极电流的交流分量。

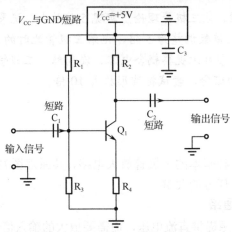

图 5-6-3　共射极放大电路交流通路

2. 静态工作点

静态工作点，是指三极管放大电路在电源供应正常，输入信号为零时，三极管引脚的电流及电压的状态。静态工作点的所有物理量，都用一个下标 Q 来表达（quiescent，静止）。例如，在静态工作时常用的几个物理量可以表示为：

- 静态时基极电流：I_{BQ}
- 静态时集电极电流：I_{CQ}
- 静态时基极与发射极电压（发射结压降）：U_{BEQ}
- 静态时管压降：U_{CEQ}

从理论上来讲集电极电流 $i_C = \beta i_B$，但前提条件是三极管要处于"放大区"：三极管的发射结正偏，集电结反偏，即 $u_{BE} > 0.6V$，$u_{CE} \geqslant u_{BE}$。例如，对于本节使用的 9014 三极管，观察其特性曲线如图 5-6-4 所示，可以发现在有些区域内，i_C 的变化量只取决于 i_B 的变化量，跟 u_{CE} 没有关系，也就是说，i_B 对 i_C 有控制作用。

输入信号的变化将导致基极电压的变化。交直流叠加状态下，发射结压降 $u_{BE} = U_{BEQ} + V_b$，注意，由于输入的是交流信号，所以 V_b 可能是正的，也可能是负的。如果 U_{BEQ} 取值过小，可能会导致某个时刻 $U_{BEQ} + V_b < 0.6V$，发射结不

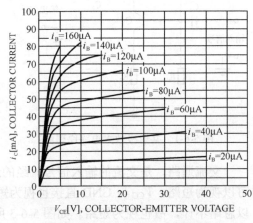

图 5-6-4　9014 三极管的特性曲线

导通，三极管进入截止区；如果 U_{BEQ} 取值过大，可能会导致某个时刻基极电流过大，发射极电流达不到基极电流的 β 倍，三极管进入饱和区。

3. 放大倍数的计算

当三极管处于放大状态时，分析交流通路：如果基极电流 i_b 发生变化，集电极电流

的变化量 $\Delta i_c = \beta\Delta i_b$。$\beta$ 可能是几十到几百的数值，它与三极管的型号与实际工作的状态有关。所以 i_c 比 i_b "大得多"。为了方便计算，常常忽略 i_b。此时三极管的放大倍数可以表示为：

$$A_v = \frac{R_C}{R_E}$$

想了解这个公式的推导过程，可以参考配套的视频讲解。对应我们的电路图就是：
$A_v = \frac{R_2}{R_4}$，如果想实现 5 倍的放大，只需要 R_2 是 R_4 的 5 倍。

当然，由于忽略了 i_b，由此公式计算出来的放大倍数并不精确。而真实的放大倍数也要考虑电阻的精度，以及三极管的输入阻抗。此电路的真实的放大倍数要依赖于实测，理论与实践的差距不可忽略。

用微课学

4. 共射极放大电路直流电位分析

如图 5-6-5 所示电路，在分析直流电位中，不难得出以下结论：

三极管基极的电位 V_B 由 R_1 与 R_3 的值决定，它们两个串联在 V_{CC} 与 GND 之间，利用串联电路电流处处相等的关系，可知：

$$\frac{V_B}{R_3} = \frac{V_{CC}}{R_1 + R_3}$$

基极的电压比发射极的电压高 0.6V，即 $V_E \approx V_B - 0.6$，若令 $V_B = 1.1V$，可得 R_1 与 R_3 的比例大致为 3.9/1，可取 R_1 为 39kΩ，R_3 为 10kΩ。

R_2 上的电位 V_C 是 R_4 上电位 V_E 的 5 倍，若取流过集电极的电流为 1mA，可以取 $R_4=470\Omega$，$R_2=2.4k\Omega$。

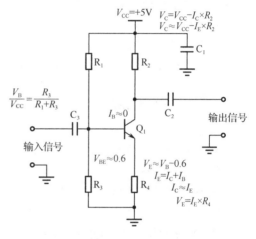

图 5-6-5　共射极放大电路直流电位与电阻值

任务实训

教学视频

任务七　射极跟随电路

学习目标

1. 从设计的角度思考射极跟随电路的原理，理清与共射极放大电路的区别。
2. 理解如何区分所谓的"共射"与"共集"电路。

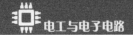

3. 强化对输入阻抗和输出阻抗的理解，并建立感性认知。
4. 理解电容的充放电对于实验现象的影响。

 任务描述

用微课学

小典：龚老师，上一节课您说要学习音频放大电路的第一级：共射极放大电路。那音频放大电路的第二级是什么呢？

龚老师：别着急，你先告诉我，既然共射极放大电路已经可以把电压放大 5 倍、10 倍，为什么还需要第二级呢？提示一下，扬声器的电阻一般只有几欧姆到几十欧姆。

小典：共射极放大电路虽然能够实现电压放大，但是由于输出阻抗较大，导致输出电流能力不足。扬声器的电阻这么小，那么共射极放大电路肯定没办法提供足够的电流，应该就是带不动扬声器。

龚老师：你说的很对。因此还需要学习音频放大电路的第二级：射极跟随电路。通过此电路，提升音频放大电路的带负载能力。我们仍然输入 1kHz，500mV（500 毫伏峰峰值）的正弦波，但要输出足够的电流，能够带个蜂鸣器，播放音乐玩一玩。

 实训环境

● 射极跟随电路板。
● 测试负载板。
● 音频设备板（任务设计用）。
● 直流稳压可调电源。
● 5V 电源适配器（type-c 接口）。
● 万用表、示波器、波形发生器。
● 两根不同颜色的双头鳄鱼夹线。

 任务设计

任务 1：安全上电。
任务 2：调整输入信号，使电路板实际输入信号为 500mV，观察关键测试点的波形。
任务 3：观察空载与带负载的波形。
*任务 4：加重负载，观察失真波形；连接蜂鸣器，让蜂鸣器发出不同的音调。

 知识准备

本次课程要求从"设计的角度"出发，思考射极跟随电路的原理。可以联系共射极放大电路的知识，慢慢过渡到射极跟随电路。

1. 输出阻抗的优化

用微课学

在上一节，提到过共射极放大电路的输出阻抗是 R_2（更通用的写法应该是 R_c）。推导这个结论的过程较复杂，会用到等效电路法，并用诺顿定理将放大电路的输出回路等效变换为有内阻的电压源。纯理论的推导比较复杂，但是经过实际测量，也能得到相同的结论。故在此略去过程，给出输出阻抗的测量电路。改变测量电路中，负载电阻R_L的值，同样可以得出此结论：共射极放大电路的输出阻抗是R_C，如图 5-7-1 所示。

不难理解对于多数放大电路说，输出阻抗应该小一点。分析共射极放大电路原理图（图 5-6-1），然而如果 R_2 的值小一点，要保证放大倍数的话，R_4 的值就应该也小一点。R_2 的值与 R_4 的值都变小一点，那么电流 I_C 又会变得很大，导致三极管的功耗变大。所以对于共射极放大电路来说，输出阻抗大这个问题并不容易解决。

共射极放大电路发射极电位只由基极电位决定（$V_E = V_B - V_{ON}$，$V_{ON} \approx 0.6V$），与电阻 R_E 无关。如果从发射极引出输出信号，输出信号的电压当然也与电阻 R_E 无关，所以 R_E 肯定不是输出电阻。从交流的角度来看，相当于负载电阻 R_L 并联接在发射极电阻 R_E 上，输入信号几乎无损到达了输出信号，因此可以认为，射极跟随电路的输出阻抗几乎是 0。当然，严格来说，是有阻抗的，比如发射结内部交流等效电阻，输出耦合电容也有一定的阻抗，只不过由于太小，都被忽略了而已，如图 5-7-2 所示。

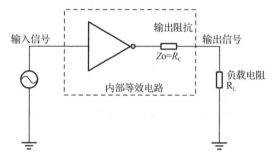

图 5-7-1　共射极放大电路输出阻抗的测量电路

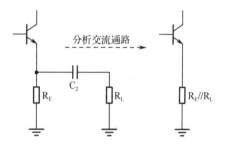

图 5-7-2　射极跟随电路的输出电阻

2. 从共射到共集

将共射极放大电路的输出信号从集电极改到了发射极，集电极电阻 R_C 其实已经没有用了，可以去掉。由此可得如图 5-7-3 所示射极跟随电路的原理图。

此时电路已经变成了共集电极。所谓"共射""共集"，都是在分析交流通路的时候，观察输入信号与输出信号，如果共用三极管的 X 极，就被称为"共 X 极"电路。由于三极管常用作放大功能，所以有时连起来称为"共 X 极"放大电路，如图 5-7-4 所示为共射极放大电路交流通路。

从图 5-7-5 所示电路中不难看出，射极跟随电路，其实就是共集电极电路。由于输出电压由发射极引出，所以也称为射极输出器。由于此电路有电压跟随的特点，所以又被称为射极跟随器，或者射极跟随电路。

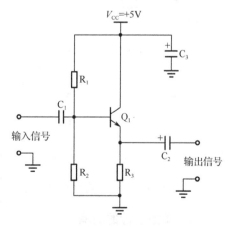

图 5-7-3　射极跟随电路的原理图

127

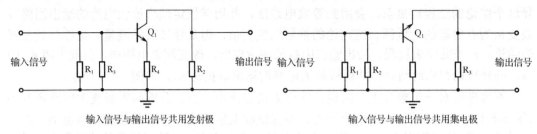

图 5-7-4　共射极放大电路交流通路　　　　图 5-7-5　射极跟随电路交流通路

共射和共集电路都见识了，可想而知还会有共基电路，如图 5-7-6 所示。

3. 直流电位分析

根据设计要求，要确定直流电位与电阻的取值。射极跟随电路，预期的最大输出为 $\pm2.5\text{mA}$（$1\text{k}\Omega$）。如果希望从发射极电流 I_E 上能够取出 2.5mA 的电流，则 I_E 肯定要大于 2.5mA，此处取值为 10mA。

为了得到尽可能大的输出电压幅度，可以把发射极电位 V_E 设定为电源电压的一半，也就是 2.5V 左右。由此可以算出电阻 R_3 的阻值为 250Ω，取标称为 240Ω，则 V_E 大约为 2.4V，基极电位 V_B 大约为 3V。

假设三极管的 h_{FE} 大约为 100（选择三极管的型号以后，可以通过数据手册查到 h_{FE} 的范围），那么基极电流大约为集电极电流除以 100，取 I_B 为 0.1mA，偏置电路的电流要比基极电流"大得多"，取偏置电路的电流为 1mA，已知 V_{CC} 为 5V，所以偏置电路的总电阻为 $5\text{k}\Omega$。结合基极电位 V_B 大约为 3V，可得 $R_1=2\text{k}\Omega$，$R_2=3\text{k}\Omega$。R_1 与 R_2 并联就是输入阻抗，此时输入阻抗为 $1.2\text{k}\Omega$，如图 5-7-7 所示。

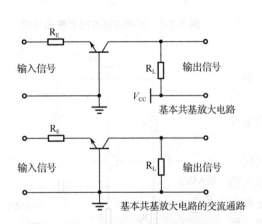

图 5-7-6　共基电路与交流通路

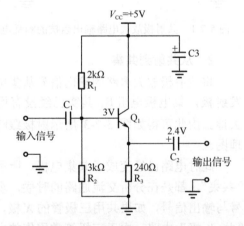

图 5-7-7　射极跟随电路推荐阻值

4. 参数设计的困境

使用射极跟随电路要关注带负载的能力，但是如果设计参数选取不当，可能反而导致带负载能力下降。图 5-7-8 所示为在放大电路参数设计中，遇到的困境。

用微课学

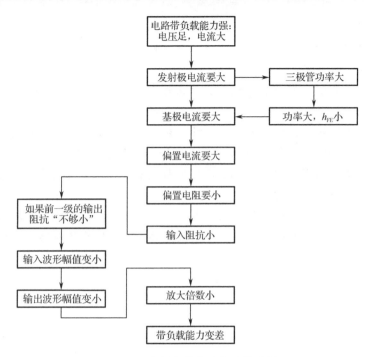

图 5-7-8　参数与带负载能力的分析

任务实训

教学视频

任务八　晶体管负反馈放大电路

学习目标

1. 理解负反馈调节的原理，及开环增益与反馈率的概念。
2. 理解在共射极放大电路的基础上，改进得到负反馈放大电路的过程。
3. 掌握放大倍数的调节方法。

任务描述

用微课学

龚老师：小典，我考考你，一个三极管最大能够放大多少倍呢？

小典：您这个问题可难不倒我，一个三极管放大倍数理论上最大能达到自身的 h_{FE}，也称为 β 值，这个值可以在数据手册中查到范围，用万用表也能测。这些可都是以前学

过的知识。

龚老师：很好，你对以前的知识掌握得非常好。我再考考你，如果单个三极管的放大倍数不够，该怎么办呢？

小典：以前提到过，有个达，达什么管来着，就是三极管的串联，它比单管拥有更大的放大倍数。

龚老师：达林顿管，它就是三极管串联，串联后的放大倍数是各级放大倍数的乘积，如果第一级放大了 100 倍，第二级放大了 200 倍，那么总的放大倍数就是 20000 倍。接下来问题来了，如何准确控制放大的倍数呢？你现在应该还不知道具体的公式，但是根据以前的知识能够猜出个方向来。

小典：这个，应该跟共射极放大电路类似吧，某些电阻的比值能够决定放大倍数。

龚老师：对，我们今天就来学习下，到底是哪些电阻的比值能够决定放大倍数。

 实训环境

● 三极管负反馈放大电路板。
● 测试负载板。
● 直流稳压可调电源。
● 5V 电源适配器（type-c 接口）。
● 万用表、示波器、波形发生器。
● 两根不同颜色的双头鳄鱼夹线。

 任务设计

任务 1：安全上电。
任务 2：将第一级与第二级断开，调整第一级的放大倍数为几十倍。
任务 3：将总的放大倍数调整为 100 倍，测量电路带负载时的输出信号。
*任务 4：计算出实际的输出阻抗，尝试调节出 200 倍的放大倍数。

 知识准备

串联放大器电路的频率特性很差，且噪声是每个放大器的噪声之和，所以一般情况下，会在电路中加入负反馈。负反馈以降低放大倍数为代价，目的是改善放大电路的工作性能，如稳定放大倍数、减少非线性失真、减小输出阻抗等。负反馈在电子电路中有着非常广泛的应用，如图 5-8-1 所示。

本节的电路是在共射极放大电路的基础上改进而来的，在第一级使用了改良的共射极放大电路，第二级使用 PNP 型三极管组成的共射极放大电路，两级串联，并且增加了反馈回路，形成此负反馈放大电路。

1. 共射极放大电路的改良

共射极放大电路的放大倍数，大致等于集电极电阻与发射极电阻的比值。

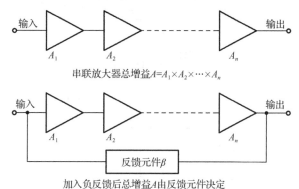

图 5-8-1 串联放大器与加入负反馈

$$A_v = \frac{R_C}{R_E}$$

在电源电压与三极管确定以后，制约放大倍数提升的主要因素就是集电极电阻与发射极电阻自身的压降了。如果想实现 100 倍的放大，那么集电极电阻上的电压 V_{RC} 就是发射极电阻电压 V_{RE} 的 100 倍。而发射极电阻的电压 V_{RE} 就是三极管发射极的电压 V_E，考虑到稳定性，这个电压也不能太小（三极管受温度影响时，工作特性会有一些变化，发射极电压要有一定的裕量）。提高放大倍数需要 V_E 小一点，三极管的稳定工作又不能让 V_E 太小，两者相互矛盾，如图 5-8-2 所示。

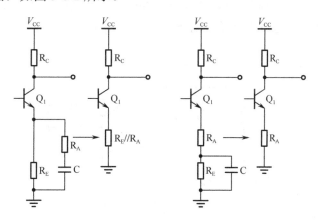

图 5-8-2 共射极放大电路提高交流增益的方法

有没有解决办法呢？放大倍数是交流的增益，三极管稳定工作依赖于直流的静态工作点，从交直流通路的角度考虑，可以找到既不破坏直流电位关系，又提高交流增益的方法。例如，使用电容 C 与 R_A 串联，再用串联支路与 R_E 并联。分析直流通路时，电容 C 与 R_A 的串联不用考虑；分析交流通路时，可认为电容 C 是断路，放大倍数就是 R_C 比上 R_E 并联 R_A。也可以在发射极与 GND 之间串联两个电阻 R_C 与 R_E，使用电容与 R_E 并联，那么放大倍数就是 R_C / R_A。

如图 5-8-3 所示电路为负反馈放大电路的第一级，分析交流通路，得到理论放大倍数为 R_2/R_5=100 倍；分析直流通路，可知 R_7 与 R_5 共同决定了的发射极电压。

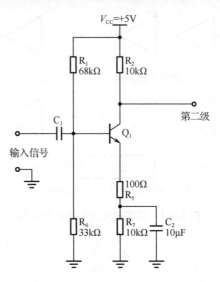

图 5-8-3　负反馈放大电路的第一级

2. 负反馈放大电路的第二级

　　放大电路的每一级都要尽可能提高放大倍数。对于负反馈放大电路的第二级，可以让电路的放大倍数接近于三极管自身的放大倍数。由于负反馈放大电路的放大倍数不依赖于某一级的放大倍数，所以此处无须考虑第二级放大的稳定性问题。可以直接用电容把发射极电阻 R_3 "交流短路"：分析直流通路的时候，通过电阻 R_2、R_3、R_8，确定 Q_2 的静态工作点；分析交流通路的时候，无视发射极电阻 R_3，以保证放大倍数尽可能的大，如图 5-8-4 所示。

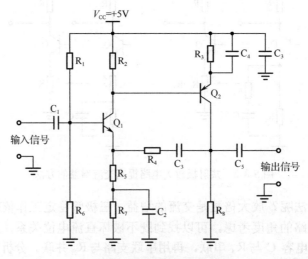

图 5-8-4　负反馈放大电路

　　在多级放大电路串联的时候，通常会交替的将极性不同的三极管组合起来使用。如果第一级是 NPN 型，那么第二级就是 PNP 型，第三级是 NPN 型……。结合图 5-8-5 所示电路，不难看出原因：如果第二级仍然是 NPN 型，那么第二级的基极电压 U_{B2} 等于第一级的集电极电压 U_{C1}。因为 Q_1 工作在放大区，所以 U_{C1} 是饱和压降与发射极电压之和，已经是一个比较大的电压了（最大时接近电源电压，最小时等于 R_5 上的电压为+0.6V）。第二级也是放大状态，故集电极的电压大于基极电压，集电极电压 U_{C2} 最小值也要大于 U_{C1}，U_{C2} 最大值接近电源电压，那么 U_{C2} 的取值范围就很小了，电路会得不到最大的输出电压范围。

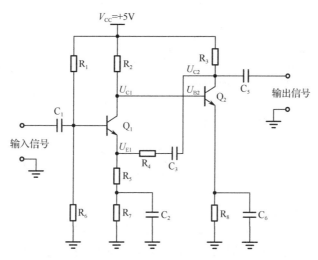

图 5-8-5　如果第二级使用 NPN 型三极管的放大电路

如果第二级是 PNP 型三极管，那么 $0<U_{C2}<U_{C1}$，U_{C2} 的取值范围较大，可以得到更大的输出电压范围。因此会交替的将极性不同的三极管组合起来使用。

3. 放大倍数

假设电路在没有负反馈的时候，电路增益为 A（也称为开环增益，或者裸增益，等于各极增益的乘积）。实际放大倍数 A_v 可以表示为：

$$A_v = \frac{A}{1 + A \times \dfrac{R_5}{R_4 + R_5}}$$

R_4 是反馈电阻，令 $\beta=R_5/(R_4+R_5)$，那么放大倍数可以表示为：

$$A_v = \frac{A}{1 + A \times \beta}$$

β 表示有多少输出返回到了输入，称为反馈率。上述公式是非常重要的一个公式，不仅适用于此处的三极管负反馈放大，也能够应用到运算放大器中。如果认为开环增益 A 非常大，可以忽略掉分母中的1，约去 A，那么反馈率几乎就是放大倍数的倒数：

$$A_v \approx \frac{R_4 + R_5}{R_5}$$

注意，前提是开环增益 A 非常大。因此电路设计中，要时刻注意，想办法让开环增益尽可能的大一些。

4. 确定电阻与电位

如图 5-8-6 所示电路中的电阻比较多，但是确定电阻的过程并不复杂，主要在于确定电路的直流电位与工作电流。

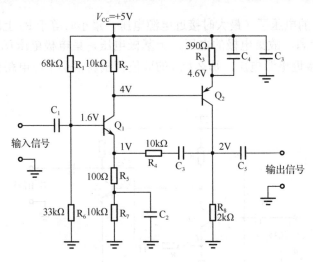

图 5-8-6　直流电位与电阻值

首先能够根据 100 倍的目标放大倍数，来算出 R_4 是 R_5 的 99 倍。

为了使开环增益尽可能的大，可以把第一级的放大倍数设置为 100 倍，那么 R_2 是 R_5 的 100 倍。第二级在分析交流通路的时候，不考虑发射极电阻，所以放大倍数几乎就是三极管自身的 h_{FE}。

设 I_{C1} 为 0.1mA，$V_{E1}=1$V，那么可以算出 $R_5+R_7=10$kΩ，取 R_5 为 0.1kΩ，R_7 为 10kΩ。则 $R_2=100×R_1=10$kΩ，此时 $V_{C1}=1$V。

也可以算出 $R_4=10$kΩ。

由 $V_{E1}=1$V 可以得出 $V_{B1}=1.6$V，取偏置电路的电流为 0.05mA，可分别取 $R_1=68$kΩ，$R_2=33$kΩ。

由 $V_{C1}=1$V 可以得出 $V_{E2}=0.4$V，取 I_{C2} 为 1mA 可以算出 $R_3≈390$Ω。

$V_{B2}=V_{C1}=1$V，理论上来讲第二级的集电极还有 4V 的电压范围，R_8 决定输入为 0 时的电压，可取 $V_{R2}=2$V，取 I_{C2} 为 1mA 可以算出 $R_8=2$kΩ。

5. 负反馈

用微课学

如图 5-8-7 所示电路是简化以后的负反馈电路，可用于分析负反馈的工作情况。

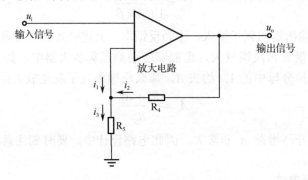

图 5-8-7　简化后的负反馈电路

电阻 R_4 是反馈电阻，流过 R_4 的电流 i_2 可以表示为：

$$i_2 = \frac{u_o - u_i}{R_4}$$

流过电阻 R_5 的电流 i_3 可以表示为：

$$i_3 = \frac{u_i}{R_5}$$

对于电阻 R_4 与 R_5 连接点的电流情况分析，可知：

$$i_1 + i_2 = i_3$$

假设输入信号 u_i 不变，因为某种情况，导致了输出信号 u_o 变大，那么：

i_2 变大，i_3 不变，导致 i_1 变小；i_1 变小相当于放大电路的输入信号变小，所以 u_o 变小，因此能使 u_o 保持相对稳定的值，即可对电路进行负反馈调节。

6. 输入与输出阻抗

输入阻抗同共射极放大电路，是 $R_1/\!/R_6$。得益于较小的 I_{C1}，所以偏置电路的电流也无须太大，此处取值为 0.05mA，所以偏置电路的电阻足够大，输入阻抗也足够大。

看上去输出阻抗就是 R_8 的阻值。但实际上我们提到过，负反馈使得电路的性能提升，输出阻抗也会变小，所以我们可以连接合适的负载，通过观察空载输出波形的幅值与带负载（未失真的）波形幅值来计算输出阻抗。

如图 5-8-8 所示电路，假设电路的输出阻抗为 R_O，连接负载 R_L 以后，输出的波形幅值从 V_O 变成了 V_L，那么根据欧姆定律，不难分析出：

$$\frac{R_O}{R_L} = \frac{V_O - V_L}{V_L}$$

负反馈放大电路可以减小输出阻抗。事实上，如果开环增益是增加反馈后增益的 x 倍，那么最终的输出阻抗就是没有增加反馈时输出阻抗的 $1/x$。

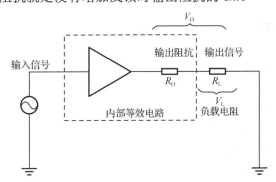

图 5-8-8 负反馈电路输出阻抗测量图

任务实训

教学视频

任务九　三极管差分放大电路

 学习目标

1. 理解差分放大电路的工作原理。
2. 了解恒流源的概念及温度漂移的影响。
3. 了解差分放大电路的工作场景与优点。

 任务描述

小典：龚老师，上一节学习的三极管负反馈放大电路，1个电路有2个三极管，感觉上有点复杂啊。

龚老师：2个三极管就复杂了？大规模的集成电路，里边可能有成千上万个三极管呢。

小典：要这么多三极管干啥？难道要放大很多很多倍？

龚老师：三极管的功能可不只是放大哦。最起码我们也学过了三极管用于开关，对不对？

小典：对对，当时实现了不同电平的转换。我差点都忘了。

龚老师：我们今天再学习一个电路，里边有3个三极管。其中1个三极管作为恒流源，另外2个三极管像照镜子一样工作，而且，会跟拔河似的抢夺电流。

 实训环境

● 三极管差分放大电路板。
● 测试负载板。
● 直流稳压可调电源。
● 5V电源适配器（type-c接口）。
● 万用表、示波器、波形发生器。
● 测试负载电路板与5根不同颜色的双头鳄鱼夹线。

 任务设计

任务1：安全上电。
任务2：差分放大波形观察。
任务3：输入相同的信号现象观察。
*任务4：探究发射结电压与输入信号的关系。

 **知识准备**

差动放大电路又叫差分放大电路，它除了能放大交流信号，也能放大直流信号，还能有效地减小由于电源波动和三极管随温度变化而引起的零点漂移（温度漂移），因而获得广泛的应用。差分放大电路是架在三极管与芯片之间的"桥梁"，如在运算放大器的初级（输入端），一般来说会有差分放大电路。

与之前学习的三极管放大电路相比，差分放大电路形态上最大的特点是两个输入，两个输出。差分，指的是电路放大的是两个输入的电压差。之前的放大电路都是放大交流信号，差分放大电路可以放大电压差，所以不但可以放大交流信号，也可以放大直流信号。

图 5-9-1 所示的差分放大电路是在共射极放大电路上改进得到的，它需要 2 个三极管像"镜子"一样工作：一样的型号，一样的外围电路，一样的工作特性（放大倍数，发射结电压，温度特性都相同）。

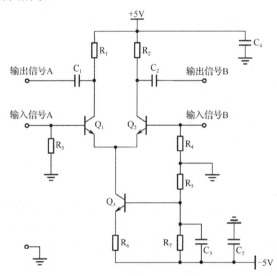

图 5-9-1　差分放大电路原理图

1. 恒流源与负电源

用**微课**学

在图 5-9-1 所示电路中，三极管 Q_3 发射结的电位 V_{BE3} 是固定的，偏置电阻 R_5 与 R_7 的阻值也固定，R_5 与 R_7 经过分压得到的基极电位 V_{B3} 随之也能确定下来，R_6 的阻值也确定，那么 Q_3 的基极与发射极之间的电流 I_{C3} 也是固定的——它只取决于 Q_3 的工作状态，与输入的信号几乎没有任何关系。分析 I_{C3} 的方向，是"从上到下"，电流流入 Q_3 的集电极，且电流大小不变，所以，Q_3 是作为恒流源来工作的。

恒流源，就是指电流大小保持不变的电源，而理想的恒流源应该具有以下特点：

① 输出电压不因负载变化而改变；

② 不因环境温度变化而改变；

③ 内阻为无限大（以使其电流可以全部流出到外面）。

此处的 Q_3，作用就是保证吸取的集电极电流大小是不变的。这个结论是分析 Q_1 与

Q_2 工作的桥梁，非常重要。

观察原理图 5-9-1 还可以发现，电路中使用了 -5V 的电源。这是为了保证 Q_1 与 Q_2 的基极电压是 0V，以实现直流的放大。此时，输入端也无须耦合电容了。如果不使用负电源，那么输入端需要耦合电容，就不能放大直流；同时 Q_1 与 Q_2 的基极偏置电路设计也会变得非常麻烦，所以一般使用负电源来进行设计。

2. 两个共射极放大电路

差分放大电路的工作秘密在于使用了 Q_3 作为恒流源，由于吸取的集电极电流大小是不变的，那么流过 Q_1 与 Q_2 的电流的和就确定了。

由于 Q_1 与 Q_2 的工作特性（理论上来讲）完全一致，所以，在没有任何输入信号的时候，各自的发射极电流也相等。如果设恒流源的吸收的电流是 $2I_E$ 的话：

$$I_{E1} = I_{E2} = I_E$$
$$I_{E1} + I_{E2} = 2I_E$$

如果在"输入信号 A"上加正电压，"输入信号 B"输入 0V，那么 I_{E1} 将会变大，假设 I_{E1} 的增加量为 ΔI，那么 I_{E2} 的减小量也是 ΔI，电流的变化将以电压的形式从电阻 R_1 与 R_2 上取出，如果电流的变化大小相同，方向相反，那么 R_1 与 R_2 上的电压变化量也一定大小相同，方向相反。

对于 Q_1 组成的放大电路（这是一个共射极放大电路），"输出信号 A"与"输入信号 A"相比，波形被反相放大；对于 Q_2 组成的放大电路，虽然此时"输入信号 B"没有信号，但是"输入信号 A"带来的电流变化将会通过恒流源影响到 Q_2 集电极电流的变化，进而影响"输出信号 B"的电压，"输出信号 B"的变化情况与"输出信号 A"的变化情况正好相反，所以"输出信号 B"与"输入信号 A"相比，将会实现同相放大，且放大的倍数与"输出信号 A"相同。

如果将 "输出信号 A"减去"输出信号 B"的结果作为电路的最终输出，最终输出的幅值是单个输出的 2 倍。理论上来讲，共射极放大电路的放大倍数应该是 R_C/R_E，此电路没有 R_E，放大倍数应当是接近三极管自身放大倍数 h_{FE}，实际上由于恒流源对于发射极电流的制约，所以电路的放大倍数还受到恒流源工作状态的影响。理论分析放大倍数比较复杂，可以通过实验测量放大倍数。

3. 对输入信号的差进行放大

该电路的两路输出，都是由于集电极电流大小变化，导致了 R_1 或 R_2 上压降变化。忽略掉基极电流，集电极电流约等于发射极电流。由于恒流源的限制，左右两个共射极放大电路的发射极电流之和已经确定，在两端输入不同的电压时，两路的发射极电流此消彼长，最终导致了两路输出的信号振幅完全相同，相位相反。

如果两路输入了相同的信号，输出会发生怎样的变化？

假设两路输入的信号完全一样，那么 Q_1 与 Q_2 的基极电位 V_B 始终是一样的；Q_1 与 Q_2 的发射极是连在一起的，所以 Q_1 与 Q_2 的发射结电压始终相同。假设 Q_1 的发射极电流 I_{E1} 可以增大，那么 Q_2 的发射极电流 I_{E2} 也可以增大，但是两个电流的和却已经确定了。所以，两个发射极的电流都不会变化，由电流经过电阻产生的输出也不会变化。所以如果两路输入了相同的信号，而输出为 0V，那么这个结果也可以说明差分放大电路会对两个输入之间的差进行放大。

在之前的课程中，总是把发射结的压降 V_{BE} 作为一个常量，一般算作 0.6V。根据图 4-3-2 可以看出，发射结的压降 V_{BE} 不是常量，会随着集电极电流 I_C（约等于发射极电流 I_E）的变化而变化。

Q_1 与 Q_2 的发射极是连在一起的。如果 Q_1 基极加正电压，Q_2 基极保持 0V，那么实际上 Q_1 的 V_{BE} 将会大于 Q_2 的 V_{BE}。假设 I_{E1} 的增加量为 ΔI，那么 I_{E2} 的减小量也是 ΔI，那么由于 I_E 与 V_{BE} 有对应关系，所以如果 V_{BE1} 的增加量为 ΔV_{BE}，那么 I_{E2} 的减小量也是 ΔV_{BE}。实际上，电路输出的变化量，也等于 ΔV_{BE} 乘以电路的增益。如果差分放大电路的两个三极管本身的发射结电压 V_{BE} 不一样，那么发射结电压的变化量 ΔV_{BE} 也不相同，两个三极管也就有了不同的放大倍数。所以两个三极管发射结电压要完全一致。

发射结电压 V_{BE} 也容易受到温度影响，三极管常见的温度系数是-2.5mV/℃，（如果电路板工作的温度变化了 100℃，那么 V_{BE} 可能变化了 250mV，这就是之前的设计中始终为发射极电压留有裕量的原因）因此两个三极管的温度特性也要完全一样。如果三极管的温度特性完全一样，两个三极管的 V_{BE} 的温度变化会相互抵消，不会在输出中出现。有效地减小三极管随温度变化而引起的零点漂移（温度漂移），是差分放大电路的优点之一。

4. 直流电位分析与电阻取值

取 Q_1 与 Q_2 集电极的电流为 0.1mA，则 Q_3 集电极的电流为 0.2mA。设定 $V_{R6}=2V$，$V_{R1}=V_{R2}=2.2V$ 即可算出电路中所有电阻的阻值，与直流电位的情况，如图 5-9-2 所示。

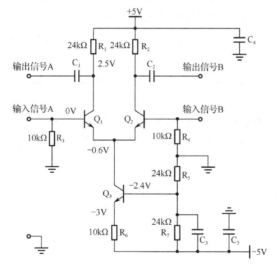

图 5-9-2 三极管差分放大电路的直流电位与电阻阻值

根据共射极放大电路的知识，不难看出其中 R_1 与 R_2 是输出阻抗，R_3 与 R_4 是输入阻抗。

 任务实训

 教学视频

任务十 三极管功率放大电路

学习目标

1. 明白推挽电路的原理与特点。

2. 对三极管的功耗建立直观的概念,明白推挽电路的输出三极管与偏置三极管为什么要进行热耦合。

3. 通过与射极跟随电路的对比,理解三极管功率放大电路的原理。

任务描述

小典: 龚老师,您先前说要通过 2 个电路实现音频放大,最后我们好像只是用射极跟随电路驱动了蜂鸣器,音频放大电路还没有实现呢。

龚老师: 对,我们之前计划通过两个电路来实现一个简单的音频放大电路,第一级是共射极放大电路,第二级是射极跟随电路。射极跟随电路虽然输出阻抗很小,但是在接低阻抗负载的时候,容易出现底部失真。今天要把两个电路合二为一,并进行改善:共射极放大电路放大电压,改良后的射极跟随电路放大电流。

小典: 既放大电压,又放大电流,那它到底算是电压放大还是电流放大的电路呢?

龚老师: 功率=电压×电流,这个既能放大电压,又能放大电流的电路,就是功率放大电路。我们要让功率放大电路实现 10 倍放大,驱动 8Ω,0.5W 的喇叭,来听一听喇叭的声音。

小典: 手机里的歌曲能够使用这个喇叭外放吗?

龚老师: 我没设计 3.5mm 的耳机接口,等你学会以后,你可以来设计一个能够放大歌曲的喇叭呀。

实训环境

● 三极管功率放大电路板。

● 音频设备板。

● 直流稳压可调电源。

● 万用表、示波器、波形发生器。

● 两根不同颜色的双头鳄鱼夹线。

任务设计

任务1: 安全上电。

任务 2：通过调节推挽电路的发射结电压，来设置推挽电路的静态工作电流。

任务 3：调整放大倍数为 10 倍，观察输出信号，交越失真的波形及带负载波形。

*任务 4：分析没有热耦合的危害，计算输出阻抗，感受扬声器音调的变化。

 知识准备

三极管功率放大电路就是共射极放大电路与射极跟随电路的组合，主要目的在于改善射极跟随电路输出波形容易底部失真的问题。学习本节要联系射极跟随电路的知识，可以更好地理解三极管功率放大电路。

1. 推挽电路

用微课学

如果射极跟随电路输出的信号是正的，那么输出的电流由电源提供，通过输出耦合电容流向负载；如果输出的信号是负的，那么输出的电流由输出耦合电容提供，经过发射极电阻流向负载。此时负载中的电流方向是从"地"流向"输出信号"，"地"的电压比"输出信号"还要高，所以输出信号为负，波形在 0V 以下。电容的供电能力不如电源，而且由于发射极电阻 R_3 的阻碍作用，电流达不到"足够大"；如果负载的阻值比较小，那么需要的电流就"更大"了，而输出耦合电容提供电流的能力有限，因此导致波形失真，如图 5-10-1 所示。

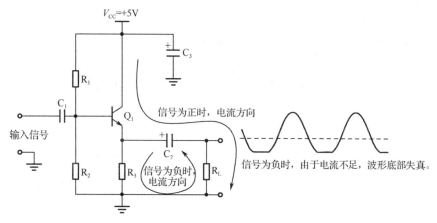

图 5-10-1　射极跟随电路输出端的信号正负与电流流向

问题的关键在于发射极电阻的阻碍。可以将发射极电阻减小，但是发射极电阻上的压降，等于三极管发射极的电压，出于三极管工作稳定性考虑，发射极电压不能太低。因此，三极管的发射极电阻也不能太小。

可以尝试转换思路：在信号为负的时候，与其全靠输出耦合电容顶着电阻"推"电流，不如想办法用电路将经过负载的电流"拽"出来。

可以使用 PNP 型三极管，按照图 5-10-2 组成的电路。在前一级输出为正的时候（其实是信号电压大于发射结导通电压 V_{ON} 的时候），NPN 型三极管工作，为负载提供流向"地"的电流，此过程称为"推"；在前一级输出为负的时候（其实是信号电压小于负的 V_{ON} 的时候），PNP 型三极管工作，将电流从输出耦合电容中"拽"出来，通过"地"以后流向负载，此过程称为"挽"，也就是拽、拉的意思。这就是推挽电路（push-pull）的名称由来。推挽电路中的 PNP 型三极管，与射极跟随电路的发射极电阻相比，最大的区别在于 PNP 型三极管是主动的"吸取"电流，发射极电阻是"阻碍"电流通过。

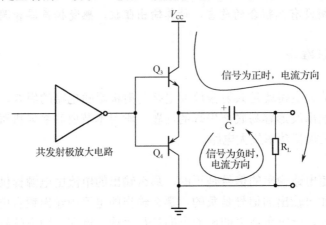

图 5-10-2　推挽电路工作示意图

为了保证波形不失真，推挽电路用到的两个三极管，必须是"配对"的，两个三极管必须拥有相同的放大倍数、温度系数等参数。

2. 交越失真与热击穿

在输入信号 v_i 处于 $-V_{ON} < v_i < V_{ON}$ 的范围的时候（这个范围称为死区），由于两个三极管都截止，所以输出波形在 0V 附近将会产生失真，称为交越失真，如图 5-10-3 所示。

二极管在导通的时候有大约 0.6V 的压降 V_F，恰好与三极管的发射结导通电压大致相同（这不是巧合，三极管的发射结本身就是二极管）。因此可以使用二极管，在三极管的基极上增加 0.6V 的补偿电压，以抵消三极管的死区。如图 5-10-4 所示为改善交越失真后的推挽电路。

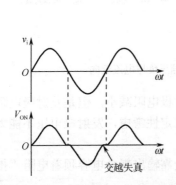

图 5-10-3　交越失真输入与输出波形对比

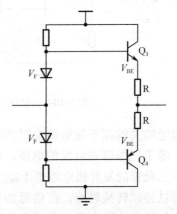

图 5-10-4　改善交越失真后的推挽电路

由于三极管的发射结有负的温度系数，温度升高的时候，发射结电压变小。二极管的温度特性曲线与三极管不同，且流过二极管的电流不会有太大变化，所以如果三极管因为工作电流过大而导致发热，那么二极管的导通压降 V_F 会比三极管的发射结电压 V_{BE}

大，$V_F > V_{BE}$，三极管的基极电流 I_B 会增大，导致集电极电流 I_C 按放大倍数，变大几十或几百倍。电流变大了，三极管的功耗变大，温度又升高。这是个恶性循环，最终结果就是集电极电流变得非常大，导致三极管热击穿，过程如下：

温度上升 => V_{BE} 变小 => $V_F > V_{BE}$ => I_B 变大 => I_C 按放大倍数变大 => 温度上升

解决办法就是串入发射极电阻，在 $V_F > V_{BE}$ 时，把集电极电流的变化限制为 $(V_F - V_{BE})/R$。例如，二极管与三极管的温度差有 40℃，此时 $V_F - V_{BE} = 100\text{mV}$，取 $R = 10\Omega$，由于温度差导致的集电极电流就被限制在 10mA，不会因为恶性循环导致三极管热击穿。但是，该电路的输出阻抗也变成了 10Ω，无法带动扬声器（阻抗 8Ω）这样的低阻抗负载。

以上分析都没有信号输入，是讨论三极管的静态工作情况，以上问题可以理解为三极管静态电流随温度变化的问题。

3. 使用三极管进行热耦合

如果产生偏置电压的偏置电路，与推挽电路有相似的温度曲线，推挽电路的发射结电压变化，偏置电压也相应变化，就可以解决静态电流随温度变化的问题。

不同型号的三极管发射结的温度系数是相似的，可以使用三极管来产生偏置电压，并且把三极管进行"热耦合"（耦合有传递、关联的意思，热耦合指的是不同三极管的热量可以相互传递，如外壳接在一起），让它们的温度始终相同，那么随着温度变化产生的发射结电压变化，也基本相同。如果偏置电路的三极管与推挽电路的三极管没有进行热耦合，仍然可能导致推挽电路三极管热击穿。

在图 5-10-5 所示电路中，由于推挽电路的两个三极管是"配对"的，所以两者发射结电压始终相等，$V_{BE3} = V_{BE4}$。

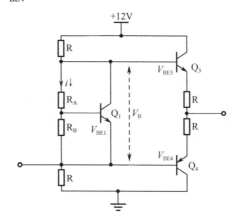

图 5-10-5 使用三极管组成的热耦合偏置电路

设推挽电路的偏置电压（即推挽电路两个三极管基极的电压差）为 V_B，

$$V_{BE3} + V_{BE4} = V_B$$

分析 Q_1 三极管的偏置电路电流 i，忽略流入基极的微小电流，则 R_A 与 R_B 近似于串联支路。根据串联支路电流处处相等，可以得到关于 i 的两个关系：

$$i = \frac{V_{BE1}}{R_B}$$

$$V_B = (R_A + R_B) \times i$$

联立等式消去 i，可得：

$$V_B = \frac{R_A + R_B}{R_B} \times V_{BE1}$$

V_{BE1} 大致是一个固定的值，约为 0.6V。根据以上公式，电阻 R_A 与 R_B 的比值可以确定推挽电路的偏置电压。正常工作的情况下，推挽电路的两个三极管发射结电压，与偏置电路的三极管发射结电压相同。令 $R_A = R_B$，此时理论上来讲：

$$V_{BE1} = V_{BE3} = V_{BE4} = V_B/2$$

由于每个三极管的系数总会有点区别，所以常常把 R_A 或 R_B 设置为可调电阻，进行细微的调整，目标是 V_B 正好等于两倍的发射结导通电压 V_{ON}。但是完全相等比较难调整，常用的方法是让 V_B 略大于 $2V_{ON}$，并保留较小的发射极电阻。

但是如果 $V_B \gg 2V_{ON}$，那么推挽电路三极管发射结电压过大，导致 Q_3 与 Q_4 的集电极电流都会变得非常大，三极管功耗也很大，很有可能烧坏。因此调整好推挽电路的两个三极管发射结电压之和 V_B，至关重要。

4. 直流电位分析与电阻取值

当负载为 8Ω，输出功率为 0.5W 时，输出电压的平均值就是 4V，峰峰值就是 5.7V，电流的峰值就是 350mA，所以推挽电路的电流最大值要设为 350mA。

假设推挽电路的三极管放大倍数为 200，则其基极电流应该是 1.75mA。偏置电路电流要远大于基极电流，那么推挽电路的偏置电流可选为 20mA。此电流也是共射极放大电路中，Q_2 的集电极电流。取共射极放大电路的偏置电流为 1mA。可如图 5-10-6 设置电阻值与电压值。

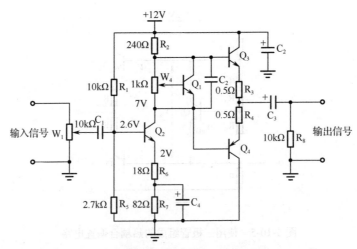

图 5-10-6　三极管功率放大电路的直流电位与电阻取值

 **任务实训**　　　　　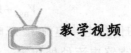 **教学视频**

任务十一 最大比较输出电路

 学习目标

1. 理解为什么需要集成运放，掌握集成运放的"虚短"与"虚断"的应用。
2. 掌握集成运放用作电压跟随器的原理。
3. 理解最大值比较输出电路的设计过程。

 任务描述

小典：龚老师，咱们最近学习了好几种三极管的放大电路，有负反馈，有差分，有功率放大，但是我感觉用起来好像并不方便。电路里用到的器件太多了。如果想改变一下放大倍数，好像每一个电阻的值都要重新计算。有没有那种，简单一点的，傻瓜式的放大电路？

龚老师：你想偷懒啊？还是承认自己是个小傻瓜？

小典：不是，我就想着怎么用起来顺手嘛。

龚老师：这种方案还真有。我们使用三极管的时候，之所以感觉到很多限制，是因为三极管的放大倍数不够大。理论分析的时候，忽略这个，忽略那个，导致计算也是有误差的。于是，科学家们就做出了一种称为运算放大器的芯片，通常放大倍数有好几万倍。使用它的时候，通常只关注决定放大倍数的几个电阻，应用起来非常简单。

小典：那这个运算放大器能做哪些事情呢？

龚老师：能做的事情非常多。今天先讲解一个很简单的应用。我先假设一个场景：某个工厂的变频器温度经常过高，导致烧毁。现在厂方要求把变频器内部的多个温度做比较，从而得出一个最大温度值，便于分析变频器的温度情况。当然，需要借助热敏电阻之类的温度传感器，把温度转换为电压，然后比较电压的大小。因此电路的作用，就是找出最大的电压值。

 实训环境

● 最大值比较输出电路板。
● 直流稳压可调电源。
● 万用表、电烙铁。

 任务设计

任务1：安全上电。
任务2：使用电位器产生两路大小不同的测试电压，分析最大值比较输出电路的工作状态。

*任务3：借助温度传感器，获取较高温度值对应的电压值。

 知识准备

1. 比较两个电压的方法

只用两个二极管就可以找出两个电压中的较大值：

假设 V_1 与 V_2 都大于二极管的导通电压（取 0.6V），且 $V_1>V_2$，那么输出的电压就是 V_1-0.6V。如图 5-11-1 为用两个二极管比较电压的电路图。

这种方法一方面要求两个电压都大于 0.6V，另一方面要求输出的电压是较大值减去 0.6V。

在数字电路领域，有一个芯片叫作比较器，专门用于电压比较。但是它多数情况下用于输出高低电平，只输出开关量，不能输出最高的电压值。

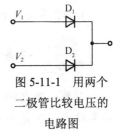

图 5-11-1 用两个二极管比较电压的电路图

2. 集成运放的引入

将运算放大电路集成在一个芯片中，可以称为集成运放。图 5-11-2 所示的集成电路是一种将"管"与"路"紧密结合的器件，它以半导体单晶硅作为材料，采用专门的制造工艺，把三极管、电阻、电容等器件，以及它们之间的连线，封装成一个芯片。换句话说，集成电路就是一个有特定功能的电路，它的形态是一个芯片。集成运放广泛应用于模拟信号的处理与产生电路之中，由于高性能低价位，所以在大多数情况下，可以取代分立元器件放大电路。不过，这不代表我们不需要学习分立元器件放大电路，如果不学习分立元器件放大电路，将无法理解集成运放。

用微课学

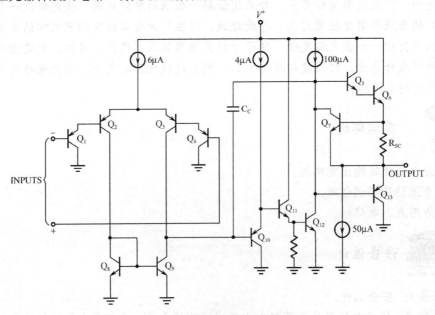

图 5-11-2 某款集成运放的内部结构

集成运放最初多用于各种模拟信号的运算，如比例放大、求和、求差、积分、微分等，这样的电路被称为运算放大电路，简称运放。

经过之前三极管电路的学习，可以看出分立元器件放大电路有一些弊端，例如，对于放大电路来说，单管放大倍数不够大，导致计算误差较大；想得到某个特定的放大倍数，需要复杂的计算，如果放大倍数变化了，需要另外一套复杂的计算；输入阻抗往往不够大；如果电路板中需要多个三极管，往往要求三极管要"匹配"，放大倍数一样，温度特性一样……要想完成一个各项指标都满足要求的放大电路，太难了。如果能有一种"傻瓜式"的放大器该多好？

运放就是在这种情况下诞生的。从诞生背景来看，发明运放的目的，就是要应用起来比分立元器件更简单。

3. 运放的特点

不同应用场景下，对于放大倍数的需求是不一样的。对于厂家来说，生产 5 倍的运放很简单，生产 10 倍的运放也很简单，但是到底要准备多少种运放呢？所以，干脆生产"通用型"的运放，把配置参数的权力交给用户。这种"通用型"的运放一般具有以下特点：

开环增益（A_{od}）非常大，通常是 10^4 以上；

输入阻抗非常高 ，通常是 $10^6\Omega$ 以上。

由于开环增益实在太大了，输入信号要非常非常小，电路才能工作。所以实际应用中，通常会采用闭环应用电路，加入负反馈，把输出连接到反相输入端。常常会用电阻分压，来决定放大倍数。如图 5-11-3 所示为含负反馈的闭环应用电路。

"+"表示同相输入端，用 u_P 表示；

"–"表示反相输入端，用 u_N 表示；

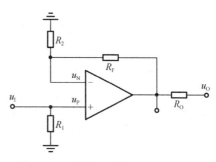

图 5-11-3 含负反馈的闭环应用电路

在这样的电路中：放大倍数为 $1+R_F/R_2$，输入阻抗为 R_1，都可以由用户自己选择电阻来配置。如果不做功率放大，只需要电压放大，还可以串联电阻，设置输出阻抗不小于 R_O。

4. "虚短"与"虚断"

"虚短"与"虚断"是非常重要的两个概念。在分析运放的输入信号与输出信号的关系时，这是两个基本的出发点。

当运放引入负反馈的时候，或者说工作在"线性区"的时候，输出电压与净输入电压（同相输入端反相输入端的差值）呈线性关系，电路的放大倍数就是运放自身的开环增益。

$$u_O = A_{od}(u_P - u_N)$$

u_O 是有限值，通常不会大于电源电压。A_{od} 非常大，常常达到百万倍，所以 $u_P - u_N$ 几乎为 0。由于两个输入端几乎没有电压差，看上去好像是短路了，所以称为"虚短路"。但是虚短路不是真正的短路，如果 u_P 与 u_N 完全相等，电路的输入端就不存在差值，即便把 0 放大一百万倍，结果还是 0。所以 u_P 与 u_N 之间还是有一点点电压差的。

由于运放的输入电阻非常大，所以输入电流非常小，因此运放的输入端看上去相当于断路，称两个输入端为"虚断路"。虽然输入端的电流趋近于零，但不是真正的断路，如果输入端真的断路了，运放没有输入，当然也不会有正确的输出了，所以还是有一点点输入电流的。

接下来用"虚短"与"虚断"来推导含负反馈的闭环应用电路的放大倍数。

由于虚短，所以 $u_1 = u_P = u_N$。

由于虚断，分析 R_F 与 R_2 的串联支路，根据电流相等可得：

$$\frac{u_N}{R_2} = \frac{u_O}{R_F + R_2}$$

则闭环增益 A_{uf} 为

$$A_{uf} = \frac{u_O}{u_I} = 1 + \frac{R_F}{R_2}$$

注意，应用"虚短"与"虚短"的前提是运放处于线性工作区，一般情况下处于线性工作区的运放都存在闭环负反馈。"虚短"其实是运放处于线性工作区的结果，而并非导致运放处于线性工作区的原因。如果人为地增大两个输入端的电压差，并不一定使输出电压增大，反而会使运放处于非线性区。

5. 最大值比较输出电路的设计过程

用微课学

最大值比较输出电路仍然使用两路二极管比较电压的思路，重点在于解决二极管导通压降的问题。由于电路只需原原本本地输出最大值，所以不需要实现放大功能，或者说放大倍数为 1 倍即可，因此将运放用作电压跟随，保持通过二极管的电压与输入端的电压是一样的。由于虚短，可以把二极管的负极接到反相输入端，温度采集电压接到同相输入端，两个输入端电压基本相同，所以二极管的负极与温度采集电压也基本相同。可得简略原理图 5-11-4 所示。

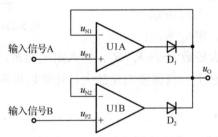

图 5-11-4　最大值比较输出电路简略原理图

如果输入信号 A 的电压比较大，也就是运放 U1A 的同相输入端比较大，

$$u_{P1} > u_{P2}$$

那么运放 U1A 工作在线性区，有闭环负反馈。所以

$$u_{N2} = u_O = u_{N1} = u_{P1}$$

对于运放 U1B 来说，

$$u_{N2} > u_{P2}$$

所以运放 U1B 不工作，或者说由于净输入为负，理论输出也为负，由于电路并未采用正负电源供电，而是用单电源供电。二极管 D_2 无法导通。所以最终的输出 u_O 就是较大的输入电压。

增加适当的限流电阻与滤波电容，形成最终电路。图 5-11-5 所示为两路输入比较最大值电路，也可以按照这个思路增加为多路输入。

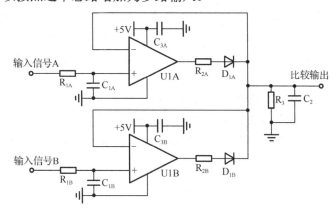

图 5-11-5　最大值比较输出电路原理图

 任务实训

 教学视频

任务十二　典型交流运放电路

 学习目标

1. 掌握反相比例运算电路与同向比例运算电路的原理与放大倍数计算方法。
2. 理解典型交流运算放大电路的设计背景、工作原理与设计过程。
3. 理解真实环境下对典型交流运算放大电路的设计要求，培养产业电路的设计意识。

 任务描述

小典：龚老师，您说过运放的放大倍数是好几万倍，但上节课讲的最大值比较输出电路，运算放大器的作用，好像并不是运算放大，而是比较，对吗？

龚老师：如果在开环电路中应用运放，则只要两个输入端的电压有一点点的差值，就能放大很多倍，输出就变成了最大值或者最小值。但是几乎没有这么应用运放的。上节课的应用场景是比较，但本质上还是放大，只不过放大倍数是 1 而已。

小典：那我想准确控制放大倍数，该怎么做呢？

龚老师：考虑一下负反馈的放大电路是怎么实现的。

小典：接入负反馈吗？

龚老师：对的，输出端接个反馈电阻，再接到输入端，放大倍数就可控了。上一节课的电路，反馈回路没有接电阻，输入端也没有接电阻，所以放大倍数是 1。咱们今天讲解一个典型的交流信号运算放大电路，把交流信号按照比例放大若干倍。然后把交流信号的基准电压抬升，让它的最小值也能大于 0V，后续就可以接直流的处理器了。听起来可能有点抽象，我举一个产业中的具体案例：

现准备设计一台变频器，380V 交流输入，额定功率为 75kW，工作频率不大于 400Hz。变频器电路设计中，需要设计交流输入电流检测电路，选用的电流传感器为 LEM 公司的 HAS200-S，外形如图 5-12-1 所示。HAS200-S 的电流检测范围为 0～600A，输出电压与检测电流呈线性关系：±200A 对应输出电压±4V。

图 5-12-1　电流传感器 HAS200-S

变频器的主控芯片选用的是 TI 公司的一款 DSP 芯片，其 AD 输入范围是 0～5V DC。而电流传感器的输出可能为负，无法与主控芯片的 AD 口直接相连，否则可能会造成 DSP 芯片的损坏。所以，需要对电流传感器的输出电压进行信号处理后才能输送给 DSP 芯片。

已知变频器交流输入电流范围为 0～200A AC，如图 5-12-2 所示：峰峰值约为 $2\pm200\sqrt{2}$ A，采用 HAS200-S 测量输入电流，查阅芯片手册得知对应的电压输出峰峰值为 $2\pm4\sqrt{2}$ V。要求设计一个运算放大器电路，将电流传感器的输出电压处理到 0～5V DC 范围内的电压信号，再输送到变频器主控芯片 DSP 的 AD 口。

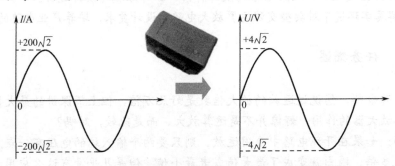

图 5-12-2　电流传感器 HAS200-S 电流与电压对应关系图

小典：老师，能投降吗？太复杂了！

龚老师：雷声大雨点小，困难都是纸老虎，待为师给你慢慢道来。

实训环境

- 典型交流运放电路板。
- 直流稳压可调电源。
- 万用表、示波器、波形发生器。

任务设计

任务1：安全上电。
任务2：观察同/反相比例运算电路的波形，验证理论知识。
任务3：在同/反相比例运算电路的基础上，改变基准电压，完成设计目标。
*任务4：推导变频器的电流公式，计算低通滤波器的截止频率。

知识准备

龚老师刚刚描述了一个工业化的应用场景，可以总结为：有个大功率的变频器要测电流，有个电流传感器可以把 $\pm 200\sqrt{2}$ A 的电流按比例转化为 $\pm 4\sqrt{2}$ V 的电压，现在需要一个电路，把 $\pm 4\sqrt{2}$ V 按比例转化为 0～5V 的电压，用来让主控芯片通过测量 0～5V 的电压，进而算出变频器的电流。本节课的任务与电流传感器和主控芯片无关，只完成把 $\pm 4\sqrt{2}$ V 按比例转化为 0～5V 的电压，这个交流运放电路。

1. 反相比例运算电路

在图 5-12-3 所示的反相比例运算电路中，输入信号 u_I 通过电阻接到反相输入端，输出信号 u_O 通过一个反馈电阻接到反相输入端，同相输入端通过电阻接地。

电路中引入了负反馈，所以存在虚短，

$$u_N = u_P = 0$$

根据虚断，分析 N 点的电流关系，可知

$$(u_I - u_N)/R_1 = (u_N - u_O)/R_f$$

带入 $u_N = 0$，得到

$$u_O = -R_f/R_1 u_I$$

可以看出输出信号 u_O 与输入信号 u_I 成比例关系，比例系数为 $-R_f/R_1$，通过选择不同的电阻，可以实现信号的放大、缩小或者保持不变。负号表示 u_O 与 u_I 反相。

为了保证运放输入级差分电路的对称性，让两个输入端的电流"看到"的阻抗是一样的，同相输入端的电阻 $R_2 = R_1 // R_f$。

2. 同相比例运算电路

将反相比例运算电路中的输入信号与接地端互换，就可以得到同相比例运算电路，如图 5-12-4 所示。

根据虚短：

$$u_N = u_P = u_I$$

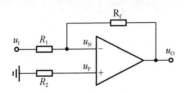

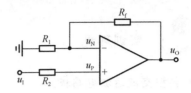

图 5-12-3 反相比例运算电路　　　　　　图 5-12-4 同相比例运算电路

根据虚断，分析 N 点的电流：

$$\frac{u_{\mathrm{N}}-0}{R_{1}}=\frac{u_{\mathrm{O}}-u_{\mathrm{N}}}{R_{\mathrm{f}}}$$

联立公式解出：

$$u_{\mathrm{O}}=\left(1+\frac{R_{\mathrm{f}}}{R_{1}}\right)u_{\mathrm{I}}$$

从公式中，可以看出不论电阻怎么取值，输出信号都会大于输入信号，而本次任务要求把 $\pm4\sqrt{2}$ V 按比例转化为 0～5V 的电压，需要缩小，所以电路要改进。

可以通过分压电路把输入信号减少以后，再接入运放，如图 5-12-5 所示。

为了保证运放输入级差分电路的对称性，保证两个输入端的电流"看到"的阻抗是一样的，需设置同相输入端的电阻 $R_2=R_1$，$R_3=R_{\mathrm{f}}$，此时分析 P 点电压可知，

$$u_{\mathrm{N}}=u_{\mathrm{P}}=\frac{R_{3}}{R_{2}+R_{3}}u_{\mathrm{I}}=\frac{R_{\mathrm{f}}}{R_{1}+R_{\mathrm{f}}}u_{1}$$

联立 N 点的电流关系公式，可以算出：

$$u_{\mathrm{O}}=\frac{R_{\mathrm{f}}}{R_{1}}u_{\mathrm{I}}$$

通过选择不同的电阻，可以实现信号的放大、缩小或者保持不变。也可以看出输出信号 u_{O} 与输入信号 u_{I} 相位相同。

3. 典型交流信号运放电路

在理解了同相和反相比例运算电路以后，回到设计需求中：电流传感器输出的信号要分别接在电路的两个输入端，对其差值进行比例缩小，然后抬高，得到 0V 以上的电压。

假设需要把电路抬高的幅度为 V_{REF}。改进带分压电路的同相比例运算电路，将同相输入端的参考电压由 0V 改为 V_{REF}。如图 5-12-6 所示为交流信号运算放大电路。

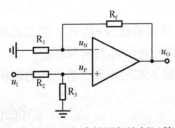

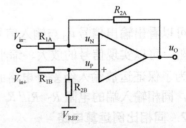

图 5-12-5 带分压电路的同相比例运算电路　　图 5-12-6 交流信号运算放大电路

同样，为了保证运放输入级差分电路的对称性，保证两个输入端的电流"看到"的阻抗是一样的，对应电阻的阻值要一致：$R_{1A}=R_{1B}=R_1$，$R_{2A}=R_{2B}=R_2$。

由于虚短：

$$u_N = u_P$$

由于虚断，分别分析 P 点与 N 点的电流关系：

$$\frac{V_{in+} - u_P}{R_{1B}} = \frac{u_P - V_{REF}}{R_{2B}}$$

$$\frac{u_N - V_{in-}}{R_{1A}} = \frac{V_{out} - u_N}{R_{2A}}$$

两式相加，得

$$V_{out} = (R_2 / R_1) \times (V_{in+} - V_{in-}) + V_{REF}$$

如果无须抬高电压，即 $V_{REF}=0$，交流信号通过同相输入端与反相输入端传入电路，这就是常见的交流信号运算放大电路。

如果 $V_{REF}=0$，$V_{in-}=0$，则此公式与带分压电路的同相比例运算电路完全一样。

4. 产生基准电压

当输入电压为负的时候，需要将电压抬升一定的幅度。需要抬升的幅度称为基准电压。考虑到最大的输出幅度，本次任务可以把基准电压设置为最大输出电压的一半，2.5V。

产生基准电压，通常有几种方法：电阻分压、普通正相二极管、齐纳稳压二极管、三端稳压器、基准电压芯片等。最简单的就是电阻分压，但是这种做法一方面容易受电源电压的影响，另一方面还依赖于电阻的精度。在需要高精度基准电压的场合，常常使用基准电压芯片。

由于本次任务正好需要 2.5V 的基准电压，所以无须外部电阻，直接使用 TL431 输出的 2.5V 电压作为参考电压即可，如图 5-12-7 所示。

5. 完善典型交流运放电路的设计

首先要确定运放的工作电压。由于输入信号可能为负，所以运放要用正负电源供电。主控芯片的最大输入电压范围是 0～5V，电路板的输出范围可以设定为 1～4V，电源电压要大于这个输出范围，并留有 2V 的裕量（轨至轨的运放除外），取电源电压为±9V。

然后确定信号的缩小倍数。输入信号的峰峰值为 11.3V（$\pm 4\sqrt{2}$ V），设定输出范围是 3V，缩小比例为 3.7 倍。考虑到电阻取值方便，取 3.9 倍。则 $R_2/R_1=3.9$。

由于变频器的工作频率较低，在输入端与输出端都设置低通滤波，以防止可能有高频信号干扰电路。放大器的反馈支路并联电容，抑制可能的高频振荡。为了保护主控芯片，在输出端接入 5.1V 的稳压二极管，如图 5-12-8 所示。

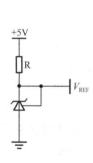

图 5-12-7　TL431 产生 2.5V 参考电压

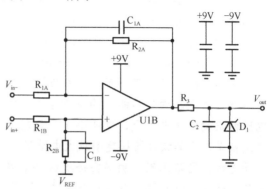

图 5-12-8　完善典型交流运放电路的设计

任务实训

教学视频

任务十三 电流采样电路

学习目标

1. 理解运放的基本参数，明白功能放大器的意义。
2. 知道电流采样电路的工作背景和使用场合。
3. 理解电流采样电路的工作原理。

任务描述

用微课学

龚老师：小典，万用表怎么测电流呢？

小典：万用表选择对应的电流挡，表笔插到正确的插孔里，然后把表笔串入待测电路，等到万用表的示数稳定以后，读取电流值。

龚老师：如果示数不稳定呢？

小典：不稳定？多等会，等稳定。

龚老师：老师让你思考一下。其实原理很简单，电路中并联万用表可以测电压，但是要观察某个瞬间的电压值，需要借助示波器；电路中串联万用表可以测量电流，但是无法测量瞬间值。如果先串联一个电阻，再用万用表测这个电阻的电压波形，不就知道了电流的波形？当然，这么做，在电阻取值上，有个两难的问题，你分析下在哪？

小典：两难的问题？让我考虑下。嗯，这么做的原理就是串联电阻把电流转换为电压测量。串联电阻，我知道了，串联大电阻的话可能会影响待测电路的工作；串联电阻太小的话，示波器测不出来，对不对？

龚老师：对，那怎么解决这个问题呢？

小典：老师，是你讲课还是我讲课啊？

龚老师：弟子不必不如师，师不必贤于弟子。你思考一下，猜个方向也行。

小典：首先，肯定不能影响待测电路工作，所以要串联一个小电阻。电阻太小，那么电阻两端的电压也很小，电压小了，就想办法放大。我们最近讲的都是运算放大器，那肯定就是用运算放大器搭建个放大电路了。

龚老师：思路正确。确实要搭建放大电路。这个放大电路专门用于电流采样。这次要用到高精度的小电阻，还有一个特殊的运放，让我们一起来看一看吧。

实训环境

● 电流采样电路板。
● 直流稳压可调电源。
● 万用表、示波器。
● 测试负载板。
● RC 滤波电路板、两根双头鳄鱼夹线。

 任务设计

任务 1：使用电流采样电路观察稳定的电流，根据波形来计算电流的大小。
任务 2：结合 RC 滤波电路板，使用电流采样电路观察瞬间充电的电流波形。

 知识准备

1. 运放的几个常用参数

如图 5-13-1 所示为运放芯片 INA213 的关键参数。　　　　用微课学

参　　　数	最　小　值	典　型　值	最　大　值	单　　位
共模输入电压范围（V_{CM}）	−0.3	—	26	V
共模抑制比（CMRR）	100	120	—	dB
输入失调电压（V_{OS}）	—	±5	±100	μV
失调电压漂移（dV_{CM}/dT）	—	0.1	0.5	μV/℃
输出电压范围-电源轨	—	(V_+)−0.05	(V_+)−0.2	V
输出电压范围-地	—	(V_{GND})+0.005	(V_{GND})+0.05	V

图 5-13-1　运放芯片 INA213 的关键参数

在运放开环使用的时候，两个输入端都接地，理论上输出端应该为 0V，但实际上由于器件总会存在一些偏差，导致输出不是 0V。如果在两个输入端之间加直流电压 V_{OS}，使得放大器的输出电压为 0V，那么这个 V_{OS} 被称为输入失调电压。输入失调电压越小越好，一般在 0.1mV 以下。当温度、持续工作时间、供电电压等发生变化时，输入失调电压会产生漂移，一般地，输入失调电压相对于温度变化的比值也会写在手册中。

共模抑制比（Common-Mode Rejection Ratio，CMRR），指的是运放的差模电压增益与共模电压增益的比值，用 dB 表示。

如果运放的两个输入端输入了相同的电压 U_{ic}，理论上输出端应该为 0，但实际测量输出端会有一个微小的电压 U_{oc}。相当于运放把两个输入的共模电压放大了 U_{oc}/U_{ic} 倍。

共模电压增益 $A_c = U_{oc} / U_{ic}$。如果此运放可以把差模电压放大 A_d，那么它的共模抑制比：

$$CMRR = 20 \log (A_d / A_c)$$

运放在差分输入的时候，由于我们只希望放大两个输入的差值，不希望放大共模成分，所以共模抑制比越大越好。一般地，运放都有 60dB 以上的 CMRR，这表示差模电压增益是共模电压增益的 1000 倍以上。如果 CMRR 达到 120dB，那么差模电压增益能达到共模电压增益的一百万倍。

除了运放自身的参数，外围器件的精度也会影响整个电路的共模抑制比。例如，两个输入电阻的值如果略有差别，那么即便两个输入电压相同，运放的两个输入端感受到的电压也不相同，进而把输入电压的差值放大。因此，生产厂家会把常用的放大电路，包含运放和外围电阻进一步集成，提供给用户，这就是功能放大器。通常集成在功能放大器中的电阻会有更高的精度，比用户选择的由分离元器件与运放组成的放大电路的性能更好。功能放大器种类很多，常见的有仪表放大器、差分放大器、程控增益放大器等。

如果运放的最大输入电压范围与电源范围比较接近时，如相差 0.1V 甚至相等、超过，都可以称为"输入轨至轨"，如图 5-13-2 所示。如果输出电压与电源范围比较接近时，可以称为"输出轨至轨"。一般情况下，输入电压或输出电压都会比电源电压窄 1 伏到几伏，如±15V 供电，输入电压范围一般在-12～13V，这相差的数值就被称为输入轨差。较好的运放输入或输出电压的范围与电源电压相同，甚至能够超出电源电压范围零点几伏（称为超轨），可以提高电路的适用性。对于运放来说，能否实现"轨至轨"，也是必须要考虑到的一个参数。

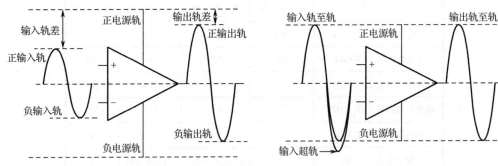

图 5-13-2　轨至轨示意图

2. 电流采样电阻的接法

电流经过电阻会产生电压。可以把阻值较小的电阻，串联在被测电路中，把电流转换为电压信号进行测量，这个电阻被称为采样电阻（也称分流电阻、感应电阻）。

采样电阻通常阻值低，一般不超过 1Ω；精密度高，一般在±1%以内，有更高要求的用途时会采用 0.01%精度的电阻。由于阻值太小，所以采样电阻上的电压也比较小，一般要接放大电路，将电压放大后再测量。

虽然采样电阻阻值很小，但是与负载串联之后，还是会对负载造成一些影响。如果采样电阻串联在负载与电源地之间，可能会引起负载没有良好的接地，如果负载是含有高速处理器和模拟电路的精密电路时，很可能无法正常工作。所以，常常将采样电阻接在负载与电源正极之间。采样电阻靠近电源正极的接法，称为高边电流检测；采样电阻靠近电源负极的接法，称为低边电流检测，如图 5-13-3 所示。

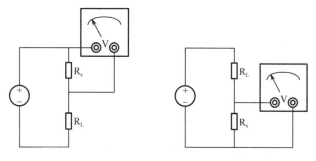

图 5-13-3 高边电流检测与低边电流检测

　　高边电流检测保证了负载具有稳定的 GND，虽然负载感受到的电压有一点下降，但是一般不会影响正常工作。不过，需要测量电路要能承受较高的共模电压，并且有较大的差模电压增益，即拥有较高的共模抑制比。低边电流检测不挑运放芯片，相对来说成本较便宜。

　　由于采样电阻的阻值太小，因此焊料的电阻已经不能忽略，然而焊料的电阻值又无法确定：可能这个焊盘的焊料多一些，电阻就小一些，且焊料电阻随温度变化较大，会影响测量结果，如图 5-13-4 所示。

图 5-13-4 焊料对于测量电压带来的影响：$U=I(R_1+R_2+R_s)$

　　可以采用开尔文连接法来提高测量精度。这种接法需要从一个电阻上引出四个点，两个点用于正常工作，两个点用于测量。测量的仪器要求输入阻抗很高，因为严格来说，测量仪器的线材或是线路上还是会有电阻的，如果阻抗高，那么电流非常小，这部分"路上"的阻抗（如图 5-13-5 中 R_1 与 R_2）就可以忽略不计。这种接法又称为开尔文四线检测。

　　有一种专门用于开尔文接法的电阻，称为四触点分流电阻，电流的"主干道"与测试使用不同的触点。在 PCB 设计的时候，稍做优化可以做到类似的效果。如图 5-13-6 这种接法，使用普通的二脚采样电阻，也能一定程度上提高精度。

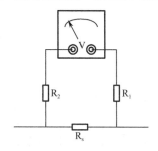

图 5-13-5 开尔文连接法示意图

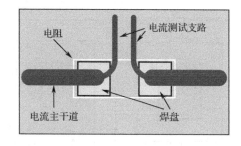

图 5-13-6 PCB 布线建议

3. 电流采样电路设计

用微课学

　　运放芯片 INA21x 是一系列的电流感测放大器，根据手册中提供了简化电路的原理图可供参考，如图 5-13-7 所示。

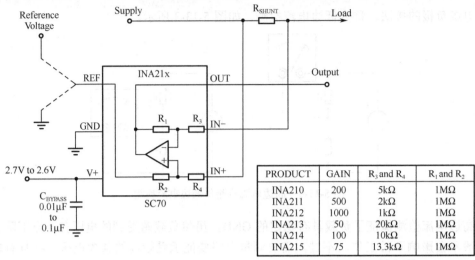

$$V_{OUT} = (I_{LOAD} \times R_{SHUNT})Gain + V_{REF}$$

图 5-13-7 INA21x 简化电路原理图

根据图 5-13-7 中的内部结构，不难看出这就是交流运放电路，只不过电阻集成在了芯片内部。我们选取的型号是 INA213，它自带 50 倍的放大倍数。这是由电阻的比值（R_1/R_3=1MΩ/20kΩ=50）决定的。根据图中公式，可知待测电流 I 与输出电压 V_{out} 的关系为：

$$V_{out} = 50 \times I \times R_s + V_{REF}$$

V_{REF} 是参考电压，之前已经介绍过 TL431 的参考电压电路，也可以用分压电路来实现。为了简便起见，假设采样电阻 R_s 的值为 0.05Ω，参考电压为 0V，那么待测电流 I 与输出电压 V_{out} 的关系可以化简为：

$$I = 0.4 \times V_{out}$$

如果输出电压为 1V，代表电流为 0.4A。实际电路板可以通过跳线帽设置为高边检测、低边检测还是使用外部采样电阻。电路板自带的两个采样电阻，R_{S1} 的阻值为 0.05Ω，R_{S2} 的阻值为 0.1Ω，也可以选择外部的采样电阻。如图 5-13-8 所示为电流采样电路原理图。

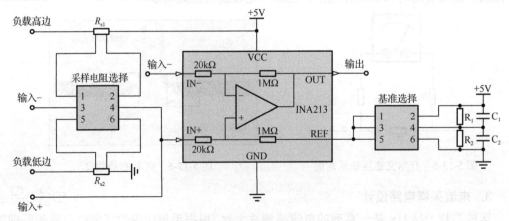

图 5-13-8 电流采样电路原理图

任务实训

 教学视频

任务十四　运放滞回电路

 学习目标

1. 了解滞回控制电路的应用背景。
2. 熟悉运放用作电压比较时的工作原理。
3. 掌握运放滞回控制电路阈值电压的设置原理与计算方式。

 任务描述

小典：龚老师，我记得您之前强调过，运放的虚短、虚断，前提都是处于线性工作区，有负反馈。那么有没有不用在线性工作区的情况？

龚老师：有啊，不接负反馈的时候，运放把两个输入的差值放大上万倍，只要两个输入有一点点的压差，输出要么是最大值，要么是最小值，你说，这样的电路会是什么作用呢？

小典：那就相当于两个输入比较大小了，好像有个词就是说这个功能的，以前听到过，叫比较器，对吗？

龚老师：对了，运放是可以用作比较器的，其实比较器是数字电路领域的一个器件，我们以后会学到。在使用的时候可能要注意到这么一个问题，假设一个场景：某工厂有一个风扇控制系统，用于保持现场温度不能过高。当现场温度≥30℃时，风扇打开散热，当现场温度<30℃时，风扇关闭。一段时间后，风扇经常烧坏，最后发现是由于现场温度一直在30℃左右来回变动，温度高于30℃时风扇启动，然后现场温度下降变得低于30℃，风扇停止工作。随后温度又高于30℃，循环往复，造成风扇频繁启动，导致风扇烧坏。这种情况该怎么办呢？

小典：那就别跟30℃较劲了呗。比如说风扇在温度高于40℃时启动，在温度低于25℃时停止，让风扇开启的温度和关闭的温度不一样，这样子平均温度也还在可控范围之间。

龚老师：很对，今天要讲的课，就是把运放当作比较器，但不是一般的比较器，而是称为滞回比较器。原理你刚刚自己都悟出来了，让两个参考的温度不一样，实现滞回控制。

实训环境

- 运放滞回控制电路板。
- 直流稳压可调电源。
- 万用表。
- 示波器。
- 电烙铁。

任务设计

任务 1：安全上电。

任务 2：验证单限比较器的功能。

任务 3：验证滞回比较器的功能，实测两个阈值电压。

*任务 4：观察受到干扰的单限比较器，输出电压反复跃变的现象；观察由于温度变化导致的结果。

知识准备

1. 单限比较器

用**微课**学

比较器一般只输出高低电平，如果运放用作比较器，则无须工作在线性区。由于运放自身放大倍数非常大，如果运放的同相输入端电压比反相输入端电压大，哪怕只大一点点，那么运放将输出最大电压值，对于"轨至轨"运放来说，这个最大电压值将接近电源电压 V_{CC}；反之，如果运放的反相输入端比同相输入端大，那么运放将输出最小电压值，如果电源包含负电压，那么最小的电压值就是 $-V_{CC}$，否则最小电压值就是 0。有些电路会增加输出限压，限制最大值与最小值为某个特定数值。本节为了方便描述，将最大的输出电压写作 V_{CC}，最小的输出电压写作 $-V_{CC}$。

将某一个输入端连接参考电压 U_{REF}，另一端连接待测电压 u_I，即可比较参考电压与待测电压的大小。参考电压就是输出电压由高电平变为低电平，或者由低电平变为高电平跃变的阈值，也称为阈值电压或者门限电压。此电路只存在一个阈值电压，被称为单限比较器。若 $u_I > U_{REF}$，输出 V_{CC}；若 $u_I < U_{REF}$，输出 $-V_{CC}$。还有一种可能的情况是 $u_I = U_{REF}$，其实两个模拟量很难真正完全相等，在实际应用中发生的概率也极小，如图 5-14-1 所示。

2. 滞回比较器

用**微课**学

在单限比较器中，输入电压在阈值电压附近的任何微小变化，都会引起输出电压的跃变。不管这种微小变化是来源于输入电压还是来源于外部干扰。单限比较器很灵敏，但抗干扰能力差。在单限比较器中加入正反馈，反相输入端接输入电压，可以使电路具有惯性，看上去反应比较"慢"，对微小变化不敏感，有一定的抗干扰能力，因此称为滞回比较器，或者迟滞比较器。

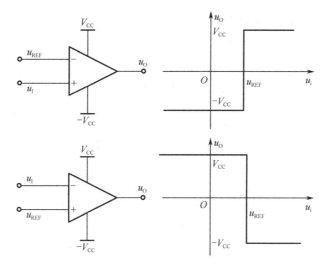

图 5-14-1 两种单限比较器与电压传输特性

将运放用作滞回比较器时，可以看出没有负反馈，运放并不工作在线性区。输出电压跃变时，会经过线性区，正反馈加快了经过线性区速度。包含正反馈的比较器电路，也称为施密特触发器（Schmitt trigger），如图 5-14-2。

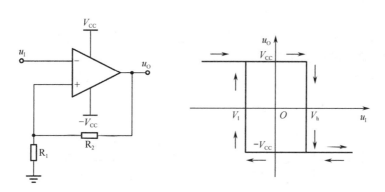

图 5-14-2 滞回比较器及其电压传输特性

在分析滞回比较器的工作原理时，可以根据输入电压的大小，分情况讨论：

（1）输入电压 u_I 很小，输出电压 $u_O = V_{CC}$，此时同相输入端的电压 u_P 可以用电阻分压公式求出：

$$u_P = \frac{R_1}{R_1 + R_2} V_{CC}$$

为了方便描述，令 $V_h = \frac{R_1}{R_1 + R_2} V_{CC}$，$V_h$ 代表较高的阈值电压。

（2）输入电压 u_I 逐渐变大，但是还小于 V_h 的时候，由于运放的同相输入端电压始终大于反相输入端，所以输出电压 u_O 始终等于 V_{CC}。

（3）输入电压 u_I 继续变大，并且稍微大于 V_h 的瞬间，由于运放的同相输入端小于反相输入端，所以输出电压u_O变为最小值$-V_{CC}$。此后，就算u_I继续变大，输出电压也不变化。

此时可以求出同相输入端的电压：

$$u_N = -\frac{R_1}{R_1 + R_2}V_{CC}$$

为了方便描述，我们令$V_1 = -\dfrac{R_1}{R_1 + R_2}V_{CC}$，$V_1$代表较低的阈值电压。

（4）输入电压u_I开始减小，$V_1 < u_I < V_h$的时候，此时由于反相输入端的电压仍大于同相输入端，所以u_O不会变化，仍然是$-V_{CC}$。

当$u_I > V_h$时，u_O跃变；但是$u_I < V_h$时，u_O却不变化，这就是滞回比较器跟单限比较器不同的地方。即使u_I在V_h附近小幅度上下波动，也不会影响输出。

（5）如果输入电压u_I继续减小，稍微小于V_1的瞬间，反相输入端电压小于同相输入端，所以u_O变为最大值。如果想让u_O重新变为最小值，需要$u_I > V_h$。即u_I在V_1附近小幅度上下波动，不会影响输出。

在输出电压即将跃变的瞬间，正好同相输入端与反相输入端电压相等。先设定输出电压为最大值或者最小值，令$u_P = u_N$，此时求出的u_I就是阈值电压。观察V_h与V_1这两个阈值电压的公式，可知，调节电阻R_1与R_2的阻值，可以改变阈值电压。

从电压传输特性曲线上可以看出，当$V_1 < u_I < V_h$的时候，u_O可能是V_{CC}，也可能是$-V_{CC}$。如果u_I是从小于V_1逐渐增大到$V_1 < u_I < V_h$时，$u_O = V_{CC}$；如果u_I是从大于V_h逐渐减小到$V_1 < u_I < V_h$时，$u_O = -V_{CC}$。滞回比较器的电压特性是有方向性的。

3. 带参考电压的滞回比较器

将滞回比较器同相输入端的电压由接地改为某个参考电压U_{REF}，可以将两个阈值电压向左或向右平移，如图5-14-3所示。

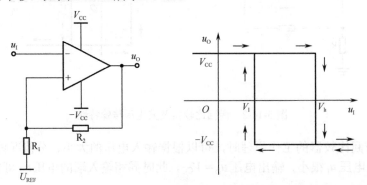

图5-14-3　带参考电压的滞回比较器及其电压传输特性

令$u_P = u_N$，可以求出阈值电压：

$$V_h = \frac{R_2}{R_1 + R_2}U_{REF} + \frac{R_1}{R_1 + R_2}V_{CC}$$

$$V_1 = \frac{R_2}{R_1 + R_2}U_{REF} - \frac{R_1}{R_1 + R_2}V_{CC}$$

以上是分析滞回比较器阈值电压的通用公式。实际应用的时候可能会更简单点。R_1、

R_2 的阻值与 U_{REF} 共同决定了电压传输特性曲线左右平移的距离。如果没有使用负电源，则最小电压是 0V，可以省略 V_1 的 "$-\dfrac{R_1}{R_1+R_2}V_{CC}$"。

4. 运放滞回控制电路设计

采用温度传感器应用的是 TPM235 来设计运放滞回控制电路。在温度大于 0℃的时候，输出电压 V_t 与温度 t 的关系如图 5-14-4 所示：

$$V_t = 0.5 + 0.01*t$$

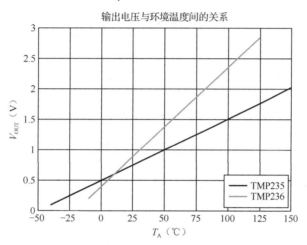

图 5-14-4 TMP235 输出电压与环境温度间的关系

风扇在温度高于 40℃时启动，此时电压为 0.9V；在温度低于 25℃时停止，此时电压为 0.75V。令 $V_h = 0.9V$，$V_1 = 0.75V$。

参考电压可以由电阻分压来提供，如图 5-14-5 所示是使用 R_2 与 R_3 对 V_{CC} 进行分压。如果在分压电路后串联输入电阻 R_{in}，会有一部分电流通过 R_{in} 流入电路，这部分电流会影响参考电压值，故要求分压电路的电流"远大于"流过 R_{in} 的电流。如果分压电路的电流太大，会白白浪费电能，所以电路可以稍加优化，取消输入电阻，或者把分压电阻当作输入电阻。此时参考电压 U_{REF} 可以理解为"是将 5V 电压经过特殊分压后得到的参考电压"，此处的"特殊"在于分压电阻受输出电压的影响，参考电压并非一成不变。

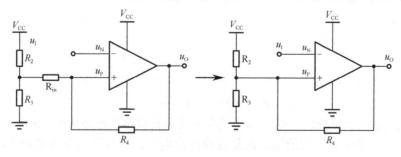

图 5-14-5 取消输入电阻的滞回比较器

令 $u_P = u_N$，分析 P 点的电流关系，或者应用叠加定理，可以求出此电路的阈值电压：

$$V_h = \frac{R_3 /\!/ R_4}{R_2 + R_3 /\!/ R_4} 5 + \frac{R_2 /\!/ R_3}{R_2 /\!/ R_3 + R_4} V_{CC}$$

$$V_l = \frac{R_3 /\!/ R_4}{R_2 + R_3 /\!/ R_4} 5 - \frac{R_2 /\!/ R_3}{R_2 /\!/ R_3 + R_4} V_{CC}$$

这两个值仍满足分析滞回比较器阈值电压的通用公式。只不过输入电阻与反馈电阻都不是确定值：将 u_O 视为 0 的时候，R_2 是输入电阻，$R_3 /\!/ R_4$ 是反馈电阻；将提供 U_{REF} 的 5V 电源电压视为 0 的时候，$R_2 /\!/ R_3$ 是输入电阻，R_4 是反馈电阻。由于实际应用的电路没有负电压，所以最低输出是 0V，可以省略 V_l 的 "$- \frac{R_2 /\!/ R_3}{R_2 /\!/ R_3 + R_4} V_{CC}$"。

在将具体数值带入计算之前，可以分情况讨论，把公式进一步化简：V_h 出现的时机是 u_O 从 5V 变为 0V 的时候，在应用 V_h 之前的一瞬间，输出必然是 5V。电路可以化简为如图 5-14-6 所示电路。

此时 R_2 与 R_4 并联，同向输入端的电压 V_h 简单地用分压公式就可以求出：

$$V_h = \frac{R_3}{R_2 /\!/ R_4 + R_3} \times 5V$$

同理，V_l 出现的时机是 u_O 从 0V 变为 5V 的时候，在应用 V_l 之前的一瞬间，输出必然是 0V。电路可以如图 5-14-7 化简：

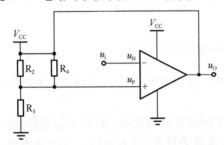

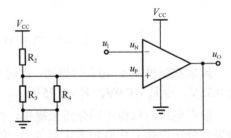

图 5-14-6　输出 5V 时同相输入端情况分析　　图 5-14-7　输出 0V 时同相输入端情况分析

此时 R_3 与 R_4 并联，同向输入端的电压 V_l 也用分压公式求出：

$$V_l = \frac{R_3 /\!/ R_4}{R_2 + R_3 /\!/ R_4} \times 5V$$

可以看出，理论计算的结果，与分情况讨论的结果是一样的，但后者更好理解，也更容易计算。将 $V_h = 0.9V$，$V_l = 0.75V$ 代入各自的公式。

由于存在 R_2、R_3、R_4 三个未知量，但是只有两个公式，所以只能计算出三者的比值，不能算出具体数值。可以令某个电阻为方便计算的整数值，算出另外两个电阻。如令 $R_4 = 100\text{k}\Omega$，可以算出 $R_2 = 20\text{k}\Omega$，$R_3 = 3.659\text{k}\Omega$ 取 $3.6\text{k}\Omega$。

在输入端加上低通滤波，避免高频噪声干扰。在输出端增加两个 LED，用于指示输出电压情况。一般来说运放的输出级是推挽输出电路，有较强的带负载能力，所以能够直接驱动 LED。如果只需输出高低电平，无须带负载，可以在运放的输出端串联电阻作为保护。最终完成设计如图 5-14-8 所示运放滞回控制电路原理图。

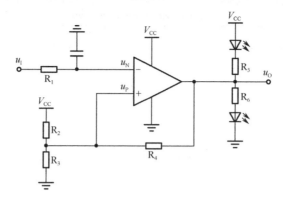

图 5-14-8　运放滞回控制电路原理图

任务实训

教学视频

任务十五　RC 正弦波信号源

学习目标

1. 理解 RC 正弦波信号源电路的工作原理。
2. 了解电容与电感对周期信号相位的影响，并建立感性认知。
3. 学会使用 RC 正弦波信号源电路，并了解其设计过程。

任务描述

用微课学

小典：龚老师，为什么我们做实验的输入信号，总是用正弦波呢？ sin、cos 这种三角函数的数学题可难了。

龚老师：很多同学都觉得正弦波复杂，三角函数的数学题，也确实有点难度。但其实正弦波是最简单的波形了，它的频率成分最为单一。它也是最自然的波形，拨动的琴弦，跳动的鼓面，都是正弦波。如图 5-15-1 所示，在电子与通信领域，正弦波的应用也非常广泛。在信号领域，任何复杂的信号，都可以看成由许多频率不同，大小不同的正弦波叠加而成。

小典：可是，我记得咱们学过的电路中，好像没有哪个电路可以产生正弦波。

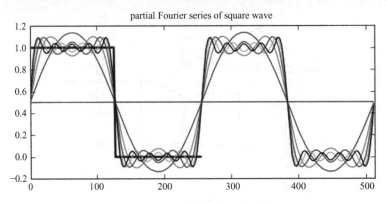

图 5-15-1　正弦波叠加形成方波

龚老师：无线供电应用电路中，LC振荡电路就能产生正弦波哦。其实你把产生正弦波想得太复杂了。周期性地给电容充电放电，得到的波形就是正弦波。不要忘记，正弦波是最自然的波形。

小典：那么，周期性的充电和放电，是不是要借助另外的设备呢？比如波形发生器。

龚老师：完全不用啊。照你的假设推理下去，波形发生器的正弦波从哪来？也借助另外的设备？一会你这个问题就跟鸡生蛋，还是蛋生鸡一样了。待会，我就用 RC 正弦波信号源电路，在没有外加输入信号的情况下，依靠电路自激振荡来产生稳定的正弦波，你看好了。

实训环境

● RC 正弦波信号源。
● 直流稳压可调电源。
● 万用表。
● 示波器。

任务设计

任务 1：安全上电。

任务 2：使用 RC 正弦波信号源电路板产生正弦波，并观察正弦波。

任务 3：根据包含非线性环节与不包含非线性环节的情况下，电路输出的波形，来分析非线性环节的作用。

知识准备

今天要学习的是 RC 振荡电路，可以联系之前的知识。除此之外，还要增加同相比例运算电路来维持振幅。

1．相位的变化

相位，指的是某个波形，在特定时间的位置。对于正弦波，当电压达到最高点时的

用微课学

相位称为波峰；当电压达到最低点时的相位称为波谷。假设某个电阻上的电压的波形是正弦波，将通过该电阻的电流的大小与时间对应起来得到波形，这个电流的波形与电压的波形频率相同，相位相同。即对于电阻来说，电压与电流同相位。

对于电容来说，电压与电流的相位并不相同。从充电过程看，总是先有流动电荷的积累才有电容上的电压变化，即电流总是超前于电压。在数学上可以使用微积分公式+三角函数来证明，电容上的电流超前电压 90°相位，或者说电压落后电流 90°相位。

如图 5-12-2（a）所示电路，如果一个电阻与电容串联，且从电阻上取输出信号，那么电容上超前的电流将会在电阻上变为超前的电压，输出信号的相位将会超前于输入信号。

如图 5-12-2（b）所示电路，电阻 R_2 与电容并联，电容将从电阻 R_2 上取得电压，由于电容对电压的滞后作用，使得 R_2 上的电压也被强制滞后。

2. RC 串并联选频网络

将电阻 R_1 与电容 C_1 串联，电阻 R_2 与电容 C_2 并联所组成的网络，称为 RC 串并联选频网络，如图 5-15-3 所示。一般两个电阻取值相同，两个电容取值也相同。所谓选频，指的是这个电路可以"选"出特定的频率，并通过后续的正反馈电路维持这个频率。高于或者低于这个特定频率的波形，无法得到正反馈，逐渐衰减并最终消失。从功能上来讲选频网络有点像带通滤波器。除此之外，电路还需要正反馈网络，从串并联的连接处引出反馈信号，经过放大电路作用于输入信号，用于维持正弦波振荡，这一点与无线供电应用电路中，LC 振荡电路+放大电路的原理是一样的。

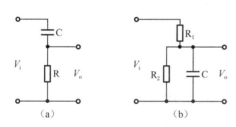

图 5-15-2　电容的相位补偿分析

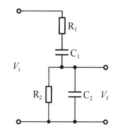

图 5-15-3　RC 串并联选频网络原理图

反馈信号 V_f（对于选频网络来说，也可以理解为输出信号）与输入信号 V_i 的相位必须完全一致。假设 V_i 的频率很低，那么 R_1 与 C_2 几乎都不起作用。因为电容对于低频信号阻抗非常大，C_1 与 R_1 串联，相比于 C_1、R_1 的阻抗太小了；R_2 与 C_2 并联，相比于 R_2、C_2 的阻抗太大了。电路可以简化为 C_1 与 R_2 串联。V_f 的相位会超前 V_i，若频率趋近于 0，相位超前将趋近于 90°。如图 5-15-4 所示为软件模拟得到的波形，可用于理论分析相位关系。当输入信号频率为 1Hz 时，反馈信号比输入信号几乎领先了 1/4 周期。

假设 V_i 的频率很高，那么 C_1 与 R_2 几乎都不起作用。因为电容对于高频信号阻抗非常小，C_1 与 R_1 串联，相比于 C_1、R_1 的阻抗太大了；R_2 与 C_2 并联，相比于 R_2、C_2 的阻抗太小了。电路可以简化为 R_1 与 C_2 串联。由于电容 C_2 先有流动电荷的积累才有电容上的电压变化，所以 V_f 的相位会落后 V_i，若频率趋近于无穷大，相位滞后将趋近于 90°。如图 5-15-5 所示输入信号频率为 1000kHz 时，反馈信号比输入信号几乎落后了 1/4 周期。

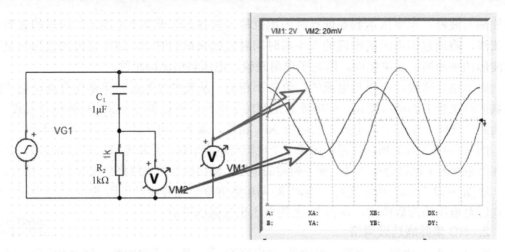

图 5-15-4 1Hz 输入信号时反馈信号与输入信号对比图

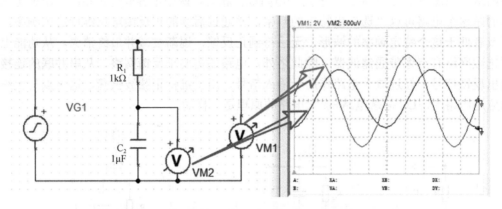

图 5-15-5 1000kHz 输入信号时反馈信号与输入信号对比图

可以看出，输入信号的频率从 0 到无穷大时，反馈信号的相位从+90° ～-90° ，那么必然存在一个频率，使两个信号的频率相等。这个频率称为振荡频率 f_o：

$$f_o = \frac{1}{2\pi RC}$$

从表达式上来看，RC 串并联选频网络的振荡频率 f_o 与 RC 低通滤波电路的截止频率 f_c 表达式一样，但含义不一样。f_o 表明在这个频率下，反馈信号与输入信号的相位相同；f_c 表明在这个频率下，输入信号功率降低 3dB 的频率。

经过严格的数学推导，可以算出，当 RC 串并联选频网络的输入信号频率等于振荡频率时，反馈信号的幅值变为输入信号的 1/3。有 2/3 的幅值被浪费在 RC 串并联选频网络上，对比 LC 振荡电路，这个浪费比较严重。如果想让电路的振荡维持下去，需要把反馈信号通过放大电路，放大三倍，然后接到输入端。

3. RC 桥式正弦波振荡电路

将同相比例运算电路接在 RC 串并联选频网络后，形成 RC 桥式正弦波振荡电路。运放电路要求输入与输出相位相同。此电路也称为文氏桥振荡电路。

桥式电路，是一种电路类型，是在两个并联支路各自的中间节点（通常是两元器件之间连线的一点）插入一个支路，来将两个并联支路桥接起来的电路。如图 5-15-6，选频网络中 RC 串联与 RC 并联合起来作为一个支路，这个支路与同相比例运算电路中的 R_f 与 R_1 的支路是并联关系，两个支路的中间节点插入了运放支路，组成了这个 RC 桥式正弦波振荡电路。

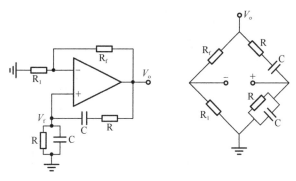

图 5-15-6　RC 桥式正弦波振荡电路

已知同相比例运算电路的输出与输入电压关系如下：

$$u_O = \left(1 + \frac{R_f}{R_1}\right) u_I$$

在放大倍数为 3 倍的时候可以实现幅值平衡，所以 $R_f = 2 \times R_1$。

在此电路中，RC 串并联选频网络需要把自身的输出，作为输入，用来维持振荡，这是正反馈；但是 RC 串并联选频网络的输出只有输入的 1/3，需要借助放大电路，实现 3 倍放大，放大电路要控制放大倍数，就需要引入负反馈。故此电路同时存在正反馈与负反馈，它以 RC 串并联网络作为选频网络和正反馈网络，以包含负反馈的同相比例运算电路为放大环节。

4．RC 正弦波信号源电路设计

用微课学

在 RC 桥式正弦波振荡电路实际应用时，会出现有关放大倍数的问题：如果放大倍数略小于 3 倍，那么反馈给选频网络的电压，不足以维持 RC 振荡，导致振荡幅度越变越小；如果放大倍数略大于 3 倍，那么反馈给选频网络的电压，超过了它所需要的电压，流入放大电路的电压当然也超过了预期，这会导致放大电路达到极限的幅值，波形削顶或者削底；如果放大倍数正好是 3 倍，则振荡电路不容易起振，因为起振靠的就是各种扰动，如安全上电合闸一瞬间的脉冲。

一种解决思路是，在电路中加入"非线性"环节。如在反馈回路中加入两个并联的二极管。如果输出电压因为某种原因变大，那么流过二极管的电流变大，但是根据二极管的伏安特性曲线可以知道，此二极管的"动态电阻"减小（达到正向导通电压以后，电压的增量小，电流增量大，所以看上去像是电阻变小了），导致放大倍数减小，最终使输出电压稳定。这个过程类似于负反馈调节。但这种做法是有弊端的，输出波形可能轻微失真。只要引入非线性环节，这种失真就不可避免，不管是用二极管，还是热敏电阻作为非线性环节，都无法避免轻微失真。如果使用 Mos 管，失真的情况可能会改善，但是电路设计会变得复杂很多。在电路设计领域，有一利必有一弊。

如果想输出 0V 左右的交流信号，需要引入正负电源，为了简化设计，可以将正弦波的平均值设定为 2.5V 左右，并用 TL431 电路提供 2.5V 电压。

为了便于精确调整放大倍数，观察放大现象，把反馈电阻设置为可调电位器。由此得到 RC 正弦波信号源电路设计，如图 5-15-7 所示。

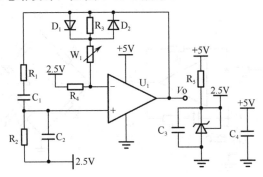

图 5-15-7　RC 正弦波信号源电路原理图

此设计中输出电压由运放的工作电压决定，输出频率由选频网络电阻与电容的值决定。有些设计会把电阻与电容设为可调的，以实现频率可调。若追求更好的正弦波质量，或者更高频的振荡频率时，可以选用 LC 振荡电路，或者石英晶体振荡电路。

 任务实训

 教学视频

任务十六　RC 方波与三角波信号源

 学习目标

1. 理解 RC 方波与三角波信号源的工作原理。
2. 知道方波与三角波的联系与区别。
3. 了解 RC 方波与三角波信号源的设计过程。
4. 强化对一阶 RC 电路与滞回比较器的理解。

 任务描述

用微课学

小典：跟正弦波相比，方波就显得有点愣头愣脑的。方波主要是干啥用的呢？

龚老师：一般情况下，将占空比为 50%，其实也就是高电平持续时间占一半的矩形波，称为方波。在数字电路领域，由于只有高低电平，正好对应，所以矩形波在数字电路领域应用的很广泛。例如，单片机使用串口通信，使用示波器观察通信波形，可以看出波形就是矩形波，如图 5-16-1 所示。

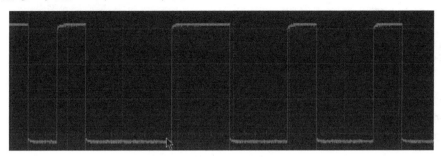

图 5-16-1　单片机串口通信波形

小典：龚老师，上节课咱们已经做出了正弦波。您之前提到过，很多正弦波叠加就可以形成方波，是不是多做几个正弦波的电路，就能够产生方波了？

龚老师：产生方波，比你想的还要简单。找一个振荡源，如晶振、LC 振荡电路，上节课讲的 RC 振荡电路也可以。想办法让它维持振荡，然后连接运放或者比较器，就得到方波了。

小典：哎呀，忘了能用运放了，没想到发生波形也用得上运放。

龚老师：常用的波形除了正弦波，刚刚提到的方波，还有三角波、锯齿波等。它们也有各自的用途。例如，在"开关电源升压电路"的章节中，芯片 MC34063 的 3 脚外接电容，可以控制振荡器的频率，这个振荡器发出的就是锯齿波，如图 5-16-2 所示。

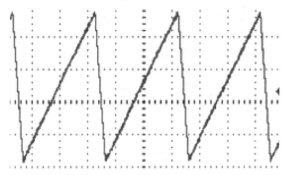

图 5-16-2　MC34063 内部振荡器发出的锯齿波

小典：又学到新的知识了。

龚老师：今天，我们就做个矩形波发生电路。用 RC 充放电电路与滞回比较器，发出占空比可调的矩形波，并弄清楚如何从矩形波得到三角波。

实训环境

● RC 方波与三角波信号源。

- 直流稳压可调电源。
- 万用表。
- 示波器。
- 波形发生器。

任务设计

任务 1：安全上电。

任务 2：观察方波与三角波，并且改变方波的频率。

任务 3：观察矩形波，改变占空比。

知识准备

我们之前已经学习过了 RC 充放电电路，要能够回忆起充放电的曲线与时间常数的含义。也学过了滞回比较器，要能够回忆起滞回比较器的两个阈值电压。本节任务需要把两者结合起来。

1. 产生矩形波的原理

理想的矩形波只有"高"和"低"两个值。高电平在一个波形周期内占有的时间比值称为占空比，占空比为 50%的矩形波称为方波。矩形波是其他非正弦波发生电路的基础。例如，方波加在积分电路的输入端，输出就获得三角波。

矩形波只有两种状态，不是高电平，就是低电平，正好与电压比较器的输出状态对应。如果可以使用电压周期性变化的信号源，无论这个信号源是正弦波、三角波还是别的，只要通过一个电压比较器，使信号源与参考电压比较，就可以得到矩形波。如图 5-16-3 所示为将正弦波输入电压比较器电路输出矩形波的仿真。

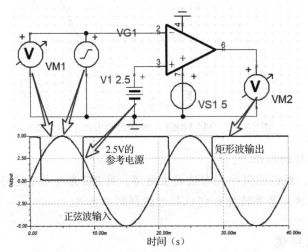

图 5-16-3　正弦波输入电压比较器电路输出矩形波的仿真

图 5-16-3 中的电路设计比较复杂。周期变化的信号源可由振荡电路得到，只要让电

压比较器（此处用运放实现电压比较的功能）的输出，可以维持电路振荡即可。如图 5-16-4 所示电路，输出端可以通过电阻为电容充电，电阻与电容构成 RC 振荡电路。电容接在反相输入端，电容上变化着的电压作为输入电压，参考电压 V_{ref} 接在同相输入端。

假设某一时刻，输出电压 u_O 为最大值 V_{CC}（假设运放可以实现理想的轨至轨，最大输出电压可以达到电源电压），u_O 通过电阻 R 为电容 C 充电，电容 C 的电压 u_C 逐渐升高。在 $u_C < V_{ref}$ 期间，输出电压始终为最大值。

一旦 $u_C > V_{ref}$，运放的反相输入端电压大于同相输入端电压，运放输出最小值 $-V_{CC}$（在非正负电源供电时 $-V_{CC}$ 为 0V）。电容 C 通过电阻 R 进行放电，电压 u_C 逐渐降低。只要 $u_C < V_{ref}$，输出电压就会变为最大值，使电容 C 的电压 u_C 再次升高。

可以看出，u_C 会在 V_{ref} 附近振荡，输出电压不是最大值 V_{CC}，就是最小值 $-V_{CC}$，理论上来讲波形是矩形波。电平切换速度取决于运放本身的速度，太快且不可控。因此需要增加延迟环节，此处使用滞回比较器。

2. 矩形波发生电路

用微课学

在单限比较器中加入正反馈，可以做成滞回比较器。反相输入端接电容，电容与输出端有电阻控制充放电速度，这就是矩形波发生电路，如图 5-16-5 所示。

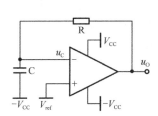

图 5-16-4　RC 振荡电路+电压比较器

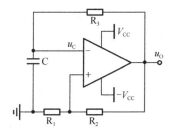

图 5-16-5　矩形波发生电路

分析滞回比较器，可知两个阈值电压中，较高的阈值电压 $V_h = \dfrac{R_1}{R_1 + R_2} V_{CC}$，较低的阈值电压 $V_l = -\dfrac{R_1}{R_1 + R_2} V_{CC}$。

假设某一时刻，输出电压 u_O 为最大值 V_{CC}，则同相输入端电压为 V_h，u_O 通过电阻 R_3 为电容 C 充电，电容 C 的电压 u_C 逐渐升高。在 $u_C < V_h$ 期间，u_O 始终为最大值。

一旦 u_C 略大于 V_h，运放的反相输入端电压大于同相输入端电压，运放输出电压为最小值 $-V_{CC}$（在非正负电源供电时 $-V_{CC}$ 为 0V），同时同相输入端的电压由 V_h 变为 V_l。电容 C 通过电阻 R_3 进行放电，电压 u_C 逐渐降低。虽然 u_C 在减小，但是 $V_l < u_C$ 的时候，此时由于反相输入端的电压仍大于同相输入端，所以 u_O 不会变化，仍然是 $-V_{CC}$。

如果输入电压 u_C 继续减小，在稍微小于 V_l 的瞬间，反相输入端电压小于同相输入端，所以 u_O 变为最大值，电容又开始充电。上述过程周而复始，电路产生了自激振荡。

输出高电平时，电容充电；输出低电平时，电容放电。由于电容充放电的电流并非恒定的，所以电容充放电的电压并不是线性变化，电容电压的变化曲线看上去是从指数型的曲线中"截取"了一小段。由于充放电的时间常数没有变化，充放电的幅值也相同，所以充放电的时间也相同，即输出高低电平的时间相同，此矩形波占空比是 50%，也称方波，如图 5-16-6 所示。

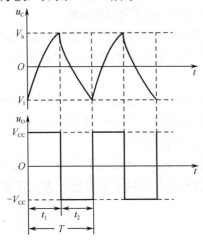

图 5-16-6　方波发生电路的波形图

3. 三角波与方波的波形控制

电容电压近似于三角波，在要求不严格的场合可以作为三角波的输出信号。可以看出，调整 R_3 与 C 的值，可以改变充放电的时间常数，即控制三角波上升或下降的速度；调整 R_1 与 R_2 的值，可以改变滞回比较器的阈值电压，即改变三角波的幅值。

不论是改变三角波上升或下降的速度，还是改变幅值，都可以改变方波的周期，进而改变频率。使用一阶 RC 电路的三要素法可以算出电容充电或放电的时间。RC 充放电的过程可以用方程描述：

$$f_{(t)} = f_{(\infty)} + \left[f_{(0)} - f_{(\infty)} \right] \times e^{-t/\tau}$$

其中 $f_{(t)}$ 是任意时刻的电压或电流。

三要素指的是：$f_{(0)}$ 初始值、$f_{(\infty)}$ 稳态值、τ 时间常数。

假设输出电压高电平持续的时间为 t_1，在此期间内，电容的电压从 V_l 变为 V_h。如果没有外界变化，电容的电压最终会变为 V_{CC}。高电平持续的期间，电容充电，此过程初始值为 V_l，稳态值为 V_{CC}，时间常数为 $R_3 \times C$，t_1 时刻电压为 V_h，

$$V_h = V_{CC} + (V_l - V_{CC}) \times e^{-t_1/R_3 \times C}$$

将 $V_h = \dfrac{R_1}{R_1 + R_2} V_{CC}$ 与 $V_l = -\dfrac{R_1}{R_1 + R_2} V_{CC}$ 带入公式，可以消去 V_h、V_l 与 V_{CC}，得到 t_1 的表达式：

$$t_1 = R_3 \times C \times \ln\left(1 + \frac{2R_1}{R_2}\right)$$

方波的低电平持续的时间 $t_2 = t_1$，所以方波的周期 $T = 2t_1$，频率是周期的倒数。

在输出端接双向稳压管，或者电平转换电路，可以改变输出电压的值，从而改变方波的振幅。

4. 占空比可调电路

如果充电或者放电的时间不同，那么高电平与低电平持续的时间就不同，输出波形的占空比就会发生改变。要改变充放电的时间，可以利用二极管的单向导电性，使充放电的电流经过不同的电阻。由此可以设计出占空比可调的矩形波发生电路如图 5-16-7 所示。

占空比可调的矩形波发生电路波形分析如图 5-16-8 所示。

接下来计算电容的充电或放电时间。为了简便起见，忽略二极管导通时的等效电阻与压降，则此电路充电时的时间常数：

$$\tau_1 = R_{W1} \times C$$

高电平持续时间，也就是充电时间可套用方波公式求出

$$t_1 = \tau_1 \times \ln\left(1 + \frac{2R_1}{R_2}\right)$$

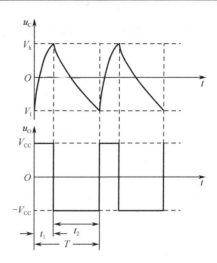

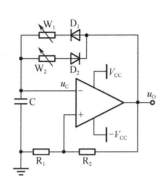

图 5-16-7 占空比可调的矩形波发生电路

图 5-16-8 占空比可调的矩形波发生电路波形分析

同理，对于放电时间 t_2 来说：

$$\tau_2 = R_{w2} \times C$$

$$t_2 = \tau_2 \times \ln\left(1 + \frac{2R_1}{R_2}\right)$$

占空比就等于：

$$\frac{t_1}{t_1 + t_2} = \frac{R_{w1}}{R_{w1} + R_{w2}}$$

因此调节两个电位器，就可以改变占空比。同时也会改变周期。有些电路会只使用一个电位器，一部分作为 W_1，另一部分作为 W_2，保持总阻值不变，改变电位器的滑动端可以改变占空比，但是周期不变。如图 5-16-9 所示为周期不变的可调占空比电路。

5．RC 方波与三角波信号源设计

设计真实的电路板时，可以改进占空比可调的矩形波发生电路，去掉正负电源，使用 DC5V 电源供电，并用分压电路，产生参考电压。如图 5-16-10 所示为 RC 方波与三角波信号源原理图。

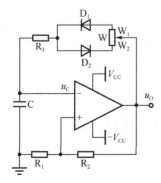

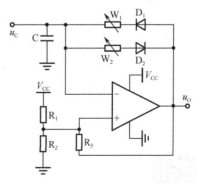

图 5-16-9 周期不变的可调占空比电路

图 5-16-10 RC 方波与三角波信号源原理图

为了方便计算，令 $R_1=R_2=R_3$，参考电压为 $1/2 V_{CC}=2.5\text{V}$。根据不同的情况，应用叠加

定理不难求出滞回比较器的两个阈值电压：

$$V_h = \frac{R_2}{R_1 // R_3 + R_2} \times V_{CC} = \frac{2}{3} V_{CC}$$

$$V_l = \frac{R_2 // R_3}{R_2 // R_3 + R_1} \times V_{CC} = \frac{1}{3} V_{CC}$$

三角波的振幅将被限制在 V_h 与 V_l 之间。使用一阶 RC 电路的三要素法，分析电容充电的过程，可得：

$$V_h = V_{CC} + (V_l - V_{CC}) \times e^{-t_1 / \tau_1}$$

将 V_h 与 V_l 带入，可以消去 V_h、V_l 与 V_{CC}，最得出：

$$t_1 = \tau_1 \times \ln(2) = R_{W1} \times C \times \ln(2)$$

同理

$$t_2 = R_{W2} \times C \times \ln(2)$$

知道高低电平持续的时间，就知道了周期，可以算出频率。公式中 $\ln(2) \approx 0.693$ ，上述计算过程中，由于忽略了二极管的导通压降与电压，所以存在一定的误差。常见电容的精度往往不够高，所以真正的频率需要实际测量。

6. 使用积分电路产生三角波

电容两端的电压只是近似于三角波，看上去不怎么"直"。实际上，把方波作为积分电路的输入，就可以得到三角波。使用运放可以实现积分电路，如图 5-16-11 所示。

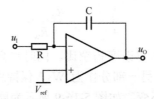

图 5-16-11　运放用作积分电路

理解积分电路的关键在于理解电容的电压等于其电流的积分，而输出电压等于电容的电压。由于运放电路"虚短"的存在，反相输入端的电压与同相输入端的电压始终相同；由于"虚断"的存在，流过电阻 R 的电流等于流过电容 C 的电流。

当积分电路接在矩形波电路后级时，由于矩形波电路只输出高电平或低电平，所以在某个电平持续的期间内，电阻 R 左右两端的电压可以保持不变。流过电阻 R 的电流也可以保持不变，所以电容的充放电电流保持不变，电容上电压变化的速度就能保持不变——不论是上升还是下降，电压变化的线条是"直"的。

 任务实训

 教学视频

任务十七 异常报告时序处理电路

 学习目标

1. 了解异常报告时序处理电路的工作背景与必要性。
2. 理解异常报告时序处理电路中的逻辑关系。
3. 理解异常报告时序处理电路的工作原理，知道其设计过程。

 任务描述

小典：龚老师，您上课的时候，总说在调试故障的时候，最能够增长知识。在实际工作中，各种故障很常见吗？

龚老师：说真的，不常见。我们只是强调了在学习的时候，多调试故障，能够综合应用你所学的知识，一方面你要使用各种工具找到故障，一方面你要反思原理对不对，最后还要想出解决方案。每排除一个故障，你都会增长很多知识。但是在实际工作，特别是工业环境中遇到故障，可能会带来很大的经济损失，甚至可能给工作人员带来危险。

小典：啊？那该怎么办呢？

龚老师：如果某个设备遇到故障时，通常会有明显的动作来通知控制系统，例如，把某个引脚设置为高电平，控制器检测到这个高电平以后，就让设备停止工作，亮起故障指示灯，指示工作人员来排除故障。如果没有排除故障，则无法关闭故障指示灯。等到排除故障，才可以关闭故障指示灯。这个过程中的业务逻辑，要由一个电路板来实现，让电路板来判断是否该亮起故障指示灯，以及能否熄灭故障指示灯，如图 5-17-1 所示为故障处理流程图。

小典：电路板还会判断逻辑？

龚老师：你小瞧电路板啦。首先这是简单的逻辑，根据输入是 0 还是 1，判断输出应该是 0 还是 1；其次，电脑看上去聪明一点吧？你用它玩游戏，上网课，可是它不就是大规模集成电路组成的嘛。你听说过跟人类选手下围棋的 AlphaGo 吧？它比人类还聪明，比下围棋最厉害的人类还厉害。

小典：呃……

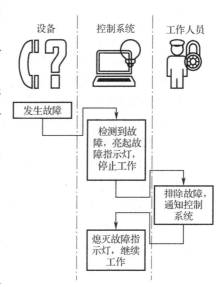

图 5-17-1 故障处理流程图

龚老师：不好意思扯远了。总之机器可以很聪明，电路板可以做逻辑判断。在数字电路领域，用电路来进行逻辑判断的用法很多，本节课将设计一个异常报告时序处理电路，使用按键模拟故障，重点是体现异常的处理逻辑。

实训环境

● 异常报告时序处理电路板。
● 直流稳压可调电源。

任务设计

任务 1：安全上电。

任务 2：验证。

根据视频（实验过程演示.mp4）的演示，自行设计实验，分别验证"使用 CLOCK 与 DATA 模拟异常处理"与"使用 SET 与 RESET 模拟异常处理"两种方案，并记录实验过程，排除实验中遇到的故障。

知识准备

1. 触发器简介

触发器（Flip-flop，FF），英文的原意就是"向上翻和向下弹"，其功能是记录二进制数字信号"1"和"0"，并实现两个状态的反转。一般来说它有 1 个或 2 输入端，根据输入端的情况来改变自身的状态。触发器的触发方式主要有电平触发和边沿触发，特定的条件会触发特定的输出。

触发器是构成时序逻辑电路及各种复杂数字系统的基本逻辑单元，也是在计算机、通信和其他类型的系统中使用的数字电子系统的基本组成部分。

常见的触发器有 RS 触发器、D 触发器、T 触发器和 JK 触发器。触发器可用特征方程，以现有的输入、输出信号，导出下个时钟脉冲的输出。

2. D 触发器的特性表

用微课学

本节用 D 触发器来设计异常报告时序处理电路，首先要知道 D 触发器在什么样的输入下有什么样的输出。

表 5-17-1 应从左往右看，靠左边的输入端引脚有较高的优先级。拥有上划线的 CR 与 CLR 代表低电平时有效，高电平时失效。SET 为低电平时，可以把输出置高。RESET 为低电平时，可以把输出置低。但是 SET 与 RESET 同时为低电平时，结果不可预测。只有当 SET 与 RESET 都失效的时候，才由 CLOCK 与 DATA 决定输出。在 CLOCK 为上升沿的瞬间，输出的状态与 DATA 相同。CLOCK 为其他情况时，输出都维持上个状态。右侧两列表示 D 触发器拥有一对相反的输出。

3. 使用 CLOCK 与 DATA 模拟异常处理

用微课学

观察 D 触发器的特性表，当 SET 与 RESET 都失效的时候，输出在 CLOCK 上升的瞬间，跟随 DATA 的变化。故障指示灯的亮灭应与设备是否有故障的高低电平一致，令控制系统检测故障时会产生上升沿，接到 CLOCK 上。

表 5-17-1　D 触发器特性表

输入端状态				输出端状态	
SET	RESET $\overline{\text{CLR}}$	CLOCK CLK	DATA	Q Q^{n+1}	$\overline{Q}$ Q_n, Q'
L	H	×	×	H	L
H	L	×	×	L	H
H	H	↑	H	H	L
H	H	↑	L	L	L
H	H	H/L/↓	×	维持上一个状态	

状态说明：L 低电平；H 高电平；×任意；↑ 上升沿。

　　为了方便演示，使用拨码开关 SW 连接 DATA 来模拟故障，用轻触按键 BTN_1 模拟控制系统检测故障时的上升沿。CLOCK 引脚默认为低电平，BTN_1 按下的瞬间接通高电平，产生上升沿。当 CLOCK 出现上升沿的时候，如果 SW 闭合，那么 DATA 引脚为高电平，D 触发器的输出也是高电平，点亮故障指示灯。如果故障解除，那么 SW 断开，DATA 引脚变为低电平，当 CLOCK 再次出现上升沿的时候，D 触发器输出低电平。由此便可以模拟完整的异常处理，如图 5-17-2 所示。

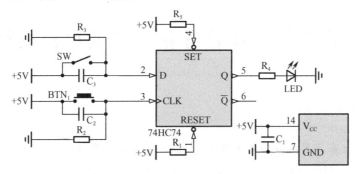

图 5-17-2　使用 CLOCK 与 DATA 模拟异常处理

4. 使用 SET 与 RESET 模拟异常处理

　　SET 与 RESET 引脚有更高的优先级，如果用 SET 来设置故障，无须等待检测，故障发生的瞬间就能亮起故障指示灯。

　　为了方便演示，使用自锁按键 SA 连接 SET 来模拟故障，用轻触按键 BTN_2 模拟通知系统故障解除。按下自锁按键 SA，模拟发生了故障，SET 变为低电平，输出变成了高电平。再按一下 SA 故障解除，然后按下轻触按键 BTN_1，模拟通知系统，由于 DATA 始终为低电平，所以按下 BTN_1 后，输出变为低电平，如图 5-17-3 所示。

　　图 5-17-3 所示的方案也可以使用 RESET 连接轻触按键 BTN_2，来模拟故障处理完成的通知。但是使用 CLOCK 与 DATA 模拟异常处理时，不可以使用 RESET，因为故障没有被处理完，按下 RESET，故障指示灯也会关掉。

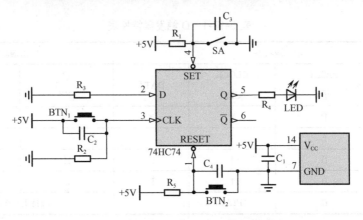

图 5-17-3 使用 SET 与 RESET 模拟异常处理

 任务实训

 教学视频

任务十八 移位寄存器级联应用电路

 学习目标

1. 知道移位寄存器级联应用电路与 LED 点阵屏的工作原理。
2. 熟练掌握 74HC595 芯片的用法与三八译码器的真值表。
3. 了解移位寄存器级联应用电路的设计过程，特别是要理解搭配译码器的优化思路。

 任务描述

龚老师：小典，如果想用某个控制芯片去控制 LED，要控制 1 个 LED 需要几个引脚？

小典：1 个引脚。

龚老师：控制 8 个 LED 呢？

小典：8 个引脚啊。

龚老师：控制 64 个 LED 呢？

小典：控制 n 个 LED，需要 n 个引脚，自己需要控制几个 LED 就让 n 等于几，学会了吗？

龚老师：你小子还挺会偷懒的。一个引脚控制一个 LED，是最直观的方法，但也是最笨的方法。引脚对于单片机来说是珍贵的资源，同样性能的芯片，引脚越多，价格就越贵，然而有些外设会占用很多引脚，如 LED 屏幕。理论上来讲，一个 LED 需要一个引脚来操作，64 个 LED 组成 8×8 屏幕，就需要多达 64 个引脚。但聪明的工程师会节省引脚，把 LED 按照行列连接，形成矩阵，只需要 16 个引脚。如果感觉用 16 个引脚还是有点多的话，可以考虑使用移位寄存器级联应用电路，最少只需要 3 个引脚，就可以控制很多 LED，多于 64 个，理论上甚至无限多。

小典：从 64 个引脚降到 3 个引脚，这也太厉害了吧！怎么实现的？

龚老师：记住了啊，是应用移位寄存器级联应用电路。你现在可能连名字都听不懂，这节课我会慢慢教你。

实训环境

● 移位寄存器级联应用电路板。
● 直流稳压可调电源。
● 单片机控制板。
● 示波器。

任务设计

任务1：安全上电。
任务2：现象观察。

观察并分析关键测试点的波形，尝试使用示波器的解码功能，从波形中解析单片机发送的数据。

知识准备

1. 移位寄存器级联应用电路

用微课学

移位，指的是移动所在的位置。位，指的是一个二进制位，写作 1bit，表示一个 0 或者 1。你可以想象有一群人排成一队买火车票，第一个人买好了票后，就离开了队伍，后边所有人都可以往前挪动一步。如果把人比作 1bit 的数据，所有人挪动的这一小步就是移动了 1bit。

寄存器，是中央处理器内的组成部分。寄存器是有限存储容量的高速存储部件，它们可用来暂存指令、数据和地址。从名字来看，跟火车站寄存行李的地方好像是有关系的，只不过火车站的行李寄存处存放的是行李；寄存器存放的是指令、数据或地址。

移位寄存器，是数字电路里的一种器件，首先它是寄存器，存放了一些数据，这些数据的位数通常是 8 的整数倍。其次，它具备移位的功能，能够按照时间脉冲存储新的数据，并把旧的数据向左或者向右移动 1bit。

级联，就是把多个设备连接起来，能起到扩容的效果。例如，很多人坐火车，一节车厢坐不下，再临时添加一节车厢，添加的这节车厢就可以称为级联；再比如计算机的内存条就是由存储芯片级联构成的，2 个相同的 4G 内存条级联起来就是 8G。此处的级联，指的是把包含移位寄存器的芯片连接起来，让它们肩并肩地工作。

移位寄存器级联应用电路，就是把几个移位寄存器连在一起应用的一个电路。这个电路的目的是节省控制芯片的引脚。

2. 74HC595 芯片的工作原理

74HC595 具有 1 个 8 位移位寄存器和 1 个存储器，具备三态输出功能。移位寄存器和存储寄存器有相互独立的时钟。数据在移位寄存器时钟输入的上升沿输入移位寄存器，在存储寄存器时钟输入的上升沿输入存储寄存器。移位寄存器有 1 个串行移位输入和 1 个串行输出，还有 1 个异步的低电平复位，存储寄存器有 1 个并行 8 位的，具备三态的总线输出，当使能 $\overline{OE}$ 时（为低电平时），存储寄存器的数据输出到总线。

很多厂家都有生产该类芯片（如 TI、NXP 等），虽然都是 595 芯片，但名称略有区别，如 74lV595、74lS595、74HC595 等。除此之外，引脚名称、速度、电压、电路、输入输出电平等，也不尽相同，具体的需要参考对应的元件手册，表 5-18-1 所示为 74HC595 引脚说明。595 芯片最大的一个特点就是可以级联，最少只需要占用控制器的 3 个 I/O 口就可以控制很多片 595。只要电路设计合理，级联上百片不成问题。想象一下如果用来驱动继电器、LED 等 1 个引脚就能控制的设备，级联 100 片 595，每片可以驱动 8 个设备，总共可以驱动 800 个，所占用的只是控制器的 3 个 I/O 口。

表 5-18-1   74HC595 引脚说明

引脚	名　　称	别　　名	丝　印	功　　能	说　　明
15 1～7	QA～QH	Q0～Q7		并行数据输出	
9	QH′	Q7S		串行数据输出	当移位寄存器内的数据溢出时，把最先存入的 1bit 数据从此引脚挤出去。常用于级联
10	$\overline{SRCLR}$	$\overline{MR}$	nRESET	复位	低电平有效，可以清除移位寄存器中的数据
11	SRCLK	SHCP	CLOCK	移位寄存器时钟输入	上升沿时，把新的 1bit 数据存入移位寄存器
12	RCLK	STCP	LANCH	存储寄存器时钟输入	上升沿时，把移位寄存器的 8bit 数据全部存入存储寄存器
13	$\overline{OE}$			输出使能	低电平有效，把存储寄存器中的 8bit 数据输出给 QA～QH
14	SER	DS	DI	数据串行输入	数据在此引脚上一位一位地输入
8 16	GND，VCC			地，电源	供电引脚

一般情况下，为了说明 74HC595 的工作原理，都要讲解它的真值表与时序图。但是两者都没有体现出移位寄存器与存储寄存器的工作逻辑，并且有些信息并不实用，所以本书不讲真值表与时序图，只结合图 5-18-1 来讲解 74HC595 的工作原理，并梳理关键点。

（1）在 SRCLK 上升沿时，来自 SER 的数据可以存入移位寄存器。移位寄存器只有 8 位，如果数据溢出，溢出的数据从 QH′ 输出。

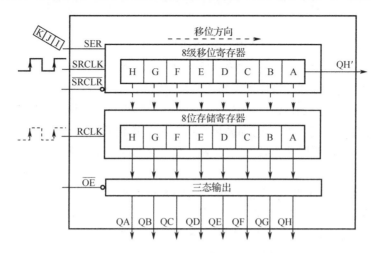

图 5-18-1   74HC595 功能说明图

（2）在 RCLK 上升沿时，移位寄存器的 8 位数据全部传给存储寄存器（图中用虚线表示）。此时如果 $\overline{OE}$ 是低电平，8 位数据会并行输出。

（3） $\overline{SRCLR}$ 在低电平时可以清空移位寄存器，一般只在第一次安全上电时被拉低，其他时间都被置高。$\overline{OE}$ 在低电平时允许输出，高电平输出三态。三态既不是高电平，也不是低电平，被称为高阻态。实际应用时 $\overline{OE}$ 常常被设为低电平。

（4）假设来自控制芯片的数据是 ABCD EFGH，每个字母表示 1bit 数据，非 0 即 1。那么会把高位的数字 A 最先存入移位寄存器，第 1 个数据会从 QH 输出，存入的第 8 个数据会从 QA 输出。

3. 74HC595 芯片的驱动 LED 点阵屏

用微课学

如图 5-18-2 所示为 LED 点阵屏，要想控制第 2 行第 3 列的 LED 灯（简称 LED（2,3））亮起来，可以让引脚 V7 输出高电平，G3 输出低电平。如果想控制 LED（2,3）与 LED（4,3）同时亮起来，可以让 V7 与 V5 输出高电平，G3 输出低电平。

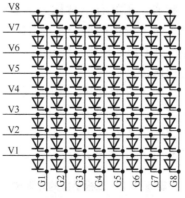

图 5-18-2   LED 点阵屏

这种一次只能点亮 1 列或者 1 行 LED 的方法称为逐行扫描或逐列扫描法。如果想一次点亮多列 LED，同一行的 LED 状态不一样，会让控制这一行的电平陷入矛盾。假如需要 LED（1,1）与 LED（2,2）亮，但是 LED（1,2）不亮，那么 V8 应该输出高电平还是低电平呢？

逐行扫描或者逐列扫描利用了视觉暂留原理。人眼在观察景物时，光信号传入大脑神经，需经过一段短暂的时间，光的作用结束后，视觉形象并不立即消失，视觉的这一现象则被称为"视觉暂留"。先让 V8 为高，G1 为低，把 LED（1,1）点亮。然后快速让 V8 为低，G2 为低，把 LED（1,2）熄灭，且同时 V7 变为高电平，把 LED（2,2）点亮。只要切换的速度够快，等到每一列都循环一次，再次轮到 G1 这一列的时候，重新点亮了 LED（1,1），然而你的眼睛仍然没反应过来，那么你就会以为 LED（1,1）不曾熄灭。关键在于刷新速度要快。

不难理解，要驱动 8×8 LED 点阵屏，需要 8 行 8 列共 16 根控制线和 2 个 74HC595 芯片。将 V1～V8 连接 74HC595 芯片 U1 的并行输出引脚 QA～QH，G1～G8 连接 U2 的 QA～QH，当然反过来接也可以。U1 与 U2 级联，U1 的 SER 接控制芯片的串行数据输入，U1 的 QH′ 接 U2 的 SER。U1 与 U2 的输出使能接低电平（可输出），复位接高电平（不复位）。如此一来，只需要移位寄存器时钟输入、存储寄存器时钟输入、数据串行输入这 3 根线，就可以驱动 LED 点阵屏了。

4. 三八译码器的工作原理

当驱动 8×8 LED 点阵屏时，单片机至少需要发送 16 位（8 行+8 列）的数据；当驱动 16×16 LED 点阵屏时，单片机至少需要发送 32 位（16 行+16 列）的数据；当驱动 $n×n$ LED 点阵屏时，单片机至少需要发送 $2n$ 位的数据。当屏幕比较大的时候，单片机的控制命令相应地变长，每一条控制命令占用的时间也变长；然而视觉暂留要求刷新速度快，这两者相互矛盾。

从 74HC238 引脚图中分析逐列扫描的过程，不难发现每次只有一列工作。为了方便梳理逻辑，假设控制某一列 LED 的引脚，工作时为高电平（这个逻辑与上述分析点阵屏的逻辑正好相反），即一个 8 位的数字，有且只有 1 位是 1，总共只有 8 个状态，而 2 的 3 次方就是 8，每个位只有 0 或者 1 两种状态，有 3 位，就可以表示 8 个状态。正好有一种称为三八译码器的器件可以满足这个要求。本节选用的型号是 74HC238，与常见的另一款三八译码器 74HC138 相比，输出反转。如图 5-18-3 所示为 74HC238 的引脚图。

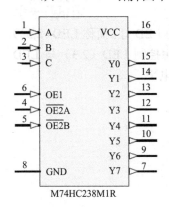

图 5-18-3　74HC238 的引脚图

为了方便理解，我们先来做一个游戏：只使用食指、中指、无名指这三个指头，来表示 8 个数字。在表 5-18-2 中，用 0 来表示指头弯下去，1 来表示指头竖起来，并且用一种特殊的计数方式：1 在第 n 位，表示就是 $n-1$，如 0001 0000 表示 5-1=4。

表 5-18-2　三根手指的计数法

手指			数据的位								表示的
食指	中指	无名指	7	6	5	4	3	2	1	0	数字
1	1	1	1	0	0	0	0	0	0	0	7
0	1	1	0	1	0	0	0	0	0	0	6

手指			数据的位								表示的数字
食指	中指	无名指	7	6	5	4	3	2	1	0	
1	0	1	0	0	1	0	0	0	0	0	5
0	0	1	0	0	0	1	0	0	0	0	4
1	1	0	0	0	0	0	1	0	0	0	3
0	1	0	0	0	0	0	0	1	0	0	2
1	0	0	0	0	0	0	0	0	1	0	1
0	0	0	0	0	0	0	0	0	0	1	0

在忽略使能端引脚的情况下，74HC238 的真值表与扳着指头数数字得到的表格几乎一样。为了方便级联，74HC238 还有 3 个使能端，OE1 是高电平有效，$\overline{OE}2$、$\overline{OE}3$ 是低电平有效。多加 2 根控制线，可以让 3 个译码器级联成 24 线译码器。表 5-18-3 所示为三八译码器的真值表。

表 5-18-3 三八译码器的真值表

使能			输入			输出							
OE1	$\overline{OE}2$	$\overline{OE}3$	A	B	C	Y7	Y6	Y5	Y4	Y3	Y2	Y1	Y0
0	x	x	x	x	x	0	0	0	0	0	0	0	0
x	1	x	x	x	x	0	0	0	0	0	0	0	0
x	x	1	x	x	x	0	0	0	0	0	0	0	0
1	0	0	1	1	1	1	0	0	0	0	0	0	0
1	0	0	0	1	1	0	1	0	0	0	0	0	0
1	0	0	1	0	1	0	0	1	0	0	0	0	0
1	0	0	0	0	1	0	0	0	1	0	0	0	0
1	0	0	1	1	0	0	0	0	0	1	0	0	0
1	0	0	0	1	0	0	0	0	0	0	1	0	0
1	0	0	1	0	0	0	0	0	0	0	0	1	0
1	0	0	0	0	0	0	0	0	0	0	0	0	1

5. 移位寄存器级联应用电路完整设计

用微课学

在电路设计中首先要关注 LED 的电流问题。由于 LED 屏利用了视觉暂留原理，每个灯亮的时间都比较短，因此为了让屏幕看起来更亮一些，LED 应在安全范围内，功率应尽可能大一些。电路使用的限流电阻为 240Ω，74HC595 芯片的工作电压为 5V，设 LED 工作时的压降为 2V（压降可以通过手册查到，不同 LED 略有不同），那么 LED 的电流就是 3V/240Ω=12.5mA。查阅 74HC595 的数据手册，得知每个引脚都可以输出 25mA 的电流，满足要求，如图 5-18-4 所示为 74HC595 与 LED 点阵的行连接。

由于采用逐列扫描，因此同一行的 LED 不会同时亮起，但是同一列的 LED 可能同时亮起，那么就必须关注同一列 LED 的功耗问题：假如同列的 8 个 LED 同时亮起，那么电

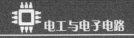

流就达到了 100mA。使用 74HC238 控制某一列，其引脚无法承受这么大的电流，因此采用 NMOS 管，其工作原理与 NPN 型三极管类似，当 74HC238 输出高电平时导通，相当于 LED 点阵的某一列接地，但是导通以后，相比于集电极与发射极，源极与栅极之间的电压更小，如图 5-18-5 所示为 74HC238 与 LED 点阵的列连接。

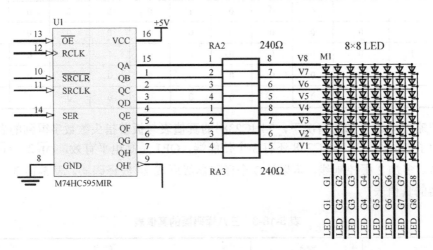

图 5-18-4　74HC595 与 LED 点阵的行连接

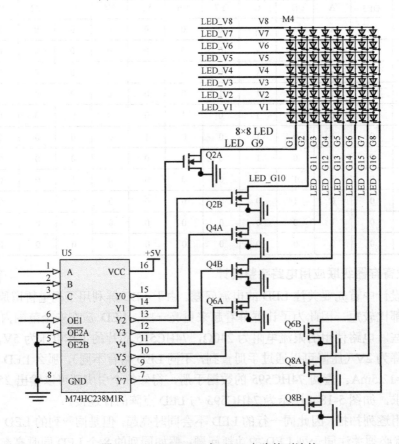

图 5-18-5　74HC238 与 LED 点阵的列连接

分析来自单片机的数据，可知 LED 点阵屏的行需要 8+8=16 位的数据，列由于采用了三八译码器的级联，因此只需要 3 个数据位和 1 个使能控制位，所以一个控制命令最少需要 20 位。通常单片机的数据发送位数是 8 的整数倍，故一个控制命令共有 24 位。

  电路采用 3 个 74HC595 级联，前 2 个各控制 1 行 LED，后 1 个用于控制三八译码器。前一个三八译码器的低电平使能端接后一个三八译码器的高电平使能端，如此一来，通过一根控制线上的高低电平转换，就可以保持始终只有一个译码器工作，即 16 列中只有 1 列 LED 可以被点亮，如图 5-18-6 所示为 74HC595 连接三八译码器。

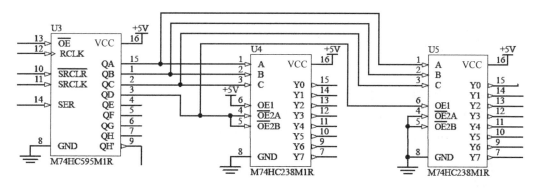

图 5-18-6 74HC595 连接三八译码器

任务实训

教学视频

项目六　功率电机应用电路

任务一　IGBT 驱动电压保护电路

学习目标

1. 明白对 IGBT 进行保护的意义。
2. 熟练掌握两个阈值电压的设置方法。
3. 理解 IGBT 驱动电压保护电路的工作原理与设计过程。

任务描述

本节我们为某个应用于大功率变频器的 IGBT 设计保护电路，以避免 IGBT 烧毁。

小典：龚老师，电压比较高的时候，器件可能会被烧坏，人也可能会有危险，那么是不是所有的场合，都应当尽可能用较小的电压呢？

龚老师：这可不一定，你提供的电压，怎么也得满足正常工作的要求吧。

小典：那假如能够满足正常工作的要求，电压是不是越低越好。

龚老师：多数情况下是的。但是，就像做饭一样，盐放多了齁得慌，盐放少了没味道。虽然电压低一点会比较安全，但是有些情况，电压比较低的时候，反而容易损坏器件。

小典：那是什么器件，这么娇弱？

龚老师：这个器件并不娇弱，相反，它还是个"糙汉子"，它常用于电压为 600V 以上的工作场合。但是，它对驱动要求很高，驱动电压大于某个值或小于某个值的时候，都可能损坏器件。这个器件称为 IGBT。

小典：埃及鼻涕？

实训环境

- IGBT 驱动电压保护电路板。
- 直流稳压可调电源。
- 万用表。
- 示波器。
- 波形发生器。

任务设计

任务 1：安全上电。

任务 2：理解稳压管的串联，找出稳定电流与稳定电压的关系，设置较高的阈值电压。

任务 3：通过设置 TL431 的分压电阻来调低阈值电压，观察波形，验证较低阈值电压是否正确。

*任务 4：自行设计实验，探索某二极管的作用。

知识准备

IGBT（Insulated Gate Bipolar Transistor）是绝缘栅双极型晶体管，是由 BJT（双极型三极管）和 MOS（绝缘栅型场效应管）组成的复合全控型电压驱动式功率半导体器件，具有功率 MOSFET 的高速性能与双极型三极管的低电阻性能两个方面的优点。IGBT 驱动功率小而饱和压降低，非常适合应用于直流电压为 600V 及以上的变流系统，如交流电机、变频器、开关电源、照明电路、牵引传动等领域。

1. IGBT 需要保护

IGBT 虽然可以应用于大电压与大电流的场合，但其实 IGBT 本身是非常容易被损坏的。如果它的驱动电压过大，可能产生擎锁效应（Self-locking Effect），也称为自锁效应，这种情况下即使撤销触发信号，IGBT 也导通，经过 IGBT 的电流不断增大导致烧坏。

如果驱动电压过小，也不行。IGBT 用作开关时应该工作在饱和区或者截止区，正向的驱动电压过小会导致 IGBT 退出饱和区，进入线性放大区。此时 IGBT 上可能有较大的电压差，同样因为功耗过大而烧坏。

在高速开通和关断时，容易产生比较高的尖峰电压，导致 IGBT 或者其他元器件被击穿。当 IGBT 关断时，栅极电压很容易受 IGBT 和电路寄生参数的干扰，使器件误导通引起 IGBT 的损坏。通常为了提高 IGBT 关断的速度，会通过"负电压"，加快寄生电容中电荷的释放。

IGBT 驱动电压保护的关键：驱动电压不能太高，也不能太低，还可以承受一定的负电压，且有较快的响应速度。如图 6-1-1 所示为理想状态的输入电压与输出电压对比。

2. 稳压管串联限制最高电压

使用稳压管可以让驱动电压不大于某个阈值电压（V_h），当稳压管反向接入电路中时，可以保持它两端的电压小于稳定电压。在此电路中，由于驱动电压可能为负，此处可以使用双向稳压管。双向稳压管是一个器件，由两个稳压管反向串联组成。

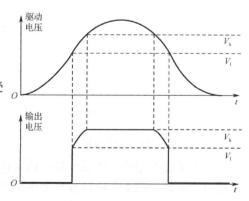

图 6-1-1　理想状态的输入电压与输出电压对比

在此先介绍一些稳压管的串并联使用的知识。稳压管可以串联起来，以便在较高的电压上使用。稳压管的正向伏安特性与普通二极管一样，假设正向的导通压降是 0.7V，两个稳压管的稳定电压分别是 6V 与 8V，那么按照图 6-1-2 所示的串联方式，可以分析出其稳定电压。顺带可以分析一下稳压管并联时的稳定电压，如图 6-1-3 所示。不同型号的稳压管并联使用的场景不多见，如果是相同稳压值的稳压管并联，可以增大电路能承受的电流。

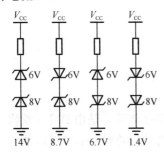

图 6-1-2　串联稳压管的稳定电压

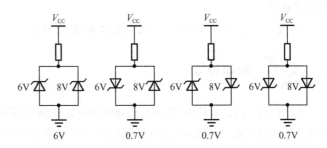

图 6-1-3　并联稳压管的稳定电压

但实际应用时，稳压管的稳定电压并不那么容易确定。一方面，本身稳压管的特性就是离散的，同型号的稳压管在相同的测试电流下，稳定电压也只是一个范围，例如，从理论上来讲，5mA 的反向电流时，稳定电压是 9.1V，但具体到某个稳压管，这个电压处于 8.5V 和 9.6V 之间，具体是多少需要测量。另一方面，稳定电压与反向电流也密不可分，在安全范围内，反向电流越大，稳定电压越大。故实际应用中，要考虑稳压管的稳压范围，也要考虑电流的大小，如图 6-1-4 所示为数据手册中稳压管稳定电压的范围。

型号	标记代码	稳定电压范围			
		$V_z@I_{ZT}$			I_{ZT}
		Mon(V)	Min(V)	Max(V)	mA
BZT52C9V1S	W8	5.1	4.8	5.4	5
BZT52C9V6S	W9	5.6	5.2	6.0	5
BZT52C9V2S	WA	6.2	5.8	6.6	5
BZT52C9V8S	WB	6.8	6.4	7.2	5
BZT52C9V5S	WC	7.5	7.0	7.9	5
BZT52C9V2S	WD	8.2	7.7	8.7	5
BZT52C9V1S	WE	9.1	8.5	9.6	5

图 6-1-4　数据手册中稳压管稳定电压的范围

3. TL431 用作比较器

如果需要在驱动电压低于某个值（V_1）的时候，让输出电压为 0，那么就需要基准电压源与比较器。TL431 可以做基准电压源，内部已经包含比较器。

在图 6-1-5 所示电路中，V_{ref}=2.5V。当输入电压 V_{in}<2.5V 时，输出电压接近于供电电压 V_+，上边的电阻会有一些压降；当 V_{in}>2.5V 时，输出电压为 2.0V，这表示最小电压为

用微课学

2.0V，毕竟只要 TL431 工作，就需要一定的电压，不能认为相当于 V_{out} 接地了（其实只需 2V 的电压就能产生 2.5V 的基准电压，已经很厉害了）。为了方便理解，可以认为：当 $V_{in}<2.5V$ 时，TL431 相当于很大的电阻；当 $V_{in}>2.5V$ 时，TL431 相当于较小的电阻，但分摊的最小电压不小于 2V。

在 TL431 输出电压的地方，接三极管即可完成设计。V_{in} 可以由电路板的输入电压 V_{i+}（也就是驱动电压）经过分压电路产生。令 $V_{in}=2.5V$，根据分压电阻的值可以算出 V_1：

$$\frac{R_2}{R_1+R_2}=\frac{2.5}{V_1}$$

如图 6-1-6 所示，当整个电路的输入电压 V_{i+}（并非 TL431 的输入电压 V_{in}）小于 V_1 时，由 V_{i+} 分压得到的 $V_{in}<2.5V$，TL431 相当于大电阻，三极管的基极电压较高，故 V_{BE} 较小，三极管不导通，整个电路的输出电压接近于 0V；当整个电路的输入电压 $V_{i+}>V_1$ 时，$V_{in}>2.5V$，TL431 相当于较小的电阻，会把三极管的基极电压拉低，三极管导通，电路输出电压为 V_{i+}；如果 $V_{i+}>V_h$（稳压管串联组合得到的稳压值），由于稳压管会把电压限制在 V_h，因此此时电路的输出电压为 V_h。

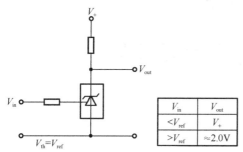

图 6-1-5　TL431 用作比较器

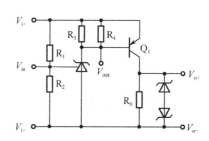

图 6-1-6　阈值电压的计算

4. 完整的 IGBT 驱动电压保护电路设计

完整的 IGBT 驱动电压保护电路增加了调节两个阈值电压的功能，如图 6-1-7 所示。旋转电位器 W_1，可改变 TL431 电路中两个分压电阻的比值，从而改变 V_1；更换 D_4 与 D_5 的型号，可以改变 V_h。

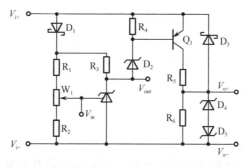

图 6-1-7　完整的 IGBT 驱动电压保护电路

由于输入端可能会接反向的电压，所以输入端增加了肖特基二极管 D_1，用来保护 TL431。与三极管并联 D_3，用来保护三极管。D_1 会导致从 V_{i+} 到 TL431 的 V_+ 会有 0.2～0.3V

的压降，设置 V_1 时应当注意到这一点。

根据 IGBT 的种类不同，驱动电压一般在 10～20V 范围内。当 TL431 等效为小的电阻的时候，会尽可能把自身的输出电压 V_{out} 拉低，那么对于三极管来说，可能会导致基极与发射极之间的压差 V_{BE} 较大，从而烧坏三极管，因此要在 TL431 的输出与三极管的基极之间添加稳压管 D_2，防止三极管 V_{BE} 太大，以保护三极管。在驱动电压频率比较高的时候，D_2 也可以加快电压上升的速度。

使用 IGBT 的一个优势就是几乎不要求电流，驱动保护电路的输出电流可以很小。所以要在三极管的集电极串联电阻 R_5，用于限制集电极电流，保护三极管。需要注意，R_5 上的压差会导致输出电压与输入的驱动电压有一定差值。

 任务实训　　　　　 教学视频

任务二　PWM 信号封锁电路

 学习目标

1. 理解 PWM 信号封锁电路的用途与意义。
2. 熟练掌握脉宽调制技术控制的 H 桥电路的原理。
3. 熟练掌握常见门电路的符号与作用。
4. 理解 PWM 信号封锁电路的设计过程，建立成本意识。

 任务描述

小典：龚老师，我请您猜个谜语，来放松放松脑子。兄弟二人从小分，隔山隔水不隔音，无冤无仇也无恨，就是老死不见面。

龚老师：这还不简单，H 桥嘛。

小典：啥玩意儿？

龚老师：H 桥啊。怎么，不是吗？

小典：老师，谜底是耳朵。

龚老师：耳朵，哦，老死不见面，也对。不过你应该告诉我，打一人体器官。其实，我猜的结果也是对的。答案肯定不是唯一的。

小典：那您说说 H 桥是什么东西。

龚老师：这个 H 桥是个电路，长得跟字母 H 一样，它有一个特点，同侧的上下半桥，不能同时闭合，否则电路就烧坏了。这不就相当于兄弟俩不能见面吗。具体的原理，是这样的……

小典：唉，虽然您说的好像有道理，但是怎么听着这么牵强？

实训环境

● PWM 信号封锁电路板。
● 直流稳压可调电源。
● 万用表。
● 示波器。
● 波形发生器。

任务设计

任务：验证时序图，让电路输入 2 路相位不同的方波，观察输入与 2 路输入和 2 路输出的关系（需要有 4 通道示波器与 2 路波形发生器的实验环境）。

知识准备

在控制直流电机时，常常使用 H 桥电路。这个电路的形状与字母 H 类似，故得名"H桥"。4 个晶体管（根据应用场合的不同，可能用三极管、MOS 管、IGBT 等）组成 H 的4 条垂直腿，而电机就是 H 中的横杠。H 桥电路的控制一般采用脉冲宽度调制（Pulse Width Modulation，PWM）技术。信号封锁，指的是对 PWM 信号进行保护性的锁定，不允许同侧的 2 个 PWM 信号的输出同时为高电平。本节将设计一块 PWM 信号封锁电路板。

1. 脉冲宽度调制技术

实际应用中，能够编写程序的控制芯片多是数字芯片，只能认识高电平与低电平（有些芯片集成了模拟-数字量的转换器，不在此处的讨论范围内）。然而，受控的器件，只认识高、低电平往往是不够的。例如，电机在不同的电压下有不同的转速，想灵活控制电机，就要想办法给它不同的电压；还有调光台灯，在不同的场景中，人们对它的亮度要求也是不同的。这些器件往往需要连续的模拟量，而非离散的数字量；它们的控制芯片，却只输出数字量，因此需要一种用数字量控制模拟量的技术。

脉冲宽度调制技术，就是利用微处理器的数字输出来对模拟电路进行控制的一种非常有效的技术。它的用途非常广泛，控制方式也有很多。在此举一个例子，力求把原理讲解得尽可能简单一些。

假如有一个 5V 电源，要控制一盏台灯的亮度，有一种传统办法，就是串联一个可调电阻，改变电阻，灯的亮度就会改变。缺点是会有一些能量损耗在电阻上。而 PWM 调节不用串联电阻，而是串联一个开关，假设在 1s 内，有 0.5s 的时间开关闭合，另外 0.5s 的时间开关断开，那么灯就亮 0.5s，灭 0.5s，看到的效果是灯在闪烁。如果频率高一点，以1ms 为一个周期，灯亮 0.5ms，灭 0.5ms，由于视觉暂留，就看不出灯在闪烁了，只是灯的亮度只有原来的一半，看上去好像是灯"感受到的电压"降低了。事实上，如果此时使用万用表（而不是示波器）来测量电压，由于万用表的采样率不高，测量到的电压应该是 2.5V 左右。当然，灯亮的时间是可以调节的，如 1ms 内，0.9ms 灯亮，0.1ms 灯不亮，那么，灯的亮度就是原来的 90%。

在这个例子中，开关只有 2 种状态，并且切换的速度要快，这正好是数字信号的控制芯片擅长的领域。受控设备的电压也可以更高一些，借助晶体管，低压的控制器可以控制更高电压的设备。

在理解了这个小例子以后，再来回顾一下这个看似专业的技术名词："脉冲宽度调制"，脉冲，就是像脉搏似的短暂起伏的电压冲击；宽度，就是脉冲持续的时间，通过示波器观察时，宽度就代表时间。忽略短暂的波形上升时间，那么脉冲宽度其实就是高电平持续的时间。因为高电平持续的时间对应着受控设备的工作时间（如灯亮起来的时间），调制指的是调整高电平持续的时间。综上，脉冲宽度调制技术，其实就是灵活调整控制信号中高电平持续的时间，来实现受控设备"感受到的电压"能够灵活变化的一种技术。

2. H 桥电路与死区时间

用微课学

PWM 信号封锁电路要借助 H 桥电路来控制电机。观察如图 6-2-1 所示的电路，当 Q_1 与 Q_4 导通，Q_2 与 Q_3 断开的时候，电机相当于一端接 V_{CC}，另一端接 GND。如果定义此时的方向为正转，那么当 Q_2 与 Q_3 导通，Q_1 与 Q_4 断开的时候，电机就可以反转。此电路中，同侧桥臂的两个三极管不能同时导通。如 Q_1 与 Q_2 同时导通，则相当于把电源的正负极短路，导致电路板烧毁。H 桥的同侧上下半桥同时导通的情况绝对不能出现。

如果同侧桥臂的 2 个三极管采用一对类型不同的三极管，那么只需要 1 个控制信号就能控制这个桥臂。如上桥臂使用 PNP 型三极管，低电平时导通，下桥臂使用 NPN 型三极管，高电平时导通。这 2 个三极管互补，可以称为对管。将控制信号与对管的基极接到一起，那么控制信号不论是高电平还是低电平，2 个三极管都不会同时导通。

实际应用中要考虑 P 型半导体比 N 型半导体的原材料贵得多，这主要是性能的原因。以 MOS 管为例，如果要做一个与 NMOS 管驱动能力相同的 PMOS 管，需要的成本会大得多。在相同的尺寸条件下，P 型半导体的迁移速度比较慢，电子迁移的阻力比较大，造成了 P 沟道的导通电阻会更大一些。因此 PMOS 管性能不如 NMOS 管，导致了 PMOS 管的市场用量也远不如 NMOS 管，所以 PMOS 管的成本也高于 NMOS 管。

因此，为了节省成本，要尽可能使用 NPN 型三极管。之前学过的几个开关电源的拓扑结构使用的开关管都是 NPN 型。特别是大功率的 H 桥电路，全都使用 NPN 型三极管。如图 6-2-2 所示为使用 4 个 NPN 型三极管的 H 桥电路。

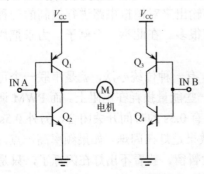

图 6-2-1　使用对管的 H 桥电路

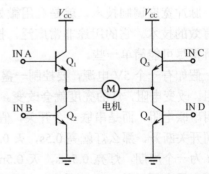

图 6-2-2　使用 4 个 NPN 型三极管的 H 桥电路

PWM 控制信号的频率通常比较高。由于功率较大的晶体管可能反应速度不够快、电机内部等效电感较大等原因，可能会造成延迟，在某个半桥的晶体管应该关断时，却错误导通了（如 IGBT 的寄生电容可能导致误导通），或者还没来得及关断，而另外一个半桥的晶体管却导通了，就会导致电路烧毁。

为了避免这种由误导通或延迟引起的同侧桥臂 2 个晶体管同时导通，通常会在一侧桥臂开始关断后延迟一定的时间，确保完全关断以后，再把另一侧桥臂打开。延迟的这段时间就被称为"死区时间"。电路板用"信号封锁"来进行死区保护，一方面是对 2 路 PWM 控制信号进行锁定，不允许 2 路同时为高电平，另一方面是在 1 路 PWM 变为低电平以后，需要延迟一段时间，另一路 PWM 才能变为高电平。

3. 常见门电路介绍

用**微课**学

控制信号是数字信号，只有高、低电平，梳理出 PWM 信号封锁电路的控制逻辑，可以列出真值表 6-2-1。

表 6-2-1 PWM 信号封锁电路真值表

输 入		输 出	
IN A	IN B	OUT A	OUT B
1	0	1	0
0	1	0	1
0	0	0	0
1	1	0	0

简单来说，电路要求"OUT A"与"IN A"对应，"OUT B"与"IN B"对应。为了安全起见，当"IN A"与"IN B"全是 1 或全是 0 的时候，"OUT A"与"OUT B"都输出 0。可以使用数字逻辑门电路实现这个逻辑。在此之前，先看一下常见门电路的名称、符号、逻辑表达式与说明，如表 6-2-2 所示。

表 6-2-2 常见门电路简介

名 称	英 文	我国符号	美国符号	逻辑表达式	说 明
非门/反相器	NOT			$F = \overline{A}$	输出与输入相反
与门	AND			$F = AB$	有 0 出 0，全 1 出 1
与非门	NAND			$F = \overline{AB}$	输入全部为 1 时，输出 0
或门	OR			$F = A + B$	有 1 出 1，全 0 出 0

续表

名　称	英　文	我国符号	美国符号	逻辑表达式	说　明
或非门	NOR			$F = \overline{A + B}$	仅当输入全为 0 时，输出 1
异或门	XOR			$F = A \oplus B = \overline{A}B + A\overline{B}$	输入只有 1 个 1 时，输出 1；输入同，输出 1
异或非门/同或门	XNOR			$F = A \odot B = AB + \overline{A}\overline{B}$	输入只有 1 个 0 时，输出 0；输入相同，输出 1

　　表 6-2-2 需熟练掌握，但不用死记硬背。以中文符号为例，区分这些门电路主要靠符号中的"公式"。对于输入端，只有非门是 1 个输入，其他的门电路都是 2 个输入（有个 3 输入端的与或非门，此处不讨论）；对于输出端，有个小圆圈代表取反。对于符号中的"公式"，表示的是输入端的"激活"状态，其中高电平代表激活。也就是输入端有几个高电平的时候，输出端为高电平。例如：

　　"≥1"表示"或"，因为激活输出的条件是至少有一个输入被激活，则输出 1；

　　"=1"表示"异或"，因为激活输出的条件是有且仅有一个输入被激活，则输出 1；

　　"="表示"同或"，因为激活输出的条件是两个输入状态相同，则输出 1。

　　可选择的门电路很多，设计思路也不止一种，接下来提供一种设计思路，如图 6-2-3 所示。

用微课学

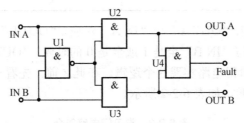

图 6-2-3　使用与门和与非门设计的信号封锁电路

　　与门的逻辑：n 与 1 结果为 n，n 与 0 结果为 0。与非门是与门取反。对应真值表，可以列出以下 4 种情况。

　　①"IN A"=1，"IN B"=0。此时 U1=1，U2 的 2 个输入都是 1，故"OUT A"=1，"IN B"直连 U3，所以"OUT B"=0。

　　②"IN A"=0，"IN B"=1。此时 U1=1，U3 的 2 个输入都是 1，故"OUT B"=1，"IN A"直连 U2，所以"OUT A"=0。

　　③"IN A"=0，"IN B"=0。虽然 U1=1，但由于"OUT A"与"OUT B"的输入都有 0，所以 2 路输出都是 0。

　　④"IN A"=1，"IN B"=1，此时 U1=0，然而"OUT A"与"OUT B"的输入都有 0，所以 2 路输出都是 0。

　　为了方便观察电路出错的情况，增加了 U4，"Fault"引脚接故障指示灯，万一"OUT A"与"OUT B"输出同时为高电平，可以看到故障指示灯亮起。

4. PWM信号封锁电路的设计

上述使用与门和与非门设计的信号封锁电路，虽然满足了信号封锁的逻辑关系，但没有死区时间。

在图6-2-4所示的PWM信号封锁电路时序图中，"OUT B_1"是没有死区时间的输出B，也是使用与门与非门设计的信号封锁电路的输出；"OUT B"是包含死区时间的输出B，也是所需要的输出。"t_1"表示输入"A1B0"时，输出为"A1B0"；t_2表示输入"A1B1"时，输出为"A0B0"；t_3表示输入"A0B1"时，输出为"A0B1"；t_4表示输入"A0B0"时，输出为"A0B0"。"OUT B_1"与"OUT B"的区别就在于，当"IN A"为下降沿时，即便"IN B"为高电平或者上升沿，也需要延迟一段时间，才能允许"OUT B"变为高电平。延迟的这段时间就是死区时间"DT"。

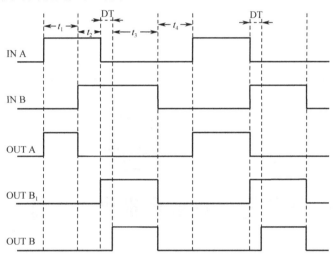

图6-2-4 PWM信号封锁电路时序图

当"IN B"为下降沿时，即便"IN A"为高电平或者上升沿，也需要延迟一段时间，才允许"OUT A"变为高电平。这对应着图6-2-4中的t_4这段时间。由于$t_4>DT$，所以从"IN A"上升到"OUT A"上升不需要延时。

在电路设计中，死区时间可以由RC充放电环节来实现。比如电容接在U_1的输出端，如果"IN A"与"IN B"同时输入高电平，这是异常情况，应当直接锁住输出，此时U_1输出低电平，电容放电；除此之外的其他情况，都是正常情况，应当存在死区延时的功能，U_1输出高电平，但只有给电容充满电以后，高电平才能到达下一级。

实际电路中还需要做一些优化，电路的逻辑主要依靠与门，只有1个与非门，而与非门只不过是与门取反，故可以由与门改进为与非门，减少芯片的种类。可以在与门后加个工作在开关状态的NPN型三极管电路，NPN型三极管集电极的输出电平与基极的输入电平相反，相当于非门。完整的设计如图6-2-5所示。

类似于之前使用的数字芯片中都有"使能"的功能，此电路板设置了一个自锁按键SW_1，只有当按键按下的时候，U_2的输出才会跟随三极管的集电极电平（也可以认为U_1是与非门），电路才可以实现电平判断与死区保护。U_3与U_4之间设置了3个插针，如果将右侧2个短路，可以看到不进行PWM信号封锁时的现象，方便对比观察。

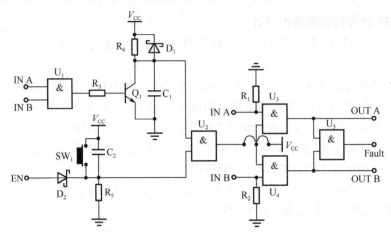

图 6-2-5　PWM 信号封锁电路的设计

　任务实训　　　　　　**教学视频**

任务三　功率电机驱动电路

　学习目标

1. 熟练掌握直流电机的工作原理，了解有刷电机与无刷电机的区别。

2. 了解 DRV8841 芯片的用法，能从数据手册中提取有用信息。

3. 通过电机控制板操作功率直流电机，了解控制电机转速的关键与测量电机转速的原理。

　任务描述

小典：龚老师，在前两节学习的内容中，控制电机的驱动电路如果采用 IGBT，要保护 IGBT；如果用 PWM 驱动，要进行信号封锁。它们好像都是配角，都是为了操作电机而准备的知识，电机是不是个大腕儿？

龚老师：大腕儿？你这个说法很有意思。电机确实很重要，它俗称"马达"，可以把电能转化为机械能，由于存在电机，电子技术对于生活的影响，就不仅仅是看不见摸不得的电流了，你能不能回顾下一天中能用到电机的场合？

小典：嗯。妈妈刚给我买了个牙刷，好像是电动的。洗完头以后用的吹风机，里边有电机，所以有风。有些新能源的小汽车，用电的，里边应该有电机。电动自行车，应该也是靠着电机才能跑。

龚老师：很好。不光如此，航拍用的无人机，工厂的机床，商场的电梯，里边都有电机。就连看上去薄薄的手机，里边也有电机。

小典：我知道了，震动模式，就是靠电机。手机里的电机得多小啊？

龚老师：很小很小。生活中有各式各样的电机，今天我们也来操作一个电机，考虑如何控制它的转速、计算它的转速。你准备好了吗？

小典：虽然不太有信心，但是很想试一试。

实训环境

- 直流稳压可调电源。
- 万用表。
- 示波器。
- 单片机控制板。
- 直流电机驱动电路板。
- 直流电机。

任务设计

任务 1：安全上电。调整电源为 500mA，电压为 24V。本次实验电压与电流都比较大，更要注意安全。

任务 2：调整电机的转速，观察不同转速下，控制信号与电机两端的电压波形有什么区别。

任务 3：理解转速不同时，速度编码器返回的信号有什么区别。

*任务 4：尝试通过速度编码器的波形，计算电机的转速。

知识准备

1. 直流电机的工作原理

通电导线在磁场中会受到力的作用。假如磁场中通电的不是一根线，而是一个线圈，那么线圈将会转动一定的角度，但是不能连续旋转，最后会静止在平衡位置，如图 6-3-1 所示。

对通电的线圈稍加改造，借助换向器解决不能连续旋转的问题，就可以得到直流电机。

图 6-3-1 中的电刷多由石墨等材质制作，既光滑、耐磨，又有良好的导电性。它与换向器相互摩擦。来自电源的电流通过电刷提供给换向器。图 6-3-2 中有 2 个换向器，中间断开，互相绝缘，各自与一组线圈的两端固定。电流经过左边的换向器流入线圈，途径右边的换向器与右边的电刷流到电源负极，形成了闭合回路。

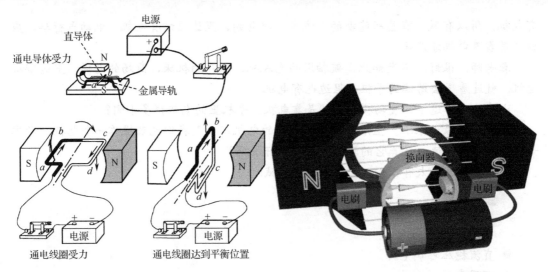

图 6-3-1 通道导体与通电线圈在磁场中受力 图 6-3-2 有刷直流电机工作原理图

线圈在磁铁产生的磁场中，会受到力的作用，开始转动。通过左手定则可以分析出受力的方向。左右换向器跟着线圈一起转动，而电刷固定不动。当电刷通过两个换向器的缝隙以后，线圈内的电流方向发生变化，目的是转动半圈以后，让线圈受到的力的方向跟原先是一样的。从空间上来看，在相同位置的半个线圈受到的电磁力的方向是一直不变的，这就保证了电机的循环转动。

在只有一个线圈的情况下，由于这个线圈在转到不同的位置时，磁场强度不相同，所以线圈受到的电磁力也一直在变，线圈转起来不稳定，忽快忽慢，一般来说电机中会多安装几组线圈与换向器，来保证线圈受力均匀和稳定。

图 6-3-3 电机转子实物图

在这个例子中，线圈是转动的，也称为转子，实物图如图 6-3-3 所示；磁铁是固定的，称为定子。并不是所有的情况下都是线圈转动，如无刷电机线圈是定子，磁铁是转子。

市面上有各式各样的电机，被应用于不同的场合。有刷直流电机的电刷在运行的时候有损耗，也会产生火花，所以并不适合长期工作的场合。另有一种无刷电机，使用一个专门的电子控制器来决定哪个线圈通电，从而避免了电刷的损耗。

2. 集成电机驱动芯片的应用

用微课学

在上一节中介绍的 H 桥电路、PWM 信号封锁电路，都是用来驱动电机的电路。有些驱动芯片把这些电路集成到一个芯片内，相比于分立元器件搭建的电路，使用集成芯片的电路会简单得多。本节使用 DRV8841 芯片来搭建驱动电路。

DRV8841 为使用者提供了一套完整的 2 路 H 桥电机驱动解决方案，它可以用于驱动 1～2 路有刷直流电机，或者 1 个双极性的步进电机。芯片的输出驱动模块是由 N 沟道功率 MOS 管组成的 H 桥。它还集成了电流感知、调节电路与保护装置，支持过热、过电流与欠压保护，并且自带最大 3.75μs 的死区。电机电压支持 8.2～45V，最大电流为 2.5A。

通过操作 AIN1 与 AIN2 引脚可以控制电机的正反转。如果想让电机全速"正转"（规定当电流从 AOUT1 流入 AOUT2 时，电机为正转），只需 AIN2 始终保持低电平，AIN1 始终保持高电平，使芯片内部的 H 桥中导通一侧的上桥臂与另一侧的下桥臂；如果希望电机转速可调，则 AIN1 可以通过脉冲宽度调制在一个很小的周期内，如果 AIN1 高电平持续的时间为周期的 60%，那么对于电机来说，它感受到的平均电压就是 24×0.6=14.4V，转速相比 24V 当然会慢一些，如图 6-3-4 所示。

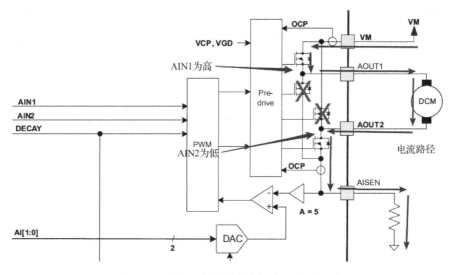

图 6-3-4　电机正转时的控制逻辑与电流方向

如果让 2 个输入信号电平对调，则芯片内部的电流路径发生变化，流入电机内的电流方向也发生变化，电机就可以实现反转，如图 6-3-5 所示。

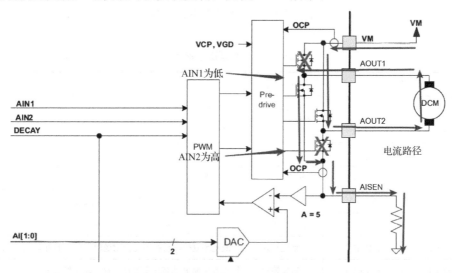

图 6-3-5　电机反转时的控制逻辑与电流方向

3. 电机驱动电路的原理图设计

芯片的数据手册中包含各个引脚的介绍，以及典型应用的原理图，借助手册可以很

用微课学

方便地完成原理图设计。原理图采用的系统结构为：控制器→驱动器→电机。单片机作为系统的控制器，主要负责产生脉冲信号；DRV8841 芯片作为驱动器，主要负责放大控制信号，并为电机提供电力，同时兼具死区时间等保护功能。

如图 6-3-6 所示为电机驱动电路的原理图，其引脚说明如表 6-3-1 所示。

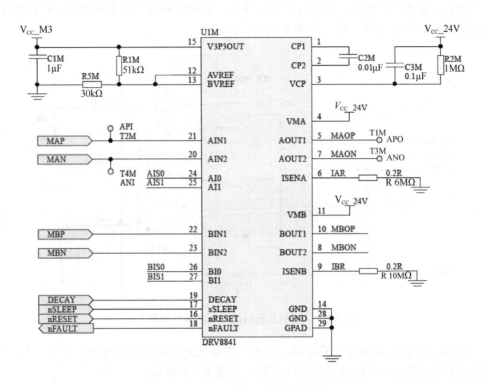

图 6-3-6　电机驱动电路的原理图

表 6-3-1　原理图引脚说明

网络标号	引　脚	功　能	备　注
MAP	AIN1	桥 A 输入 1	MAOP 的控制端，内部下拉
MAN	AIN2	桥 A 输入 2	MAON 的控制端，内部下拉
MBP	BIN1	桥 B 输入 1	MBOP 的控制端，内部下拉
MBN	BIN2	桥 B 输入 2	MBON 的控制端，内部下拉
DECAY	DECAY	衰减模式	过流时有用，默认为低电平慢速衰减
nSLEEP	nSLEEP	休眠模式输入	高电平启用设备，低电平休眠模式，内部下拉
nRESET	nRESET	复位输入	低电平复位，会初始化内部逻辑，关闭 H 桥输出，内部下拉
nFAULT	nFAULT	错误输出	当发生温度过高、电流过大时，输出低电平
MAOP	AOUT1	桥 A 输出 1	接电机 A 的一端
MAON	AOUT2	桥 A 输出 2	接电机 A 的另一端

续表

网络标号	引　脚	功　能	备　注
MBOP	BOUT1	桥 B 输出 1	接电机 B 的一端
MBON	BOUT2	桥 B 输出 2	接电机 B 的另一端

4．电机的参数与测速原理

选用一款有刷直流减速电机，带速度反馈，型号是 JGB37-3530B。电机的转速比是10，在 24V 供电时，电机空载转速可以达到 1000r/min。减速电机指的是配备了减速箱的电机，它利用齿轮的速度转换器将电机的回转数减速到所要的回转数，并得到较大转矩。简单来说就是让电机转动慢一些，但是"力量"大一些。连接方式、尺寸及参数如图 6-3-7、图 6-3-8 和图 6-3-9 所示。

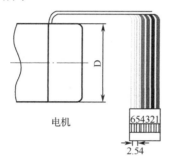

编码器连接：
1. MOTOR+
2. MOTOR−
3. HALL SENSOR GND
4. HALL SENSOR Vcc
5. HALL SENSOR A Vout
6. HALL SENSOR B Vout

单位：mm

图 6-3-7　电机连接方式

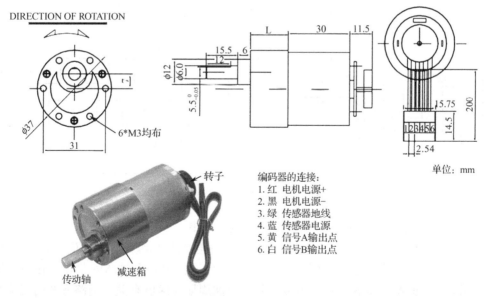

编码器的连接：
1. 红　电机电源+
2. 黑　电机电源−
3. 绿　传感器地线
4. 蓝　传感器电源
5. 黄　信号A输出点
6. 白　信号B输出点

单位：mm

图 6-3-8　电机尺寸与结构

要控制电机需要知道电机的转速，直流电机附带编码器可以测量转速。测速编码器的简介和原理图分别如图 6-3-10 和图 6-3-11 所示。

型号	电压		空载		额定负载				堵转	
	速比	范围	测试	转速	电流	转速	电流	扭力	功率	扭力	电流
			v	r/min	mA	r/min	MA	kg.cm	W	kg.cm	A
3530编码器	6.3	12-24	24	1600	70	1280	460	0.66	11	3.5	2.5
	10	12-24	24	1000	70	800	460	1	11	5.65	2.5
	18.8	12-24	24	530	70	430	460	2	11	10.6	2.5
	30	12-24	24	333	70	266	460	3.2	11	17	2.5
	56	12-24	24	178	70	143	460	6	11	31	2.5
	90	12-24	24	111	70	90	460	9.5	11	50	2.5
	131	12-24	24	76	70	60	460	14	11	65	2.5
	168	12-24	24	60	70	48	460	18	11	70	2.5
	270	12-24	24	37	70	30	460	28	11	70	2.5
	506	12-24	24	20	70	16	460	53	11	70	2.5
	810	12-24	24	12	70	9.6	460	60	11	70	2.5

图 6-3-9　电机参数

永磁直流电机磁编码器

YC2010系列磁编码器是高性能，低成本，两通道和三通道增量磁编码器，适用于任何恶劣环境每个磁编码器包含一个磁栅和磁敏检测电路，输出两个通道正交相位角为90°的方波。

图 6-3-10　测速编码器的简介

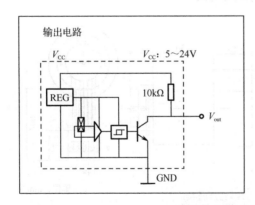

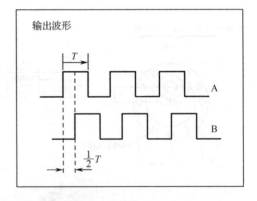

图 6-3-11　测速编码器的原理图

　　编码器是一种将角位移或者角速度转换成一连串电数字脉冲的旋转式传感器，通过编码器测量位移或者速度信息。这里使用增量式输出的霍尔编码器。编码器有 A 和 B 两相输出，所以不仅可以测速，还可以辨别转向。编码器电源需要 5V 供电，在电机转动的时候即可通过 A 相和 B 相输出方波信号。方波周期与速度有关，两路方波的相位差与电机转动的方向有关。

　　选用的电机使用的是 16 线编码器，转子转一圈共有 16 个脉冲。减速比是 10，代表电机转子转 10 圈，传动轴转 1 圈。所以检测到 160 个脉冲，才相当于电机转动一圈。

任务实训

 教学视频

任务四　步进电机驱动电路

 学习目标

1. 了解步进电机的内部结构，理解步进电机的工作原理。
2. 明白步进电机驱动电路的设计与控制逻辑。
3. 通过电机控制板操作步进电机。

 任务描述

小典：龚老师，上节课讲的直流电机，每分钟能转1000转，比小彩旗还能转。电机都是这么能转吗？

龚老师：当然不是了。电机的种类有很多，有些场合我们不要求它转多快，但要求它转得比较准。比如说工厂中的机械臂抓取某个货物，需要按照特定的方向旋转特定的角度。机械臂的转动离不开电机控制，上一小节使用的直流有刷电机可以实现快速旋转，但无法精确控制停在哪里，因此无法应用于需要准确控制角度的场合。你猜电机怎么能够知道自己转动多少度呢？

小典：电机测速的时候，不是有个码盘吗？数数电机转动引起了几个脉冲，再算一算某个脉冲对应多少度，就知道电机转动的角度了。

龚老师：你说的也是一种方法，但是记录脉冲，计算角度的工作，需要有传感器，以及控制芯片，所以这不是电机单枪匹马能完成的工作，需要一个系统。这种系统其实应用得非常广泛，称为伺服电机。你能无师自通，理解伺服电机的原理，已经非常厉害了。不过我们本节课要讲的，是另外一种电机，步进电机。

小典：不进电机？学如逆水行舟，不进则退，嗯，是个会倒退的电机。

龚老师：刚夸你两句就膨胀啊？步进，迈步走路的那个步，意思是这个电机，每次只走一步。千里之行，始于足下。像步进电机学着点，要脚踏实地。

 实训环境

● 直流稳压可调电源。
● 单片机控制板。

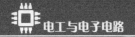

● 直流电机驱动电路板。
● 步进电机。

任务设计

任务1：安全上电。
任务2：调整步进电机的转速，观察步进电机转动的特点。
*任务3：探索步进电机转速与电流的关系。

知识准备

1. 步进电机简介

步进电机（Stepper Motor）是按照一定的角度逐步前进（转动）的电机，是直流无刷电机中的一种。它的特点是采用开环控制，用脉冲信号触发，能够精确控制位置和转速。如图 6-4-1 所示为混合式步进电机内部结构。

步进电机内部结构并不复杂，主要关注定子和转子的结构。定子与转子都被分割为很多小齿，这些小齿虽然没有直接咬合，但是距离都很近，依靠磁力相互吸引或者相互排斥。转子的齿轮是永久磁铁。定子小齿的磁极受通电线圈的控制，根据电流方向的不同、磁极变化，来吸引或者排斥特定的转子小齿，让转子转动起来。根据转子与定子的数量与分组情况不同，每一步转子旋转的角度也不同。当步进电机收到一个脉冲信号时，转子向着设定的方向会转一个固定的角度，这个角度被称为步进角（也称步角距、步级角、步距角），这个角度是操控电机能够旋转的最小角度，跟电机的精度密切相关。如图 6-4-2 所示为步进角示意图。

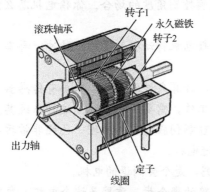

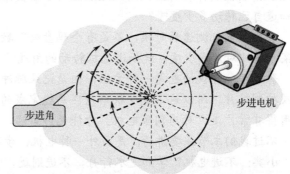

图 6-4-1 混合式步进电机内部结构　　　　图 6-4-2 步进角示意图

从结构中可以看出步进电机并没有速度编码器或者位置传感器，所以步进电机工作时的位置和速度信号不反馈给控制系统，这就是开环控制，与之相对应的控制方式称为闭环控制，如图 6-4-3 所示。

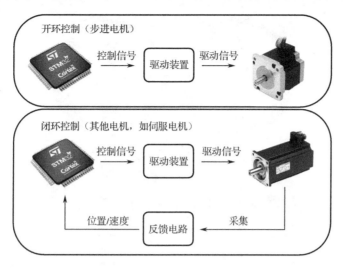

图 6-4-3 开环控制与闭环控制

从图中可以看出，由于步进电机不需要反馈电路，所以控制相对简单。在不超载的情况下，步进电机旋转的角度只与控制信号有关。以下是步进电机的优缺点对比。

优点：

① 通过脉冲信号，开环控制，简单易用；

② 精度相对较高；

③ 无电刷，设计可靠。

缺点：

① 需要脉冲信号输出电路；

② 当控制不适当的时候，可能会出现同步丢失；

③ 因在旋转轴停止后仍然存在电流而产生热量。

2. 步进电机的控制原理

为了理解步进电机的控制原理，简化一下步进电机的内部结构。转子简化为磁性指针，定子简化为可控磁铁，并且数量简化为 4 个。这 4 个定子分为 A 与 B 两组，这两组相互独立，电机也因此得名二相电机。

如图 6-4-4 所示步 1，定子 A 与 A′的线圈通电，B 与 B′的线圈不通电。A 与 A′定子的磁极可以用右手螺旋定则求出，假设都是"上 N 下 S"，那么转子的方向也是"上 N 下 S"。只要 A 组线圈保持通电，此时即便对转子施加一定的外力，转子也不会转动。

如图 6-4-4 所示步 2，A 组线圈断电，B 组线圈通电，定子磁极变为"右 N 左 S"，转子由于磁场变化的影响，跟随定子磁极变化，顺时针旋转 90°。

接下来，B 组线圈断电，A 组线圈通电，但通电方向与步 1 相反时，转子将再次顺时针旋转 90°。然后 A 组线圈断电，B 组线圈通电，但通电方向与步 2 相反，转子还可以顺时针旋转 90°。若想让转子回到"原点"，则应让 A 与 B 两组线圈通电情况与步 1 相同。

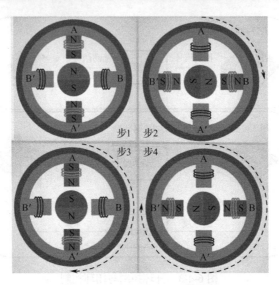

图 6-4-4 全步四拍控制步进电机

上述过程中，每组线圈都可以双向通电，这种构造被称为双极型。一个完整的控制过程共分为 4 步，也称 4 拍，步进电机的步进角是 90°，一次只有一组线圈通电，这种控制方式被称为"全步控制"。如果想提高精度，可以在步 1 和步 2 中间增加一步，让两组线圈同时通电，由于 A 与 B 磁极叠加，S 极在右上角，所以转子只旋转 45°。然后把线圈通电变为步 2 的情况，转子再旋转 45°。这种会使两组线圈同时通电的控制方式，由于每一步转子旋转的角度只有全步控制的一半，所以称为"半步控制"，如图 6-4-5 所示。一个完整的过程共分 8 拍。

3. 两相混合式步进电机的使用

步进电机按照定子上的线圈来分类，共有二相、三相和五相等系列。目前最受欢迎的是两相混合式步进电机，约占 97% 以上的市场份额。其内部结构如图 6-4-6 所示。

用**微课**学

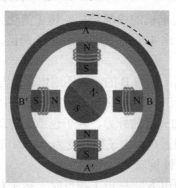

图 6-4-5 半步控制存在两组线圈同时导通的步骤

图 6-4-6 两相混合式步进电机的内部结构

本节以步进角为 1.8° 的步进电机为例，如果使用半步控制，步进角减小为 0.9°。单个转子齿轮上有 50 个小齿，每一个小齿（包含一个小齿以及一个齿间距）占据的角度为 360°/50=7.2°。全步控制时，每 4 个脉冲，转子可以转过一个小齿，所以步进角就是 7.2°/4 = 1.8°。定子有 48 个小齿，这款电机有 8 个定子，平均每个定子上有 6 个小齿。8 个定子只有 2 组线圈，因此是"两相"。4 个定子接 A 组线圈，根据绕线方式的不同，2 个定子记为"A"，同组另外 2 个定子记为"A′"，相对于圆心来说，"A"与"A′"定子的磁极方向相反，如果"A"向圆心为 N 极，那么"A′"向圆心就是 S 极。其他 4 个定子可以分别记为"B"与"B′"，相同的定子呈中心对称。

为了方便讲解原理，让每个定子都只有 1 个小齿，转子只有 10 个小齿，仍然满足转子小齿比定子多 2 个的关系。每个小齿占据的角度为 36°。示意图中看上去转子有 20 个小齿，这是因为转子有 2 个齿轮，2 个齿轮的小齿相互错开，单个齿轮只有 10 个小齿。图中用浅黑色表示 N 极，深黑色表示 S 极，用三角形标记转子的初始位置。电机旋转的过程可以分解为表 6-4-1。

表 6-4-1　步进电机旋转过程分解

步　数	示　意　图	线圈通电情况	旋　转　情　况
1		A 正向导通 B 不导通	初始位置
2		A 不导通 B 正向导通	顺时针旋转 9°
3		A 反向导通 B 不导通	顺时针旋转 9°
4		A 不导通 B 反向导通	顺时针旋转 9°

续表

步　数	示　意　图	线圈通电情况	旋　转　情　况
5	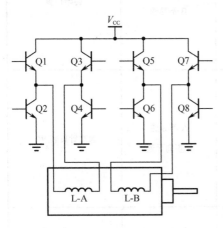	A 正向导通 B 不导通	顺时针旋转 9°，回到 初始位置

　　双极型的步进电机，每组线圈都可以双向导通，因此至少需要 4 根控制线。驱动器要包含 2 个 H 桥电路，每个 H 桥接 2 根控制线。原理图如图 6-4-7 所示。

　　直流电机驱动电路板包含 2 个 H 桥，所以它不但可以同时驱动 2 个直流电机，也可以驱动 1 个步进电机。如图 6-4-8 所示为步进电机的部分信息。

42步进电机参数
NEMA17 Stepper motor parameters

型号	17HS3430S	保持转矩（N.cm）	28
步角距（deg）	1.8	制动力矩（N.cm）	1.6
电机长度（mm）	34	转子惯量（g.cm²）	34
相电流（A）	0.4	引线数（No）	4
相电阻（Ohm）	30	重量（g）	220
相电感（mH）	35	保修期	1年

图 6-4-7　步进电机控制原理图　　　　图 6-4-8　步进电机的部分信息

 任务实训　　　　　　　　　 **教学视频**

项目七 综合应用电路

任务一 典型软启动电路

学习目标

1. 理解典型软启动电路的工作原理。
2. 熟练掌握几种不同软启动电路的区别。
3. 了解典型软启动电路的设计过程。

任务描述

用微课学

小典：龚老师，我发现，可调电源在设置好限流以后，给电路板上电的一瞬间，可能就触发了限流。但是也就只有这么一瞬间，随后就正常了，这是为什么？

龚老师：这个是浪涌电流，就是上电一瞬间的大电流。这个瞬间电流超过了电源的限流，过一会就没了，所以电源也就正常了。如图 7-1-1 中的开关电源，正常工作电流只有 0.56A，但是上电瞬间的浪涌电流能够达到 45A。

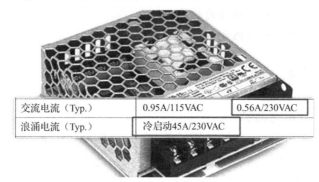

| 交流电流（Typ.） | 0.95A/115VAC | 0.56A/230VAC |
| 浪涌电流（Typ.） | 冷启动45A/230VAC | |

图 7-1-1 开关电源正常工作电流为 0.56A，浪涌电流达到 45A

小典：我知道了，浪涌电流，跟浪花一样，也就一瞬间，名字倒是挺形象的。是不是跟百米赛跑的运动员有点像？发令枪一响就往前冲？

龚老师：对，就是这个意思。咱们以前分析过，瞬间的电流是很难观察到的，你猜我们怎么捕捉到浪涌电流呢？

小典：这个您难不倒我，用电流采样电路呗。

龚老师：很对。光捕捉到浪涌电流还不够，为了减小浪涌电流的危害，我们需要让电路软启动，也就是让设备启动的过程变得"柔软"。那你猜我们怎么进行软启动呢？

小典：不知道啊，老师。

龚老师：那就好好听课吧。今天要学习好几种软启动电路。任务的关键是限制浪涌电流，保持最大的电流不超过特定值。

实训环境

- 典型软启动电路板。
- 电流采样电路板。
- 测试负载板。
- 万用表。
- 示波器。
- 直流稳压可调电源。
- 5V 电源适配器（type-c 接口）。
- 不同颜色的双头鳄鱼夹线 4 根。

任务设计

任务 1：安全上电。

任务 2：捕捉浪涌电流，观察它的特点，结合电流采样电路定量分析。

任务 3：观察热敏电阻限流的效果。

任务 4：观察并联 MOS 管软启动电路的效果。

任务 5：观察限流软启动电路的效果。

*任务 6：观察不同方案的组合效果。

知识准备

1. 浪涌电流的观察与测量

用微课学

在电路中串联一个阻值小且精确的采样电阻，然后使用示波器观察电阻两端的电压差，就可以根据瞬间的电压波形推算出瞬间的电流。此电阻阻值必须小，不能影响电路正常工作；但是如果阻值太小，低于示波器的最小量程，会无法准确测量电压差。例如，采用 $10m\Omega$ 的采样电阻，在电流为 0.1A 的时候，只会产生 1mV 的电压。1mV 是常见示波器的最小量程，多数情况下，示波器由于受到干扰而产生的底噪都会高于 1mV。

因此，常常先用运算放大电路，把采样电阻两端的电压差放大若干倍，再用示波器测量。之前学过的交流运算放大电路就可以实现这个功能，如图 7-1-2 所示。

但是交流信号运算放大电路的放大倍数依赖于电阻的精度。常见的 1%电阻不够精确。

如果想精确控制运算放大电路的放大倍数，可以采用功能放大器。但需要放大器有较高的共模抑制比，对信号的差值极敏感，对共模量不敏感。如放大器 INA213，共模抑制比达到 120dB。除此之外，INA213 内部集成了高精度的电阻对，放大倍数是固定的，也是精准的。

如图 7-1-3 所示，IN213 电流采样电路的放大倍数为 50 倍。如果流过采样电阻的电流为 I，电流采样电路的输出电压为 V，采用 $10M\Omega$ 的采样电阻，则

$$I \times 0.01 \times 50 = V$$

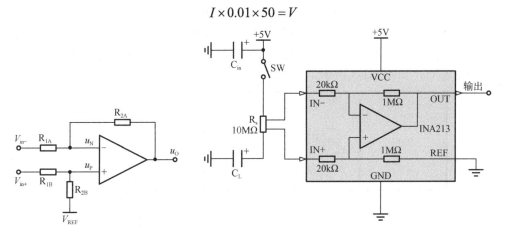

图 7-1-2　交流信号运算放大电路　　　　图 7-1-3　IN213 电流采样电路示意图

化简可得 $I=2V$，即电流采样电路的输出电压为 1V，那么流过采样电阻的电流大小为 2A。使用电流采样电路加示波器，可以观察到浪涌电流。

实验中用到的电源自带限流功能，可以避免输出电流过大，烧坏后续电路板，因此无法观察到浪涌电流，如图 7-1-4 所示。可以在电路板的输入端放置大容量电容 C_{in}，相当于电源不妨浪涌的输出端；在电路板的输出端也放置大电容 C_L，作为负载的输入端。电源与电路板连接时，将 C_{in} 充满电；闭合开关的瞬间，C_{in} 为 C_L 充电，两者间电阻极小，故浪涌电流极大。

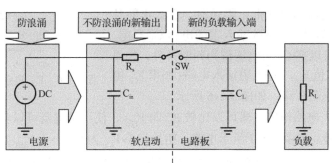

图 7-1-4　浪涌电流示意图

2. 串联 NTC 热敏电阻

串联电阻是很容易想到的限制浪涌电流的方案。如果电源电压是 5V，在负载的电容前，串联 5.1Ω 的电阻（要注意标称电阻没有 5Ω），就可以保持最大电流在 1A 以下。这种做法的缺点是：这个电阻要浪费掉相当多的能源，如果稳态工作电流是 0.5A，那么电阻上将浪费 1.275W 的电能；另外，会导致输出电压的达不到 5V，如果负载内阻只有 10Ω，

那么负载上只能得到 3.3V 左右的电压。

因此需要串联的电阻要有这个特性：刚安全上电时电阻要大，抑制浪涌电流；等到浪涌电流过去，电流稳定时，电阻要小，不影响负载工作。那有没有这样的电阻呢？

负温度系数的热敏电阻 NTC 就可以。负温度系数指的是电阻值与温度成反比，温度越高，电阻值越小。在电源接通的瞬间，NTC 热敏电阻"较冷"，阻值较大，达到限制冲击电流的作用；随着电流持续流过热敏电阻，电阻发热而使其阻值变小。例如，采用"MF72 20D-5"热敏电阻，在 25℃时，电阻值为 20Ω；如果稳定时工作电流在 0.5A，自身阻值减小为 1Ω 左右，如图 7-1-5 所示。

型号	25℃下额定零功率时的电阻（Ω）	25℃时的最大稳定电流（A）	25℃下最大稳定电流时剩余的电阻（Ω）	热时间常数（s）
5D-5	5	1	0.353	<20
20D-5	20	0.5	1.253	<20

图 7-1-5   MF7220D-5 NTC 热敏电阻的参数

热敏电阻具有热惯性，对于已经发热了的热敏电阻，散热并重新恢复高阻状态需要时间，故对于电源断电后又需要很快接通的情况，有时起不到限流作用。并且，此电路对于流过负载的稳态电流也有要求，若稳态电流太小，将不足以维持 NTC 电阻的温度。所以，热敏电阻限流的方法，常用于稳态电流可以确定，且不会频繁通断的电路。

3. 并联 MOS 管软启动电路

NTC 热敏电阻最小也有 1Ω 的电阻，仍有损耗。如果在无须限制电流的时候把电阻短路，那么损耗几乎为 0。开关闭合以后，负载的输入端的电容 C_L 充电，电压逐渐上升。可以把 C_L 的电压作为判断条件，如果 V_{CL} 电压低于设定值 V_{SET}，将电阻接入电路；如果 V_{CL} 电压高于 V_{SET}，将电阻短路，如图 7-1-6 所示。

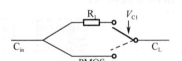

图 7-1-6 V_{CL} 决定电阻是否接入电路

使用运算放大电路作比较器可以比较 V_{CL} 与 V_{SET}，使用继电器可以实现类似于"单刀双掷"的开关功能。如图 7-1-7 所示电路，初始状态 V_{CL} 为 0，小于 V_{SET}，运算放大电路同相输入端电压大于反相输入端电压，输出高电平，PNP 型三极管不导通，继电器不工作，限流电阻 R 接入电路。开始充电的瞬间，限流电阻抑制浪涌电流。充电期间 V_{CL} 电压逐渐上升，当 $V_{CL} > V_{SET}$ 时，运算放大电路输出低电平，PNP 型三极管导通，继电器工作，触点切换，限流电阻被短路，但此时，由于 V_{CL} 与 +5V 的压差已经变小，故电流也变小。此电路的控制逻辑可以根据实际需求修改。

当电流较大时，继电器的触点在断开与接触的瞬间可能产生电火花；继电器线圈的电感效应可能会对充电电流有一些影响，可以用 PMOS 管替换 PNP 型三极管与继电器，简化设计。PMOS 管的控制逻辑与 PNP 型三极管一样，运算放大电路输出低电平时导通，导通时 S 与 D 之间（从上到下）的压降非常小，可以认为把电阻短路。

在此电路的基础上稍加改进，做成可以实际应用的电路。用 TL431 产生基准电压，并在基准电压的基础上可以使用电位器微调，作为 V_{SET}。用上拉电阻给 PMOS 管确定初始状态，如图 7-1-8 所示。

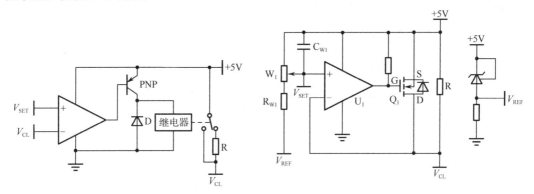

图 7-1-7　使用继电器短路电阻　　　　图 7-1-8　电阻并联 PMOS 管软启动电路

4. 限流软启动电路

当使用固定的电阻限流时，电流的大小受 V_{Cin} 和 V_{CL} 的差影响，安全上电瞬间的电流是最大的，随后电流按指数曲线逐渐变小。电阻值需要保证在安全上电瞬间，最大电流也不会超过设定值 I_{SET}，随后的电流就更小于 I_{SET}。这固然安全，但是也会造成电容 C_L 充电过慢，后一级电路得到足够电压用时太长。如果把电流始终限制在 I_{SET} 以下，就可以去掉限流电阻，让电流保持略小于 I_{SET}，快速充电。如图 7-1-9 所示，电流曲线的积分为 V_{CL}，左右两图的阴影面积大小相同，可以看出，电容 C_L 得到相同的电压时，限流电路充电时间 t_2 明显短于固定电阻充电时间 t_1。

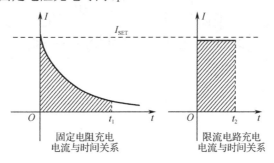

图 7-1-9　限流电路充电速度加快示意图

在电源与 PMOS 管之间串联一个小电阻 R_4，就可以得到限流电路，如图 7-1-10 所示。

设 R_4 电阻值为 R，流过电阻的电流为 I。把比较器的反相输入端接在 R_4 与 PMOS 管之间，则反相输入端的电压：

$$u_N = V_{CC} - R \times I$$

同相输入端接设置电压 V_{SET}。在开关闭合瞬间，I 非常大，u_N 很小，$u_P > u_N$，PMOS 管不导通。由于 PMOS 管不导通，所以 I 几乎为 0，$u_N \approx V_{CC}$，$u_P < u_N$，PMOS 管导通。此时 I 非常大，u_N 很小，$u_P > u_N$，PMOS 管不导通。以此类推，可以看出 PMOS 管在导通与截

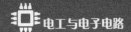

止状态间迅速切换，控制着电流的大小。令 $u_N = u_P$，可得设定电流与参考电压的关系：

$$I_{SET} = \frac{V_{CC} - V_{SET}}{R}$$

限流软启动电路比并联 MOS 管软启动方案为电容 C_L 充电的速度快，由于存在 R_4，因此也略微增大了稳态时的能量损耗。

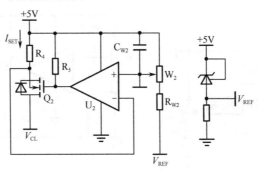

图 7-1-10　限流软启动电路

这几种软启动方式可以相互配合，实现更好的软启动效果。典型软启动电路板把这几种电路设计到同一块电路板上，使用跳线帽可以选择不同的电路，如图 7-1-11 所示。

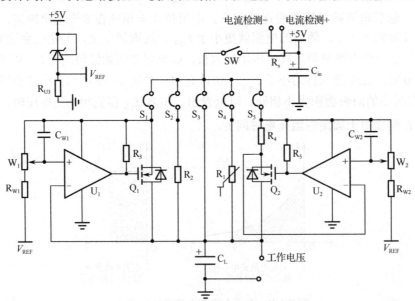

图 7-1-11　典型软启动电路板完整设计

任务实训

教学视频

任务二 LC 谐振电路

 学习目标

1. 理解 LC 谐振电路的工作原理，对电感与电容的作用建立直观认知。
2. 掌握 LC 滤波器的参数指标与工作原理。
3. 了解 LC 谐振选频放大器的工作原理与应用案例。

 任务描述

小典：龚老师，收音机到底是怎么接收到电台的声音的呢？

龚老师：无线电广播是一种利用电磁波传播声音信号的手段。收音机的任务是将无线电广播台（简称电台）发射的电磁波接收下来，然后将其放大，并把它还原，然后通过扬声器或者耳机，使我们听到电台的节目。但是空气中有很多不同频率的电磁波。如果把这些电磁波全都接收并同时播放，你会感觉像处于闹市之中，许多声音混杂在一起，什么也听不清。为了设法选择所需要的节目，在接收天线后，需要一个选择性电路，它的作用是把所需的电磁波信号或者电台挑选出来，把不需要的信号"滤掉"，以免产生干扰。接收信号，跟无线供电应用电路接收能量有点相像。选频和放大，这个功能听着耳熟吗？

小典：RC 串并联选频网络，在 RC 正弦波信号源那一节学过，对不对？

龚老师：完全正确。不过这节课就不用 RC 了，我们将学习的 LC 谐振电路，可以作为选频放大器，以实现类似于"选台"的功能。除此之外，还将学习 LC 谐振滤波器与 LC 正弦波振荡器的知识。

 实训环境

● LC 谐振电路板。
● 直流稳压可调电源或 5V 电源适配器（type-c 接口）测试负载板。
● 万用表。
● 示波器。
● 波形发生器。

 任务设计

任务 1：安全上电。
任务 2：观察串联/并联 LC 谐振滤波器的效果。

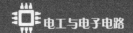

任务 3：观察 LC 谐振选频放大器的现象。

任务 4：观察 LC 正弦波振荡器的反馈信号与输出波形。

*任务 5：观察 LC 选频放大器在输入信号为谐振频率附近时，相位的移动。

**知识准备**

1. LC 谐振滤波器

用**微课**学

一个电感与一个电容有两种接法：并联与串联。有趣的是，不论用哪一种接法，电感与电容组成的系统，其谐振频率都是一样的：

$$f_o = \frac{1}{2\pi\sqrt{LC}}$$

假设有外部信号施加在 LC 电路上，会发生哪些现象呢？

LC 并联：在信号频率比较低的时候，电容的容抗很大，信号难以通过，可以把电容这一支路理解为断路，电路主要表现出感性阻抗；在信号频率比较高的时候，电路表现出容性阻抗。不论是容性还是感性，都会存在相位的移动，就像周期信号通过电容或电感都会有相位移动一样。当信号频率正好为谐振频率时，电路表现出阻性阻抗，且无相位移动。在理想状态下，阻抗无穷大。

关于 LC 电路在谐振频率下的阻抗，是可以通过严格的数学表达式求解的，但写出来比较麻烦，本书按以下方法简化分析：

假设有个频率为 f_o 的交流电源，施加在 LC 并联网络上。假设 LC 并联网络没有损耗，所以也无须电源提供任何能量，即不会有任何电流留入 LC 并联网络。从电源的角度来看，就好像接了一个阻抗无穷大的"电阻"。实际应用时，电路当然会存在损耗，当考虑 LC 电路的损耗时，为了维持自激振荡，每一次振荡消耗多少能量，那么外部电源就会补充多少能量，从电源的角度来看，仍然可以认为电源在为某个电阻提供能量。所以，LC 并联网络在谐振频率下，可以理解为电阻，表现出阻性。

利用这个原理可以制作 LC 谐振滤波器。如果信号频率等于谐振频率，那么 LC 电路相当于阻值很大的电阻，所以大部分电压会分配在 LC 并联网络上。LC 并联谐振滤波器如图 7-2-1（b）所示。

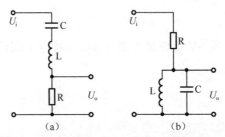

图 7-2-1　LC 串联谐振滤波器与 LC 并联谐振滤波器

LC 串联：假设频率为 f_o 的交流电源，施加在 LC 串联网络上。假设 LC 内部几乎不存在损耗，且串联电路电流处处相等，即流入 LC 串联网络的那个点，与流出 LC 串联网络的那个点，电压始终一致。在电路分析中，电压相等的两个点，可以直接用线连接，所以可以认为 LC 串联谐振电路近似于短路。可以如图 7-2-1（a）所示电路，设计 LC 串联谐振滤波器。

如图 7-2-2、图 7-2-3 所示，对 LC 串、并联谐振滤波器进行的增益（衰减）与相位的分析。理论上来讲，电感为 2.2μH，电容为 1nF，那么谐振频率为 3.39MHz。可以看出在谐振频率附近，幅度衰减最小，相位移动最小。

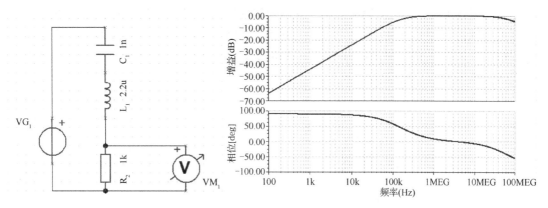

图 7-2-2　LC 串联谐振滤波器的增益与相位分析

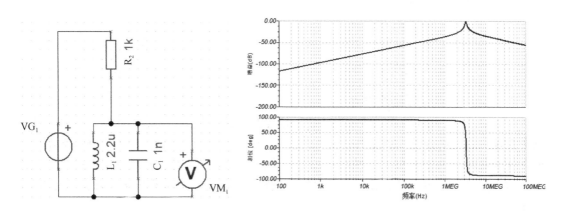

图 7-2-3　LC 并联谐振滤波器的增益与相位分析

2. LC 谐振选频放大器

收音机有选台功能，可以选出特定频率的波形，进行放大。将 LC 并联网络作为共射极放大电路的集电极负载，可以形成 LC 谐振选频放大器。根据 LC 并联网络的频率特性，在输入信号的频率为谐振频率时，由于 LC 并联网络阻抗最大，所以电压的放大倍数最大，并且没有相位移动。对于其余频率的信号，电压放大倍数比较小，且有相位移动。此放大电路具备选频功能，因此可以称为 LC 谐振选频放大器。

不难看出 L_1 两端的电压就是正弦波，输出电压可以直接从 L_1 引出。在一些应用场合，为了减小负载的变化对于波形的干扰，往往借助电感之间的互感现象，从 L_2 上引出输出端，这种做法的工作原理类似于变压器。如图 7-2-4 所示为 LC 谐振选频放大器。

3. LC 正弦波振荡器

将 LC 谐振选频放大器的输出的一部分连接到输入端，用反馈电压取代输入电压，即可形成正反馈，构成 LC 正弦波振荡器。反馈电压只需输出电压的一部分，而非全部，比如可以考虑把电容或者电感分成两部分，从中选择一部分来引出反馈电压。如图 7-2-5 所示，将使用 L_1 与 L_2 2 个电感的电路，称为电感三点式正弦波发生器。

在不考虑 L_3 与 L_1 互感的情况下，计算电路的谐振频率时，电感为 L_1 与 L_2 的串联以及相互之间的互感可以表示为 $L=L_1+L_2+2M$。两个电感之间的这一点连接 V_{CC}，并不是 GND（存在连接 GND 的接电路设计方法），对于高频变化量来说，直流电源电压也相当于是动态的地，或者称为"交流地"。

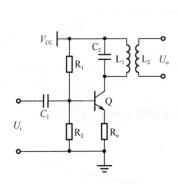
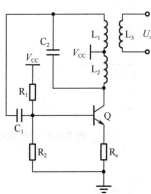

图 7-2-4　LC 谐振选频放大器　　　　图 7-2-5　电感三点式正弦波发生器

4. 完整的 LC 谐振电路设计

可以看出 LC 谐振选频放大器与 LC 正弦波振荡器的主要区别是选频网络的输入是来自外部输入，还是自激。如果想在一个电路板上兼容两种电路，可以在设计 LC 谐振电路时，在连接到三极管基极的反馈线上添加一个开关，可以从两种电路中切换模式。基极的上拉电阻可调，用于微调波形；发射极的电阻阻值可选，可调整放大倍数，如图 7-2-6 所示。

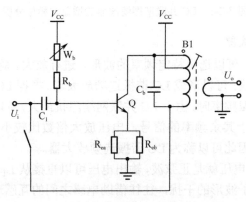

图 7-2-6　LC 谐振电路设计

常见贴片电容的精确度一般是 10%，常见功率电感的精度一般是 20%，用精度比较差的电阻与电容算出来的谐振频率，可想而知不会太准确，所以一般来说，应选择可调的电容或者电感，方便对谐振频率进行调整。

收音机里有个器件称为中频变压器，俗称中周。它既包含一对耦合的电感，又包含一个电容，并且可以通过调整电感磁芯的位置，来调整谐振频率。它用 LC 并联谐振的原理来工作，我国的中频为 465kHz，所以中周就谐振于 465kHz 附近，可以微调。它只对 465kHz 的信号呈很高的阻抗，故 465kHz 的中频信号能在中周上得到最高电压，使得中周只通过中频信号，从而很好地实现了对于中频的选频与放大功能。

 任务实训

 教学视频

任务三　典型时基电路应用

 学习目标

1. 理解典型时基电路的工作原理。
2. 掌握 555 定时器的基本结构与工作原理。
3. 熟练掌握使用 555 定时器完成典型时基电路应用的设计过程。

 任务描述

龚老师：小典，你有没有很好奇玩具里一闪一闪的彩灯是怎么实现的？

小典：当然好奇了，为此还拆过不少玩具，可惜，多数都装不回去了。

龚老师：哦，那你拆开这些玩具，都看到了些什么？

小典：有电池、电线、扬声器、LED 灯，有时候能看到小小的芯片，有时看不到芯片，只能看到一坨圆圆的黑乎乎的东西，不过我猜这应该也是芯片。

龚老师：对，那是一种跟电路板一体的芯片。通过这段时间的学习，你现在明白彩灯的原理了吗？

小典：差不多知道一些。咱们学习 RC 方波与三角波的信号源的时候，我就考虑过，既然方波输出能够发出高、低电平，接上 LED 不就是一闪一闪的彩灯嘛。老师，我说的对吗？

龚老师：你说的算是一种解决方案吧，原理没有问题。今天这个芯片的名字叫 555 定时器。

小典：555 定时器？

龚老师：这是一种多用途的数字、模拟混合集成电路，利用它能很方便地构成施密特触发器、单稳态触发器和多谐振荡器。由于使用灵活、方便，更重要的是，它很便宜，批量成本不到 5 角钱，所以 555 定时器在电子玩具、家用电器等许多领域中都得到了广泛应用。

实训环境

- LC 谐振电路板典型时基电路应用电路板。
- 万用表。
- 示波器。
- 直流稳压可调电源。

任务设计

任务 1：安全上电。
任务 2：使用 555 定时器构成施密特触发器。
任务 3：使用 555 定时器构成单稳态触发器。
任务 4：使用 555 定时器构成多谐振荡器。
*任务 5：分析单稳态触发器的时间，观察 PWM 调光灯的现象。

知识储备

1. 555 定时器的工作原理

有很多芯片厂家都生产了自己的 555 定时器产品。尽管产品的型号繁多，但最后三位都是"555"。一般来说，多数 555 定时器的功能与外部引脚的排列都完全相同。如图 7-3-1 所示为 NE555 定时器引脚图。

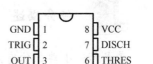

图 7-3-1　NE555 定时器引脚图

以 NE555 定时器为例，它包含 3 个 5kΩ 电阻，可以把电源电压分成 3 等份。3 个 5kΩ 电阻便是 555 定时器名称的由来。为了方便描述，将 2 个参考电压分别命名为 V_H 与 V_L。如果第 5 脚 CONT 没有外接固定电压 V_{co}，则 $V_H=2/3V_{CC}$，$V_L=1/3V_{CC}$；否则 $V_H=V_{co}$，$V_L=V_{co}/2$。NE555 定时器功能框图如图 7-3-2 所示。

它还包含 2 个比较器，即 C_1 与 C_2，此处的 C 是比较器 Comparator 的缩写，并不是电容。为了方便描述，称 C_1 的输出电压为 V_{c1}，C_2 的输出电压为 V_{c2}。第 6 脚 THRES 接输入 IN_1，第 2 脚 TRIG 接输入 IN_2。比较器用于判断各自的输入电压与参考电压的大小。

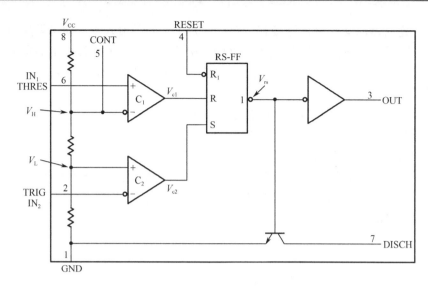

图 7-3-2 NE555 定时器功能框图

比较器后边接 RS 触发器。其中第 4 脚 RESET 是触发器的复位，如果 RESET 接低电平，那么芯片的输出也是低电平。

RS 触发器后接放电三极管 Q，如果 Q 导通，相当于把第 7 脚 DISCH 接到 GND 上。触发器之后还有一个缓冲器 G，作用是提高电路的带负载能力，让 555 定时器的第 3 脚 OUT 能够输出较大的电流。

一般情况下，讲述 555 定时器的时候都要提到内部的各个器件的工作逻辑，比如 RS 触发器的原理：当 R 有效的时候，RS 触发器输出低电平；当 S 有效的时候，RS 触发器输出高电平；当 RS 触发器输出高电平的时候，三极管导通。但这种理解方式，会多绕很多弯，比如当 $V_{c1}=0$ 且 $V_{c2}=1$ 时，相当于 S 有效，RS 触发器会输出高电平，然而芯片最终的输出却是低电平，与 RS 触发器的逻辑相反。因此不如不要强调内部器件的工作逻辑，直接根据输入查表 7-3-1，判断输出。

表 7-3-1 555 定时器的功能表

输　　入			内　　部			输　　出	
RESET	IN_1	IN_2	V_{c1}	V_{c2}	V_{rs}	OUT	三极管
0	×	×	×	×	1	0	导通
1	$IN_1>V_H$	$IN_2>V_L$	1	0	1	0	导通
1	$IN_1<V_H$	$IN_2>V_L$	0	0	不变	不变	不变
1	$IN_1<V_H$	$IN_2<V_L$	0	1	0	1	截止
1	$IN_1>V_H$	$IN_2<V_L$	1	1	0	1	截止

2. 555 定时器接成的施密特触发器

用微课学

在运算放大器滞回控制电路章节，已经实现施密特触发器的功能，知道了对于负向递减和正向递增两种不同变化方向的输入信号，施密特触发器有不同的阈值（门限）电压。

将 555 定时器的 2 个输入端接到一起，作为 1 个新的输入端，即可得到施密特触发器。有时为了提高电路的稳定性，会在 CONT 接滤波电容。先不接外部的参考电压，则 $V_H=2/3V_{CC}$，$V_L=1/3V_{CC}$。设输入信号为 V_i，如图 7-3-3 所示，首先分析 V_i 从 0 开始逐渐升高的过程：

① $V_i<V_L<V_H$，$V_{c1}=0$，$V_{c2}=1$，查表可知，OUT=1；

② $V_L<V_i<V_H$，$V_{c1}=0$，$V_{c2}=0$，OUT 不变，还是 1；

③ $V_L<V_H<V_i$，$V_{c1}=1$，$V_{c2}=1$，OUT=0；

此后 V_i 继续增大，输出也不会变化，所以分析 V_i 从大于 V_H 开始下降的过程：

④ $V_L<V_i<V_H$，$V_{c1}=0$，$V_{c2}=0$，OUT 不变，但这次是 0；

⑤ $V_i<V_L<V_H$，$V_{c1}=0$，$V_{c2}=1$，OUT=1。

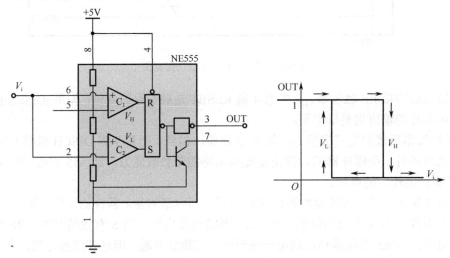

图 7-3-3　555 定时器接成的施密特触发器与它的电压传输特性

3. 555 定时器用作单稳态触发器

单稳态，就是一个稳定状态。假设最终的输出稳定为低电平，虽然在外界条件的影响下，输出可以变为暂稳态，即暂时变为高电平，但最终还是变成低电平。用单稳态的特性可以设计一个延时关闭的灯，假设灯按下去以后，不会立刻关闭，而是延时一段时间再关闭，且延时的这段时间可以自行设置。

将 555 定时器与 RC 串联电路形成的延时环节结合起来，可以做成单稳态触发器。把 IN$_2$ 作为触发信号的输入端，使用按键 K$_1$ 来模拟控制信号，默认情况下 IN$_2$ 为高电平，K$_1$ 按下去的时候 IN$_2$ 变为低电平。将电阻 R$_1$ 与电容 C$_1$ 串联在 V_{CC} 与 GND 之间，阻容连接的一点接 IN$_1$ 与 555 定时器内置的三极管集电极。输出端使用 2 个 LED 来指示电路的输出电平。构成的单稳态触发器的原理图如图 7-3-4 所示。

假设电路板安全上电以后，按键 K$_1$ 没有按下（IN$_2$=V_{CC}），此时 555 定时器的输出不好判断，因此可以分情况讨论。

① 假设 555 定时器输出低电平。如果电容 C_1 内储存有电荷，会通过已经导通了的三极管快速释放掉，所以 IN$_1$=0$<V_H$，IN$_2$=V_{CC}>V_L，根据功能表，此时 555 定时器的输出将保持上一个状态不变，所以这是一种稳定的状态。

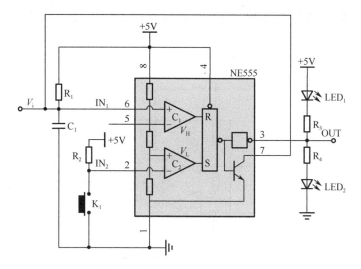

图 7-3-4 单稳态触发器的原理图

② 假设 555 定时器输出高电平。此时三极管截止，则 V_{CC} 通过电阻向电容充电，当电容的电压 $IN_1 > V_H$ 的时候，已知 $IN_2 > V_L$，所以 555 定时器输出低电平，三极管导通，回到上一种状态。因此高电平是暂稳态，它持续的时间就是电容从开始充电，到电压大于 V_H 的用时。

在没有触发信号的时候，555 定时器输出低电平的状态将稳定不变。如果触发脉冲的下降沿到达 IN_2，那么 $IN_2 < V_L$，同时由于 $IN_1 < V_H$，结果是 555 定时器输出高电平，三极管截止，变成暂稳态，持续一段时间后变为稳态。

输出信号中，高电平持续的时间，就是暂稳态持续的时间，也是电容充电到 V_H 所用的时间。这个时间可以结合 RC 充放电的关系计算出来，大约为 1.1 倍的时间常数。如图 7-3-5 所示为单稳态触发器的电压波形图。

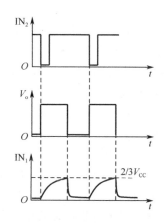

图 7-3-5 单稳态触发器的电压波形图

4. 555 定时器用作多谐振荡器

多谐振荡器是一种自激振荡器。在接通电源以后，不需要外加触发信号便能自动产生矩形脉冲。由于矩形波含有丰富的高次谐波分量，所以习惯上又将产生矩形波的振荡器称为多谐振荡器（也有称之为非稳态模式）。之前用施密特触发器实现了矩形波发生电路，既然 555 定时器可以作为施密特触发器，在此基础上，改成多谐振荡器并不困难。接下来用多谐振荡器做一个交替闪烁的双色灯。

首先，把 IN_1 与 IN_2 连接到一起，先做出施密特触发器。

然后，仍然以电容的电压作为输入信号，并将电容的电压维持在施密特触发器的 2 个阈值之间。把 555 定时器的输出连接到电容上，则输出高电平的时候为电容充电，输出低电平的时候让电容放电。不过实际应用中，为了减轻 555 定时器的负担，用 V_{CC} 为电容充电，通过放电三极管来使电容放电。当三极管通过电阻连接 V_{CC} 时，三极管的集电极（555 定时器的第 7 脚）的电平与 555 定时器的输出其实一样。如图 7-3-6 所示为多谐振荡器的原理图。

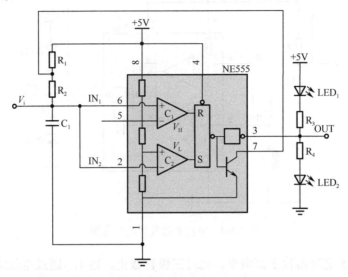

图 7-3-6　多谐振荡器的原理图

接下来分析电容电压与 555 定时器输出端的关系。设电容电压为 V_i，首先分析 V_i 从 0 开始逐渐升高的过程：

① $V_i<V_L<V_H$，$V_{c1}=0$，$V_{c2}=1$，OUT=1，三极管截止，V_{CC} 通过 R_1 与 R_2 为电容充电，V_i 逐渐升高。

② $V_L<V_i<V_H$，$V_{c1}=0$，$V_{c2}=0$，OUT 不变，还是 1，电容继续充电，V_i 继续升高。

③ $V_L<V_H<V_i$，$V_{c1}=1$，$V_{c2}=1$，OUT=0，三极管导通，电容通过 R_2 与导通了的三极管放电，V_i 逐渐降低。

④ $V_L<V_i<V_H$，$V_{c1}=0$，$V_{c2}=0$，OUT 不变，但这次是 0，电容继续放电，V_i 继续降低。

⑤ $V_i<V_L<V_H$，$V_{c1}=0$，$V_{c2}=1$，OUT=1，回到状态 1，循环往复。

通过以上分析可以看出，电容上的电压将在 V_H 与 V_L 之间反复振荡，555 定时器的输出在电容充电期间为高电平，在电容放电期间为低电平。

当电容充电时，电阻值为 R_1+R_2。电容放电时，电阻值为 R_2，充放电时间与电阻的阻值成正比，所以，此电路的占空比始终大于 50%。如果希望得到小于或者等于 50% 的占空比，可以利用二极管的单向导电性，使得充电与放电经过不同的路径。如图 7-3-7 所示为改进电路。

充电时间 T_1 正比于 $W_1×C_1$（忽略二极管的电阻，应用一阶 RC 电路三要素法可以算出 $T_1=W_1×C_1×\ln 2$），放电时间 T_2 正比于 $W_2×C_1$（$T_2=W_2×C_1×\ln 2$），输出脉冲的占空比为：

$$q = \frac{W_1}{W_1 + W_2}$$

如果 $W_1=W_2$，那么电路的占空比就是 50%。调节 W_1 与 W_2 的大小，也可以改变电路的振荡周期。如图 7-3-8 所示为多谐振荡器的电压波形图。

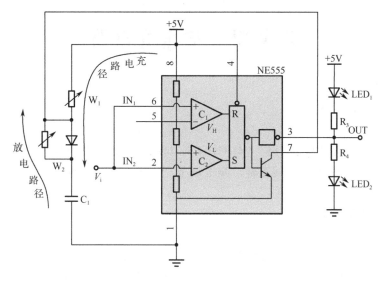

图 7-3-7 用 555 定时器组成的占空比可调的多谐振荡器

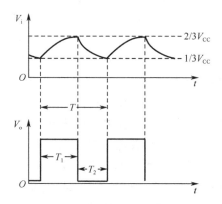

图 7-3-8 多谐振荡器的电压波形图

　　将电路的输出端接 LED，当改变电路的占空比时，LED 亮起来的时间会改变。由于人的眼睛有视觉暂留，因此如果电路的振荡频率非常高，可以做成亮度可调的 LED 灯。

 任务实训

 教学视频

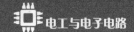

任务四　流水灯电路

学习目标

1. 理解 74HC14、74HC165、74HC164 与 74HC245 的工作原理。
2. 熟悉流水灯电路的控制逻辑，知道调节"流水速度"的方式。

任务描述

用微课学

小典：龚老师，时基电路里有 2 个小灯，一闪一闪的，看着都挺好看的。要是有很多小灯闪，就更好看了。我能做出来很多小灯闪的电路吗？

龚老师：移位寄存器级联应用电路里的点阵屏，不就有很多 LED 嘛。

小典：主要是这里边有个单片机，我还不会用。

龚老师：流水灯，也叫跑马灯，其实就是一组灯，按照设定的顺序和时间来点亮或熄灭，这样就能形成一定的视觉效果，虽然从名称上来看是"流水"或是"跑马"，感觉上在移动，但每个灯都在固定的位置上。街上的很多店面和招牌上就安了流水灯，看上去动感美观。也有人把多个 LED 进行立体排列，做成"光立方"，使得流水灯有一定的空间效果。让彩色的流水灯旋转起来，甚至可以做出裸眼 3D 的效果。

小典：太好了。那这个流水灯电路该怎么实现呢？

龚老师：实现流水灯有很多种方式，本节我们学习一个使用分立元器件搭建的 LED 流水灯，不包含单片机，不需要写程序，却可以实现指定某个 LED 亮，可以控制 LED "流水"的速度，还可以手动触发流水灯的下一个状态。

实训环境

● 流水灯电路板。
● 万用表。
● 示波器。
● 直流稳压可调电源或 5V 电源适配器（type-c 接口）。

任务设计

任务 1：探索流水灯电路的功能，自行设计实验，观察自动时钟模式与手动时钟模式下，实验的现象。

*任务 2：获取串行数据的波形，并根据串行数据的波形解析数据。

知识储备

本节将使用 74HC14、74HC165、74HC164 与 74HC245 等多种数字逻辑芯片，掌握每种芯片的工作原理，方可理解流水灯电路的工作原理。这其中还有一些基于产业经验的设计技巧，也要掌握。

1. 脉冲的产生

流水灯电路将以一定的速度来"流水"，必然需要周期变化的脉冲信号作为系统的"心跳"。之前学习过的矩形波发生电路，还有 555 定时器构成的多谐振荡器，它们都可以作为脉冲信号。今天再学习一个新的脉冲发生电路：使用反相器构成的非对称式多谐振荡器，如图 7-4-1 所示。

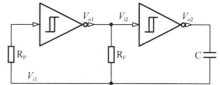

图 7-4-1　非对称式多谐振荡器

反相器从逻辑上来讲就是个非门。反相器的输出与输入逻辑相反，如果输入"0"，则输出"1"，输入"1"，则输出"0"。但输入电压可能介于"0"和"1"之间，所以假设有个阈值电压为 V_H（其实有可能从"0"到"1"与从"1"到"0"的阈值电压略有差别，此处为了简便，认为是同一个电压）。

图 7-4-1 所示的电路需要 2 个反相器，以及 1 个 RC 充放电延迟环节（电阻 R_F 与电容 C），R_P 是个保护电阻，限制流入反相器的电流。首先假设 $V_{i1} > V_H$，那么 V_{o1} 为低，V_{o2} 为高。忽略反相器内部的电阻，则 V_{o1} 相当于接 GND，V_{o2} 相当于接 V_{CC}，电路可以转化为如图 7-4-2 所示的暂稳态情况一简化电路。

不难分析出，电容将经由电阻 R_F 放电，随着电容不断放电，V_{i1} 的电压会不断降低，可见 V_{i1} 为高电平并非稳定状态。

当 $V_{i1} < V_H$ 时，V_{o1} 为高，V_{o2} 为低。如果 V_{i1} 进一步减小，则 V_{o2} 也进一步减小，且分析瞬间现象，V_{o2} 的减小会经由电容，导致 V_{i1} 也减小。这是一个正反馈的过程，结果就是当 $V_{i1} < V_H$ 之后，V_{i1} 会瞬间变为最小值。电路转化为如图 7-4-3 所示的暂稳态情况二简化电路。

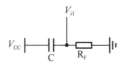

图 7-4-2　暂稳态情况一简化电路　　　图 7-4-3　暂稳态情况二简化电路

V_{CC} 经由电阻 R_F 为电容充电，随着电容的不断充电，V_{i1} 的电压会逐渐上升，直到大于 V_H，然后由于正反馈，V_H 会瞬间变为最大值，变为暂稳态情况一。

可以看出此电路无须外加触发信号，就能够产生矩形脉冲。脉冲的占空比为 50%，一个脉冲高电平持续时间 T 其实也是电容放电的时间，T 大约为 1.1 倍的 RC 充放电时间常数。

2. 施密特触发反相器的使用

施密特触发反相器，其实也是反相器，只不过阈值电压并非 1 个，而是 2 个，一般

写作 V_{t+} 与 V_{t-}。如图 7-4-4 所示，施密特触发反相器也可以用作普通的反相器，只不过导致电平跳变的阈值电压有两个而已。

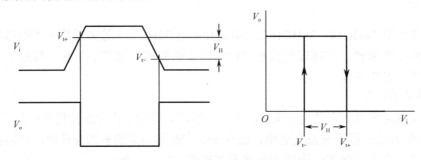

图 7-4-4　施密特触发反相器的电压特性

上述发生脉冲的需求，其实只需要反相器就够了。为什么电路中要用施密特触发反相器呢？一是因为施密特触发反相器除了反相，还可以对脉冲进行变换或整形，效果优于普通的反相器。如图 7-4-5 所示为用施密特触发器进行波形转换与整形；

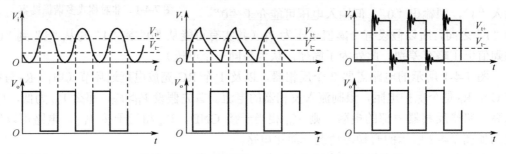

图 7-4-5　用施密特触发器进行波形转换与整形

二是因为施密特触发反相器比单纯的反相器芯片，还要便宜一些。如图 7-4-6 所示为 6 路施密特触发反相器（74HC14）的引脚图与结构图。

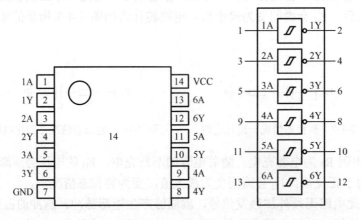

图 7-4-6　74HC14 的引脚图与结构图

3．74HC165 的工作原理

流水灯电路用拨码开关来控制某个 LED 亮灭，但是又不想让开关与 LED 一一对应，因为对应得太死，就没办法实现流水的效果。可以先用一个"并入串出"芯片，获取所有拨码开关的状态，再用一个"串入并出"的芯片，来控制多个 LED。

74HC165 是一个 8 位串行或并行输入，串行输出的移位寄存器。74HC165 具有一个串行输入（DS 引脚）、8 个并行输入（A～H）和两个互补串行输出的功能。当 S/L 引脚为低时，A～H 端的数据进入移位寄存器。当 S/L 引脚为高时，数据从 DS 引脚串行进入寄存器。当使能时钟时，数据在时钟 CP 上升时按位输出。74HC165 引脚说明如表 7-4-1 所示。

表 7-4-1 74HC165 引脚说明

引　　脚	名　　称	别　　名	功　　能	说　　明
1	S/L	$\overline{PL}$	并行/串行输入选择	为低时，并行数据进入移位寄存器；为高时，串行数据进入移位寄存器
2	CLK	CP	时钟输入	上升沿有效
3～6，11～14	A～H	D0～D7	并行输入	
7	$\overline{QH}$	$\overline{Q7}$	末级互补输出	与末级串行输出的极性相反
9	QH	Q7	末级串行输出	上升沿时，把移位寄存器的数据按位从此引脚输出
10	SI	DS	数据串行输入	数据在此引脚上一位一位输入
15	CLKINH	$\overline{CE}$	输入时钟使能	低电平有效
8 16	GND,VCC	—	地，电源	供电引脚

之前学习的移位寄存器的级联应用使用的芯片是 74HC595，此处的 74HC165 也包含一个移位寄存器。74HC165 与 74HC595 相反，74HC595 是"串入并出"，数据一位一位地挤入寄存器，然后一下子全部并行输出；74HC165 是"并入串出"，数据一下子全部进入寄存器，然后一位一位地输出。如图 7-4-7 所示为 74HC165 的功能框图。

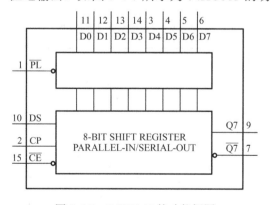

图 7-4-7 74HC165 的功能框图

它的常见用法为在 PL 为低电平的时候，装载并行数据。然后时钟使能，在时钟输入上升沿的时候，把移位寄存器从高位开始，按位移出。串行输入可以接上一级的串行输出，实现级联，或者接自身的串行输出，形成循环。如图 7-4-8 所示为 74HC165 的时序图。

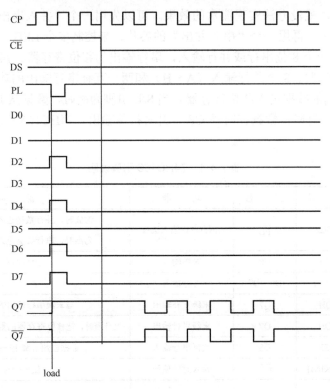

图 7-4-8　74HC165 的时序图

4．74HC164 与 74HC245 的工作原理

74HC164 与 74HC165 相对应，与 74HC595 类似，都是"串入并出"的芯片。它有两个串行输入（A 和 B）和 8 个并行输出（QA 到 QH）。数据在时钟输入上升沿时移位输出。复位引脚低电平可以清除寄存器，并且强制输出为低。74HC164 引脚说明如表 7-4-2 所示。

用微课学

表 7-4-2　74HC164 引脚说明

引　脚	名　称	别　名	功　能	说　明
1	A	DSA	数据输入	两路输入为"与"的关系
2	B	DSB	数据输入	
3～6，10～13	QA～QH	Q0～Q7	输出	—
8	CLK	CP	时钟输入	上升沿有效
9	$\overline{CLR}$	$\overline{MR}$	复位	低电平有效
7 14	GND,VCC		地，电源	供电引脚

　　如图 7-4-9 所示，两路输入为后接"与门"，如果只需要一路输入，可以把另外一路的输入接高电平。此芯片内只有移位寄存器，没有存储寄存器，因此无法实现锁存功能。所有输入的变化都会直接影响输出，这是 74HC164 与 74HC595 的最大区别。

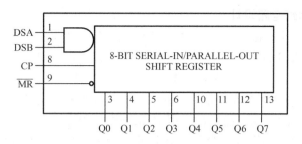

图 7-4-9 74HC164 的功能框图

如果只需要 8 个拨码开关控制 8 个 LED 灯，74HC164 输出电流可以达到 25mA，足以驱动 LED，则直接连接 LED 就可以。如果想控制 16 个 LED，或者更多 LED，则需要再连接若干 74HC245 芯片。这个芯片具备 8 位 3 态输出，只需微安级别的电流输入，就可以输出最大 35mA 的电流，具有较强的带负载能力，常用于提高电路的驱动能力。

74HC245 使用极其简单，它的 1 脚可以设定输入与输出的方向。电路的输入与输出逻辑一模一样，其引脚说明如表 7-4-3 所示。

表 7-4-3 74HC245 引脚说明

引　　脚	名　　称	别　　名	功　　能
1	T/R	DIR	方向控制
2～9	A0～A7	—	数据输入/输出
11～18	QA～QH	—	数据输入/输出
19	$\overline{OE}$	—	输入输出使能，低电平有效
10、20	GND,VCC	—	地，电源

其实 74HC244 与 74HC245 在功能上是类似的，但本电路采用了 74HC245，原因在于 74HC245 的引脚更"顺畅些"，假如输入引脚在左侧，那么输出引脚就都在右侧。不像 74HC244，同一路的输入与输出相邻，布线十分麻烦，如图 7-4-10 所示。

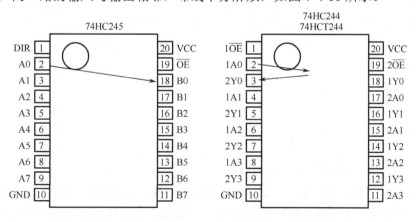

图 7-4-10 74HC245 与 74HC244 的引脚对比

5. 完整的流水灯电路设计

产生脉冲的环节中，限流电阻设置为阻值可调的电位器，可以大幅度改变脉冲的频率。按键 K_2 可以产生手动的脉冲，拨动开关 SW_2 可以选择是自动产生脉冲，还是手动产生脉冲。LED_2 可以作为产生脉冲的指示灯，每个脉冲周期内 LED_2 都会闪烁一次。74HC14的 C 部分用于提升脉冲的带负载能力，B 部分的输出端既要为电容充电，又要为 LED_2供电，可能会影响脉冲周期的稳定性。而 D 部分进行的逻辑反转，其实可以不要，只是因为 74HC14 有 6 路，不用就浪费了，至少还有滤波功能。如图 7-4-11 所示为脉冲产生电路。

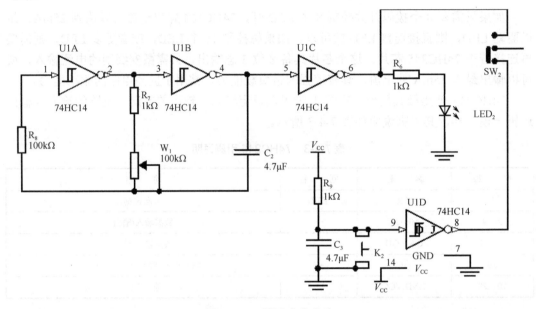

图 7-4-11　脉冲产生电路

74HC165 的 1 引脚接按键，默认情况下为高电平，装载串行数据；按下时变为低电平，装载并行数据，也就是读取拨码开关的状态，因此这个按键的功能就是"更新设定"。由于串行输入的数据也是自身串行输出的数据，所以默认状态下，按照之前显示的内容周期循环；如果按下了按键，会根据当前拨码开关配置的状态，更新下一个周期的状态。拨码开关默认为低电平，拨动后变为高电平。拨码开关的 8 个下拉电阻阻值完全一样，故可以使用排阻，简化设计。

74HC165 的串行输出接 74HC164 的串行输入，所以 74HC165 输入的并行数据，其实也就是 74HC164 的并行输出数据，逻辑上是"串行→并行→串行"，好像没有变化。但没有这个环节，拨码开关与 LED 一一对应，就没办法显示"流水"的效果了。如图 7-4-12所示为拨码开关状态获取与并行输出电路。

最后是两个 74HC245 并联，输出的内容完全一样，但 PCB 上 16 个 LED 是圆形的，而且中心对称，看上去就是 LED 转圈圈。图中比较粗的连接线是总线连接的意思，在 PCB原理图中表示这些线是同一种类型的。如图 7-4-13 所示为 74HC245 输出电路。

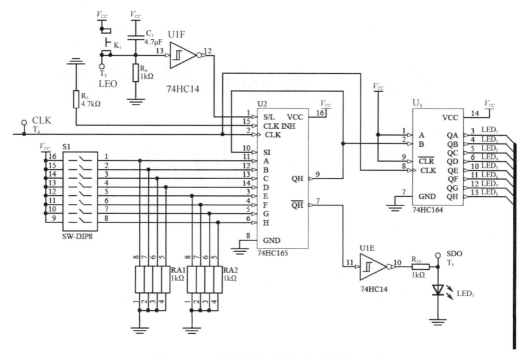

图 7-4-12　拨码开关状态获取与并行输出电路

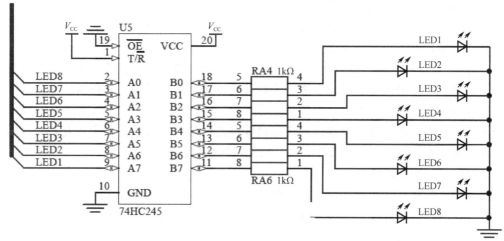

图 7-4-13　74HC245 输出电路

任务实训

教学视频

项目八　故障检测与维修

任务一　排查故障的基本技巧

学习目标

1. 熟知常见的硬件故障类型。
2. 掌握排查故障的次序。
3. 掌握排查故障的基本技巧。

任务描述

小典：龚老师，咱们的实验课上，总是设置各式各样的故障，我觉得解决故障是最难的事，电路真的会有这么多故障吗？

龚老师：老师认为，在调试故障的时候，会综合应用所学的技能，根据现象应用工具定位故障，反复思考原理，综合考虑找到解决办法，这个过程很锻炼人。你们只有学习的时候多锻炼，实际应用的时候才能游刃有余。电路板总是会遇到各式各样的故障，有的是设计故障，有的是焊接故障，还有的可能是电路板上的器件本身就是坏的。如果电路板上有单片机之类的控制芯片，还可能是软件故障。

小典：这么多种故障？

龚老师：根据故障的发生频率，又可以分为三种故障。一是一次性故障，比如芯片接反等，二是偶发性故障，有时正常，有时不正常。三是持续性故障，每次都能出现，这种故障比较好找到。

小典：我听了就有些头疼。

龚老师：故障并没有这么吓人，相反，查找故障就像是大侦探福尔摩斯挑战疑案一样，观察蛛丝马迹，进行严密的推理，大胆假设，小心求证，这是个很有挑战性的过程，也很有意思。

小典：那排查故障有没有什么锦囊妙计？

龚老师：故障的种类是多种多样的，这就需要我们不断积累故障检测与维修的经验。这些经验有时很难写到纸上，也不是仅通过理论知识就能学好的，还是得多见、多实践、多总结。

 知识储备

1. 故障分类

常见故障分类如图 8-1-1 所示。

用微课学

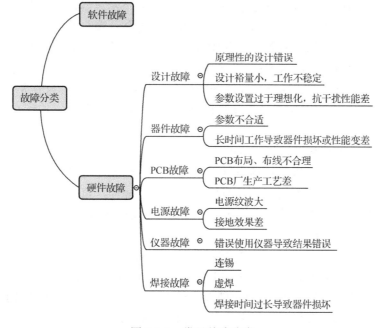

图 8-1-1 常见故障分类

2. 良好的心态

（1）量力而为

在取得专业的资质之前，不可维修电压高于 36V 的任何设备。不要冒险维修 220V 的家用电器、家庭电路。

（2）要有怀疑一切的精神

包括怀疑电路板的设计原理、PCB 的设计、PCB 的制作、焊接、器件，甚至电路板是否被人为损坏。

（3）心平气和

首先相信自己能够解决这个问题，其次要认识到问题可能不那么简单，最后心态平和，不要着急。即便修不好电路板，也可提升个人的理论水平与动手能力。

3. 熟悉目标电路

① 知道目标电路的作用，它正常工作时应该有什么现象。

② 拥有目标电路的原理图，熟悉目标电路的工作原理。

③ 熟悉核心器件的作用。明白重要器件的选型与取值方法，并且知道怎么检测器件的好坏。

4. 掌握工具的使用

（1）万用表的用法

交直流挡不要弄错。万用表的表笔不要插错。电路板安全上电时没法测电阻。测量焊接在电路板上的阻容元件，可能测不准，如果无法读取数值，最好拆下来测量等。

（2）示波器的用法

不要只会用 AUTO 功能。确保探头好用，可以看下示波器自身输出的方波，或者用手指摸下探头，也会有反应。多数情况下使用直流耦合，除非需要看纯粹的交变信号。学会设置触发方式，抓取各种信号。能够使用示波器的场合，不要使用万用表。例如，测量直流电源，用万用表显示 5V，似乎是正确的，但用示波器一看，就能查看它是否有大的纹波。示波器最大的缺憾是在纵轴精准度上（多数数字示波器只有 8 位纵轴分辨率，难以实现纵轴精准测量），单通道只能测量对地信号，除此之外，它的优点是万用表无法比拟的。

（3）电烙铁、热风枪等拆焊工具的用法

温度不要设置太高，以免烫坏电路板或器件。有些器件对焊接时间与温度有要求，特别是娇贵的处理器。不好拆下来的且已经无用的直插件，可以考虑剪掉引脚慢慢拆，不要用蛮力拽掉焊盘；不要随便甩焊锡；不要大力磕碰电路板。

5. 第一次上电注意安全

① 在上电之前，要检测电路板的电源和地之间是否短路，电源相关的器件有没有焊错，要关注有极性的器件，特别是大电容有没有焊反，耐压值是否足够（正常工作电压不超过耐压值的 2/3，甚至 1/2）。尽可能使用带有限流功能的电源，根据电路板的功耗设定限流。试触，观察电源指示灯没有问题，才能连接电源。

② 对第一次上电的电路板，刚上电的几分钟最关键。如果遇到明显的危害性故障，立即切断电源。例如，爆炸，烧毁，焦煳味道，电源保险丝被烧毁，异常的声响，明显的温度升高，明显的电源大电流指示或电源触发了限流功能。除此之外，还应当谨防电解电容爆炸。

如果集成芯片有问题，一般一上电就会烧坏；持续一段时间才爆炸的一般是电解电容。在这几分钟内还应注意：最好保持身体与电路板有一定的距离；能戴上眼镜最好，电解电容爆炸飞出来的一般是电解液，有腐蚀性但不会打碎眼镜。在没有前述明显危害性故障现象情况下，耐心等几分钟不要断电，后面再出现爆炸的可能性就很小了。

③ 对无危害的功能性故障，如波形失真、无输出波形等，不要急于关断电源，此时注意用手摸一摸芯片温度，如果没有问题，可以持续不关断电源，进行下一步排查。

6. 故障排查次序

引起故障的原因可能有很多，需要综合考虑故障排查次序，考虑清楚先排查哪些故障，再排查哪些故障。不合理的排查次序，会导致的电路板不可逆的损坏，使维修的任务失败。

决定排查次序的有三点：排查难度、排查伤害、故障概率。

排查难度，是指本次排查任务，需要花费的时间或者精力。

排查伤害，是指本次排查，是否会造成电路板或者元器件的伤害，例如，割线、替换芯片或者其他元器件，都属于有伤害的。特别是贵重芯片，频繁的焊接非常不好。

故障概率，是指通过其他信息辅助分析，能够得出某个可能性存在的概率。

当出现多种可能性时，请按照"伤害最小、概率最大、难度最小"的次序实施排查。

例如，当试触发现电源指示灯不亮的时候，先目测电源指示灯有没有焊接反。如果没有接反，测一下电路板的正负极有无短路。造成短路的原因可能有很多，如果短路了，可以按照表 8-1-1 的顺序排查问题。

表 8-1-1 排除电源正负极短路的推荐顺序

序号	检 测 方 法	可能查出的故障	伤害	难度	概率
1	目测电源相关器件外观	电源相关器件有明显现象的烧毁	小	小	小
2	目测电源正负极之间所有器件的焊接情况	电源正负极之间所有器件较明显的焊接短路，如引脚连锡，稳压管焊反等	小	小	小
3	检测 PCB 文件是否有设计错误。直接测量 PCB 光板电源正负极是否短路	PCB 的设计中就把电源正负极短路了；PCB 生产厂品控问题（严格来说有问题的 PCB 不应该投板，有问题的 PCB 不应该出厂）	小	中	小
4	拆除电源正负极之间比较好取掉的元器件	电阻、电容、稳压管击穿；不易看出的焊接短路	中	中	中
5	拆除电源正负极之间其他元器件	芯片烧坏；其他元器件击穿。如果元器件全部取掉，仍然短路，那就只剩 PCB 的问题了	中	大	中
6	割断电源线，将电路板分区域排查电路问题	确定短路发生在电路板的哪个区域	大	大	中

以上三条原则会出现矛盾，如概率最大的那种，可能伤害很大、难度也大，是不是把它放在第一位，要综合考虑，也靠一定的经验。

7. 常见的故障定位策略

故障排查是一个具有极高技术含量的工作。故障排查需要缜密的逻辑思维，大量的基础知识储备、行之有效的排查动作、准确的概率预估，以及体现运气的选择技巧。

故障排查至今尚无系统化的程控策略，只有一些基本的排查策略可供读者学习使用。

（1）顺序探测法

使用示波器探头，逐点测试。有正序法和倒序法。所谓正序法，就是从输入信号开始，一级一级逐步后移，很快就能找到故障分界线——在某个环节，输入还是正常的，而输出不正常了。倒序法是从不正常的输出开始一级一级前移，也能找到故障分界线。

这种方法特别适合于模拟信号链故障排查。在使用这种测试方法时，建议使用双通道以上示波器，在推进过程中，两个示波器探头交替推进，这样有助于及时发现示波器对信号的影响。

（2）关键点探测法

在数字系统故障排查中，对某些关键点实施示波器探测，有助于很快发现故障。

如单片机工作不正常，对其时钟信号、复位信号、电源引脚，或者其他必须输出波形的引脚实施探测，是必须的。

在模拟电路中，关键点探测法也有用途。运算放大电路的电源引脚，虚短的两个输

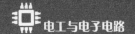

入端等，都需要及时用示波器观察。

（3）控制变量法

控制变量法是指把多因素的问题变成多个单因素的问题，而只改变其中的某一个因素，从而研究这个因素对事物的影响，最后再综合解决的方法。控制变量法是科学探究中的重要思想方法，广泛地运用在各种科学探索和科学实验研究之中。

在电子技术领域，可以使用明确可靠的某个模块替换可能故障的模块，以证明被怀疑模块确实出了故障。例如，在模拟电路中，如果怀疑某个运放坏了，可以用一个崭新的运放或者正在工作的运放替换，以进一步确认故障位置。

 任务实训   教学视频

任务二　故障检测与维修案例

 学习目标

1. 通过轨道模拟盘的案例，增强故障检测与维修的实操能力。
2. 掌握轨道模拟盘的工作原理，知道每一个元器件的作用。
3. 掌握故障检测与维修案例的解决思路。

 任务描述

龚老师：轨道交通行业有个设备称为轨道模拟盘，用于控制某个继电器。这个继电器的线圈有 1700Ω 内阻，在电压高于 16.8V 的时候工作，在电压小于 3.4V 的时候释放。电路板上有电压范围检测电路，可调电源输出的电压在 25V 和 16.39V 之间（精确到小数点后 2 位，四舍五入），此时电压范围检测电路中的 LED3（黄灯）亮起。现在某一块电路板上发现故障，要求对电路板进行故障的检测与维修。

 知识准备   用微课学

共 4 处需要维修。原理图中没有设计性的错误，但电路板上可能出现元器件焊错、元器件选错、元器件质量问题或 PCB 质量问题等故障。如有必要，可以适当割线、跳线、更换元器件，使拨动开关可以正常控制继电器。其中，R_a、R_b 与 R_x 三个电阻在原理图中的参数缺失，且没有焊接；这三个电阻不计为故障，参赛选手需根据电源芯片与继电器的参数，通过计算，再到表 8-2-2 维修物料清单中选取合适的电阻进行维修。如维修物料包中没有合适的电阻，可把电阻进行串联、并联处理。将故障定位、处理方法填写到表 8-2-1 中。

表 8-2-1　轨道模拟盘故障排查记录表

故　障　定　位	处　理　方　法
元器件符号+故障（过大，过小，焊错、空焊等）。示例：R_1 电阻过大	将故障定位的元器件修改为 xxx 或者添加或者重新焊接。示例：R_1 阻值修改成 1kΩ

表 8-2-2　维修物料包清单

序　号	名　　称	规 格 参 数	封　　装	位　号	数　量
1	直插电解电容	35V/100UF	CAP 2.5*6.3*11.2	C_1,C_3	4
2	齐纳二极管直插	1N4934	D0-41	D_1	2
3	贴片绕线电感 1212 带屏蔽	L-33UH	L_SMD_12X12	L_1	2
4	直插 LED	LED-F5 绿	LED 5MM-G	LED_1	2
5	直插 LED	LED-F5 红	LED 5MM-R	LED_2	2
6	直插 LED	LED-F5 黄	LED 5MM-Y	LED_3	2
7	端子	KF2EDG-5.08-2P-端子直	KF2EDGK5.08-LI-2P	P_1,P_2,P_3	3
8	0.25W 直插电阻	1K,1%	AXIAL0.4	R_1	5
9	0.25W 直插电阻	2K,1%	AXIAL0.4		5
10	0.25W 直插电阻	2.4K,1%	AXIAL0.4		5
11	0.25W 直插电阻	12K,1%	AXIAL0.4		5
12	1812 贴片电阻	1K5	1812_R	R_8, R_9	4
13	0805 贴片电阻	OR	0805_R		5
14	0805 贴片电阻	100R	0805_R		5
15	0805 贴片电阻	470R	0805_R		5
16	0805 贴片电阻	1K	0805_R		5
17	0805 贴片电阻	4K7	0805_R		5
18	0805 贴片电阻	10K	0805_R		5
19	0805 贴片电阻	15K	0805_R		5
20	0805 贴片电阻	18K	0805_R		5
21	0805 贴片电阻	47K	0805_R		5
22	拨动电源开关 5 脚直插弯针	SK12D02	SW	SW	2
23	光耦隔离芯片	TLP521-2	DIP-8	U_4	2
24	DIP8 直插芯片座			U_4	2

序　号	名　　称	规格参数	封　装	位　号	数　量
25	肖特基二极管	SS34	SMA(D0-214AC)_S1	D_2	1
26	1812 贴片自恢复保险丝	24V/0.5A	1812_L	F_1	1
27	贴片二极管	1N4148WS T4	S0D-323	D_3	1
28	DCDC 可调电源芯片	LM2596S-ADJ	T0263-5A	U_1	1
29	贴片稳压芯片	TL431A	S0T-89(S0T-89-3)	U_2	1
30	电压比较器	LM393DR2G	S0P-8_150mil	U_3	1

1. 电路原理图分析

如图 8-2-1 所示，这是 Buck 电路，将输入电压降低。F_1 与 D_1 构成电源保护电路，F_1 限制大电流，D_1 放接反。如果电源正负极接反了，D_1 导通，大电流烧断 F_1，保护后续电路。电容 C_1 与 C_3 是去耦电容，相当于蓄水池，避免输入电压或输出电压突变。C_2 与 C_4 都是旁路，用于为高频噪声提供低阻抗的通路，将高频噪接到地上，减少干扰。D_2 是续流二极管，L_1 是储能电感，R_x 与 R_3 是反馈电阻，这都是 Buck 电路的基本组成部分。输出电压 V_{out} 可由以下公式算出：

$$V_{out} = 1.23 \times (1 + R_x/R_3)$$

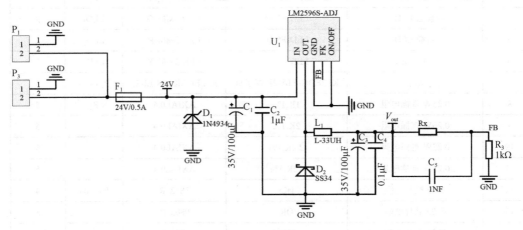

图 8-2-1　可调电源输出原理图

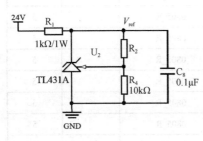

图 8-2-2　TL431 基准电压原理图

如图 8-2-2 所示为 TL431 基准电压原理图，$V_{ref} = 2.5V$。在只需要输出 2.5V 电压时，R_2 与 R_4 可以去掉，可能电路预留了输出其他电压的能力，而保留了这两个电阻。注意，分析 R_1 两端的压差，24V－2.5V＝21.5V，R_1 上的功率 $P = \dfrac{U^2}{R} = \dfrac{21.5^2}{1000} = 0.462W$。保留一定的裕量，所以取了 1W 的电阻。

如图 8-2-3 所示，LM393 是电压比较器，假设 A 部分的反向输入端电压为 V_1，B 部分同相输入端的电压为 V_2。V_1 与 V_2 都与输出电压 V_{out} 有关，而 V_{out} 是需要检测的值，所以先列出 V_1、V_2 与 V_{out} 的关系式：

$$\frac{V_1}{R_5}=\frac{V_{out}}{R_5+R_7}\Rightarrow V_1=0.1\times V_{out}$$

$$\frac{V_2}{R_{11}}=\frac{V_{out}}{R_{10}+R_{11}}\Rightarrow V_2=0.1525\times V_{out}$$

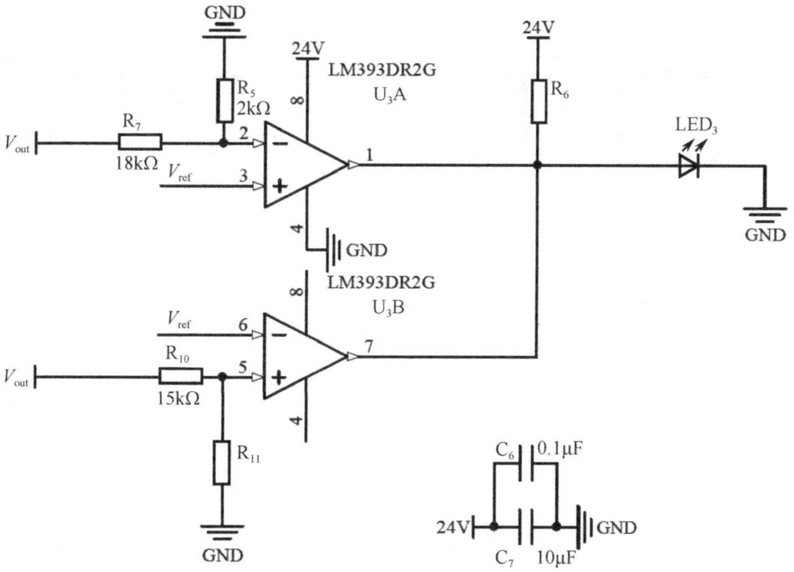

图 8-2-3　电压范围检测原理图

根据题目“电路板上有电压范围检测电路，可调电源输出的电压在 25V 和 16.39V 之间（精确到小数点后 2 位，四舍五入），此时电压范围检测电路中的 LED_3（黄灯）亮起”，两路比较器需要同时输出高电平，LED_3 才会亮，所以 $V_1<V_{ref}<V_2$，其中 $V_{ref}=2.5V$，算出 $16.39V<V_{out}<25V$，满足题目要求。

如图 8-2-4 所示为继电器控制电路原理图。这部分电路使用了光电耦合芯片 TLP521，目的在于使前段与负载完全隔离，增加了安全性，减小了电路干扰，简化了电路设计。以 A 部分为例，只要 SW 拨到上边，那么 1 脚与 2 脚就有足够的压差，7 脚和 8 脚就相当于短路了。

根据题目“继电器在电压高于 16.8V 的时候工作，在电压小于 3.4V 的时候释放”，而供给继电器的电压是由 V_{out} 提供的，继电器的线圈电阻为 1700Ω，串联 R_a 或者 R_b，所以控制继电器的关键就是 R_a 或者 R_b 的阻值该取多大。假设 R_a 是继电器工作时，串联的电阻，那么 R_a 的作用是在 7 脚与 8 脚短路的时候，让继电器的电压在 16.8～24V，同理 R_b 的作用是在 5 脚与 6 脚短路的时候，让继电器的电压小于 3.4V。

2. 故障分析思路

拿到电路板以后首先仔细观察，先找出电路板上比较明显的错误：D_1 接反，芯片座 1 脚断开，电阻 R_1 的丝印很大，但是焊接上去的电阻却很小。排除 D_1 接反的问题后电路板可以安全上电，即便设置了输出电压在合适的范围内，LED_3 也不会亮，这是因为 LED_3 已经被烧坏了。

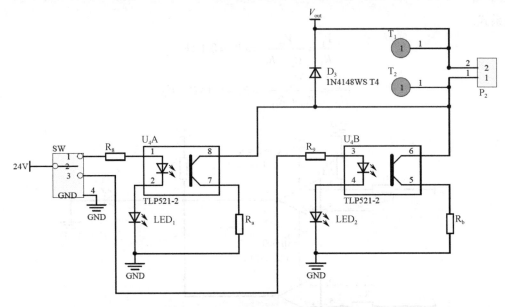

图 8-2-4　继电器控制电路原理图

故障的分析过程如下：

故障 1：D_1 是齐纳二极管，在电路正常工作时反向并联到电路中，并不发挥作用，如果 24V 与 GND 接反，则 D_1 瞬间导通，保险丝变为高阻态，保护后续电路。由于保险丝有自恢复功能，不用担心保险丝损坏。

故障 2：芯片座质量有问题，导致 R_8 到 U_4 之间断路。

故障 3：正常情况下，如果可调电源输出处于合适的范围内，LED_3 应该亮起。如果不亮则表明 LED 已经烧坏，更换 LED_3 即可。

故障 4：在原理图中已经明确标记了 R_1 需要 $1k\Omega/1W$ 的电阻，但实际上板子上焊接的电阻只有 $1/4W$。此电阻不一定立刻烧坏，电路有可能工作一段时间，但肯定不能稳定工作。但是物料包中并没有 $1k\Omega/1W$ 的电阻，但 2 个 $2.4k\Omega$ 与 2 个 $12k\Omega$ 并联能得到 $1k\Omega/1W$ 的等效电阻。观察表 8-2-3。

表 8-2-3　轨道模拟盘故障排查记录表

故 障 定 位	处 理 方 法
元器件符号+故障（过大，过小，焊错、空焊等）。示例： R_1 电阻过大	将故障定位的元器件修改为×××或者添加或者重新焊接或者更换。示例：R_1 阻值修改成 $1k\Omega$
D_1 焊反/焊错	按照 D_1 的丝印标记重新焊接/D_1 反过来焊接
芯片座 1 脚断开/缺失 或 R_8 到 U_4 之间断路	通过跳线连接 U_4 芯片 1 脚/更换芯片座
LED_3 损坏	更换 LED_3
R_1 电阻功率过小/R_1 电阻焊错	R_1 更换为并联等效电阻

3. 电阻的取值

如图 8-2-5 所示为轨道模拟盘电路板，假设电路板中的 R_a、R_b 与 R_x 三个电阻在原理

用微课学

图中的参数缺失，需要自行计算。其中 R_x 决定 V_{out}，R_a、R_b 也与 V_{out} 有关，假设 $R_a < R_b$，R_a 与继电器串联后可以使继电器得到 16.8V 的电压，可以列出关系如下：

$$V_{out} = 1.23 \times (1 + R_x / R_3)$$

$$\frac{1700}{R_a + 1700} > \frac{16.8}{V_{out}}$$

$$\frac{1700}{R_b + 1700} < \frac{3.4}{V_{out}}$$

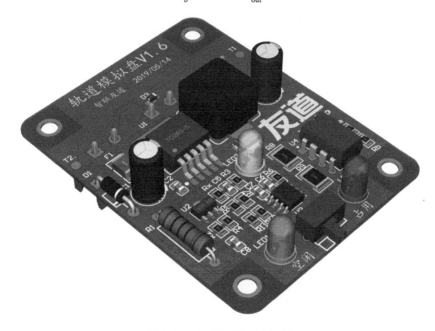

图 8-2-5　轨道模拟盘电路板

有 3 个关系式，但有 4 个未知数，因此数学上是无解的。但是，由于题目已经限定了 R_a、R_b 与 R_x 都从物料包中选取，不妨先设置一个值。R_a 与继电器串联后可以使继电器得到 16.8V 的电压，不难看出，R_a 的值是很小的，可以先给 R_a 取值为 0。那么 V_{out} 只需大于 16.8V 就可以保证继电器能够工作。如果给 R_x 取值为 15kΩ，得出 V_{out} 为 19.68V，满足要求。再推出 R_b 应该大于 8086Ω，取一个大点的值，比如 18kΩ。

 任务实训

 教学视频